U0128922

室内设计·装饰专业高职高专教学丛书

3ds Max三维室内设计实用教程

张　岩　主　编
朱梅梅　高　源　副主编

中国建筑工业出版社

图书在版编目（CIP）数据

3ds Max三维室内设计实用教程/张岩主编. —北京：中国建筑工业
出版社，2011.2
（室内设计 · 装饰专业高职高专教学丛书）
ISBN 978-7-112-12786-3

Ⅰ.① 3… Ⅱ.①张… Ⅲ.①室内设计：计算机辅助设计—应用
软件，3ds Max—技术培训—教材 Ⅳ.① TU238-39

中国版本图书馆CIP数据核字（2010）第257716号

本书为"室内设计 · 装饰专业高职高专教学丛书"之一。3ds Max 为一款可视化三维动画软件，在室内设计和装饰专业中，该软件使用广泛、使用频率很高。因此，本书通过最直接和有效地方法，以项目单元为章节，通过每个章节（项目单元）设置的内容使读者学会如何建模、如何处理效果图等基础知识。

该书内容翔实，强调了实践性，每章内容后的复习思考题，更加深了读者对知识的掌握与运用。本书可作为室内设计或者装饰专业的学生们的专业软件用书。

* * *

责任编辑：张伯熙
责任设计：赵明霞
责任校对：马 赛 赵 力

室内设计·装饰专业高职高专教学丛书

3ds Max三维室内设计实用教程

张 岩 主 编

朱梅梅 高 源 副主编

*

中国建筑工业出版社出版、发行（北京西郊百万庄）
各地新华书店、建筑书店经销
北京嘉泰利德公司制版
北京市兴顺印刷厂印刷

*

开本：787×1092毫米 1/16 印张：$18\frac{1}{4}$ 字数：453千字
2011年6月第一版 2011年6月第一次印刷
定价：**39.00**元
ISBN 978-7-112-12786-3
　　　　（20062）

前　言

3ds Max 是美国 Autodesk 公司推出的广泛应用于广告、影视、工业设计、多媒体制作以及工程可视化等领域的三维动画软件。3ds Max 凭借其简单明了的界面、开放的操作系统及其较低的系统要求在全世界产生了广泛的影响，在国内更是成为动画制作不可或缺的重要工具。能够熟练使用 3ds Max 的人才呈现供不应求的态势，尤其在室内外建筑设计、动画设计与广告等行业中更是如此。

3ds Max 是一个较复杂的软件，它的内容较多，而且涉及面广，初学者不知道该先学什么，后学什么，不知道如何利用各种命令快速、准确地建模；如何为创建的模型制作材质；如何为效果图场景布光；如何在 Photoshop 中为最终的效果图进行润色和后期处理等。鉴于这些问题，本书作者通过长时间的资料收集、整理，参考了很多优秀教材，根据平时的教学经验编写了这本书，希望通过本书的学习，使读者能够制作出完整的室内外效果图。

本书由七个单元共七章构成，每个单元（每一章）由不同的任务和项目实训组成，每个任务（每一节）又由任务描述、任务分析、方法与步骤、相关知识与技能、拓展与技巧和创新作业六个子项目组成。任务制作过程中力求遵循"由易到难、先简后繁"的顺序，并在制作步骤中以提问和回答的形式对使用中出现的问题和技术难点进行剖析，使教学更具有专业性和启发性。

通过对本书的学习，学生能了解室内建模的基本原理和制作流程；掌握多种三维建模的方法；掌握材质制作、灯光设置、渲染输出与后期处理的一般方法和技巧。Lightscape 是一款非常优秀的光照渲染软件，它特有的光能传递计算方式和材质属性所产生的独特表现效果，完全区别其他渲染软件，所以在第 6 章中加入 Lightscape 渲染的知识。

本书可作为高等职业技术院校计算机应用技术、多媒体技术、艺术设计类专业及其他相关专业的教材，也可以作为社会培训的培训教材。教学过程中也可根据不同专业特点等实际情况从中选用部分章节进行教学。

本书由张岩主编，第 1、3、7 章由张岩编写，第 2、5 章由高源编写，第 4、6 章由朱梅梅编写。蒋道霞、傅伟玉、张瑞娟也参与了部分章节的编写。在编写过程中，得到了蒋道霞教授的悉心指导和中国建筑工业出版社各位领导、编辑的大力支持与帮助，在此致以最衷心的感谢！本书提供配套素材和课件，如有需要请和出版社联系。

由于时间仓促，书中疏漏和不妥之处在所难免，恳请广大师生批评指正！

2011 年 4 月

目　录

第1章 初级家具设计与制作

家具是制作三维动画和效果图时经常会遇到的模型种类之一，大部分人在作图时会调用现成的模型库。这种方法虽然很方便，但作为一个有独立思维的设计师来讲，这无疑是一种抹杀个人特点的做法。家具的品种非常多，在不同环境下搭配不同的家具会产生不一样的效果，所以在关键时刻还是需要自己设计家具。

学习目标：

- 掌握 3ds Max 9.0 的工作界面；
- 掌握使用基本几何体与扩展几何体制作简单模型的方法；
- 掌握多种复制方法。

1.1 任务一：床头柜——基本几何体的运用

1. 任务描述

床头柜是卧房家具中的小角色，它一左一右，衬托着卧床，就连它的名字也是因补充床的功能而产生。一直以来床头柜因为它的功能而存在，储藏收纳一些日常用品，摆放在床头柜上的物品则多是为卧室增添温馨气氛的一些照片、小幅画、插花等。基本体的制作是各种复杂操作的基础，这里通过床头柜的制作来讲解基本体的用法，本节任务中完成的床头柜最终效果如图 1-1-1 所示。

2. 任务分析

在模型制作之前，应该对模型的尺寸、特征有一定的了解。在制作时，最好按实际模型大小或按一定比例缩放后制作。床头柜的上部和下部可以用标准几何体中的长方体创建；四条柜子腿用圆柱

图 1-1-1 床头柜效果图

体创建；抽屉把手用圆环创建并压缩完成；柜子拉手用几何球体和四棱锥组合而成；用茶壶几何体创建出茶壶和茶杯，并放置在床头柜上。

3. 方法与步骤

> **提示：**
> ①设置系统单位；②创建长方体做出床头柜下部和上部造型；③创建四个圆柱体做出柜脚造型；④修改圆环切片参数并压缩制成抽屉把手；⑤用几何球体和四棱锥组合成柜子拉手；⑥创建茶壶和茶杯作为装饰物。

（1）启动 3ds Max 9.0。单击"自定义"——→"单位设置"命令,打开"单位设置"对话框,选择"公制"单选按钮,并选择下拉列表框中的"毫米"选项。单击"系统单位设置"按钮,打开"系统单位设置"对话框,设置单位为"毫米",如图 1-1-2 所示。(在今后的建模中第一步都按照此方法来完成单位的设置,本书在后续模型的操作步骤中将这一步省略。)

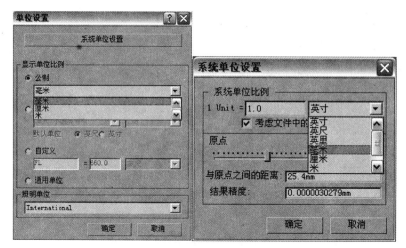

图 1-1-2 设置系统单位

提问:为什么要设置系统单位和显示单位?

回答:"系统单位"决定几何体实际的比例。"显示单位"影响几何体在视图中的显示方式,为了更好地掌握物体大小和物体之间的关系,在创建物体之前通常应该设置好单位,一般采用建筑上常用的公制单位"毫米"作为标准。当导入其他模型的时候,如果模型单位与系统单位不符的话,模型会出现误差或者错误。当系统单位和显示单位设置后,对象会按照系统设置和显示设置的比例,显示在视图中。而且要注意的是只有在创建场景或导入无单位的文件之前才可以更改系统单位,不要在现有场景中更改系统单位。

（2）激活透视图。单击"创建"——→"几何体"——→"长方体"按钮,在"键盘输入"卷展栏中设置"长度"为500mm,"宽度"为500mm,"高度"为400mm,单击"创建"按钮建立长方体,命名为"床头柜下部",如图 1-1-3 所示。

提问:我的透视图变黑了,怎么没有看到长方体模型啊?

回答:因为创建的对象大于视图所能显示的范围,相当于你在透视图中看到的是长方体内部,只要单击视图控制区中的"所有视图最大化显示" 按钮,"床头柜下部"即可完全显示。当你按下"缩放" 按钮,在透视图里推动鼠标滚轮,可以再次进入到对象内部,如果你创建了一个长方体作为房间的话,这种方法可以帮助你进入到房间内观察模型。

（3）再单击"长方体"按钮。在顶视图中按鼠标左键并拖动,拉出一个矩形后松开鼠标左键(此时已经确定长方体的底面面积),上下移动鼠标,在其他视图中可看出高度变化,在适当位置再次单击鼠标左键来确定长方体的高度,至此长方体制作完成(其他基本几何体的模型

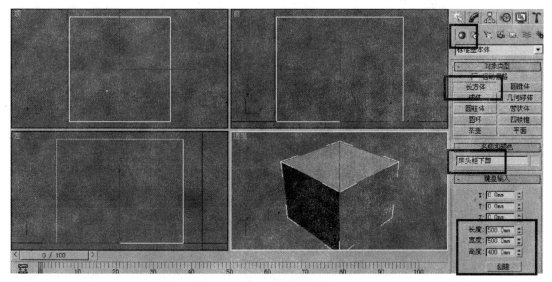

图1-1-3　创建"床头柜下部"

自己尝试研究创建方法,在后面的步骤中不再详细叙述)。在"参数"卷展栏中修改长方体参数,"长度"为500mm,"宽度"为500mm,"高度"为200mm,命名为"床头柜上部"。

提问:我的"创建"面板中刚才创建长方体的"参数"卷展栏怎么不见了,我该去哪里修改长、宽和高的数值呢?

回答:那一定是在制作过程中单击了鼠标右键,因为单击鼠标右键是结束当前创建对象的操作命令,在"创建"面板中只剩下了"名称和颜色"卷展栏。如果想进一步修改对象参数,则必须进入到"修改"面板中。再给点小提示:如果你在选择一个对象的同时用鼠标左键单击了其他视图,就会丢失刚才对象的选择,所以通常我们如果想切换视图又不想失去对象的选择,采用的是单击鼠标右键的方法。

(4) 用"选择并移动"工具将"床头柜上部"放置在"床头柜下部"上。

提问:配合肉眼的观察,我已经很好地完成了这步操作,但为什么当我用"缩放区域"按钮放大局部时,却发现两个部分之间是有缝隙的,好像"床头柜上部"漂浮在"床头柜下部"上。

回答:为了让物体位置摆放得更加精确,不会出现"飘离"的现象,在这里必须使用"对齐"工具。单击"对齐"按钮时,会弹出"对齐当前选择"对话框(见图1-1-27),首先要明白在对话框中的"最小""中心""轴点""最大"的含义。坐标原点的右边(即轴的正方向)为最大点,而坐标原点的左边(即轴的反方向)为最小点。比如要在X轴方向对齐,最大是对象的最右边,最小是对象的最左边。两个对象的最小对齐方式就是两个对象的左下角对齐。A对象的最小与B对象的最大的对齐是A对象的左下(小)与B对象的右上(大)对齐。A对象的最大与B对象的最小的对齐,其实就是A对象的右上(大)与B对象的左下(小)对齐。A对象的最小与B对象的中心对齐就是A对象的左下对齐到B对象的中间。再比如,现在要把"床头柜上部"放在"床头柜下部"物体上面（"床头柜上部"是当前物体，"床头柜下部"是目标物体），在透视图的情况下，"对齐当前选择"的选项里选择"床头柜上部"的最小和"床头柜下部"的最大。单击了"应用"按钮之后，发现X、Y方向上位置还有偏差，则再次选择X、Y位置的中心对齐。肉眼摆放图和通过"对齐"工具摆放图的对比图如图1-1-4所示。

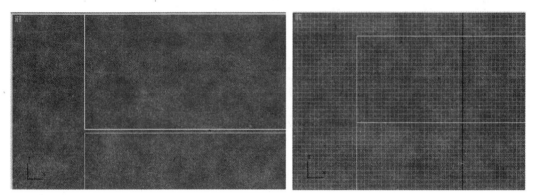

图1-1-4　未使用"对齐"工具和使用"对齐"工具对比图

（5）单击"圆柱体"按钮，在顶视图建立一个圆柱体，在"参数"卷展栏中设置"半径"为25mm，"高度"为-80mm，改名为"柜腿"。

提问：我创建的柜腿为什么不是站在柜子底面，而是平躺在柜子上？

回答：每次在创建模型的时候一定要注意是在哪个视图中创建，同样的模型在不同的视图创建得到的位置关系不同。圆柱体创建的方法是先拖出底面圆形再拉出高度，所以如果想让它"站起来"而不是"躺下去"就必须选择顶视图或者透视图创建。在创建模型的时候视图的选择非常关键！

（6）选择"柜腿"，右击"选择并移动"工具，在"移动变换输入"对话框中设置"绝对：世界"的坐标值"X"为-150mm，"Y"为150mm，"Z"为0mm，如图1-1-5所示。

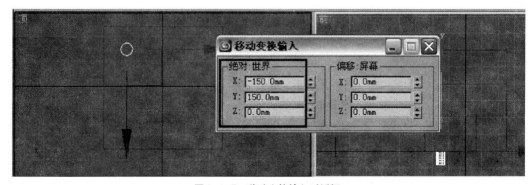

图1-1-5　移动变换输入对话框

提问：这些坐标值代表什么含义呢？

回答：在世界坐标系下，各个轴的方向始终是不变的。X轴代表水平方向，Z轴代表垂直方向，Y轴代表景深方向。"床头柜下部"的底部中心位于世界坐标系的原点，左上角的柜腿X轴上的位置是在原点的左边（即X轴的负方向），柜腿Y轴上的位置是在原点的上边（即Y轴的正方向），接下来具体的数值是如何得到的就是一个纯数学上的问题。

（7）用第（5）步的方法再创建出3个圆柱体，分别命名为"柜腿1""柜腿2""柜腿3"，使用"移动变换输入"对话框的方法移动到合适的位置，如图1-1-6所示。自己思考该如何在"移动变换输入"对话框中设置"绝对：世界"的坐标值？

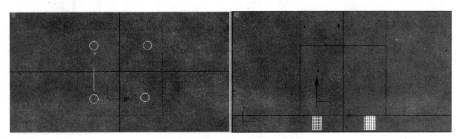

图1-1-6 精确移动柜腿的位置图

提问：床头柜的腿都是一样大小的，而每次都重新单击按钮输入参数的方法创建很麻烦的，有没有快捷的方法呢？

回答：会思考问题是件好事，在学3ds Max软件的时候一定要多动脑筋。3ds Max中提供了多种复制方法，在第1.2节的"任务二"中会告诉你如何用"偷懒"的方法来制作！

（8）单击"圆环"按钮，在顶视图建立一个圆环，"参数"自行设置，改名为"抽屉把手"。进入到"修改"面板中，开启圆环的"切片启动"功能，设置"切片从"为-90，"切片到"为90。切换视图至"顶视图"，使用"选择并均匀缩放"工具对圆环沿Y轴进行缩放操作，将抽屉把手变得扁平，如图1-1-7所示。将抽屉把手移动到床头柜上部的合适位置。

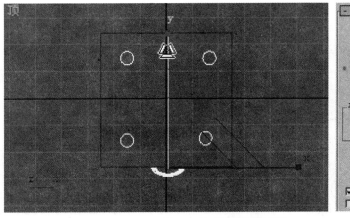

图1-1-7 抽屉把手的制作

提问：我缩放的把手变形得怎么不对啊？

回答：在对对象进行缩放变形的时候，一定要注意你让它沿着哪个轴进行缩放变形。当鼠标放置在某个坐标轴上拖动时，将沿该轴缩放对象；当鼠标放置在外侧的梯形框区域中时，将沿该梯形框构成的平面进行缩放；当鼠标放置在中间的三角形区域时，会对对象进行整体的缩放。对茶壶模型分别按照X轴变大、Y轴变大、Z轴变大对比图如图1-1-8所示。

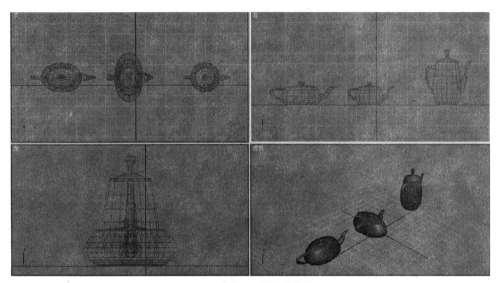

图1-1-8　茶壶沿不同轴缩放对比图

（9）在前视图中创建几何球体和四棱锥（可以换用球体和圆锥体来制作），参数自己设置，并将这两个模型放置在床头柜下部的右侧作为柜子的拉手，具体位置关系如图1-1-9所示。

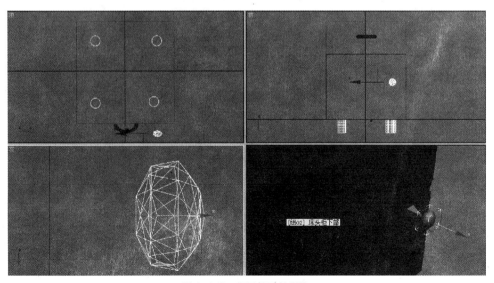

图1-1-9　柜子拉手的制作

🙋提问：我好不容易把几何球体移动到四棱锥的顶部，但在向柜子下部移动的时候总是不小心就丢失了其中一个物体的选择，而又要重新调整两者的关系，真麻烦啊！

👨‍🔧回答：如果某一物体是由多个对象组成，为了防止操作不慎引起物体位置的变化，我们可以对对象执行群组操作。选中所有要群组的对象，选择菜单栏的"组"——→"成组"命令，打开"组"对话框；然后在"组"对话框的"组名"编辑框中输入群组的组名，例如在这步操作中，可以输入"拉手"组名，再进行移动就不会造成错误！如果以后需要对组里的对象修改时，还可以选择"组"——→"解组"命令将组里各对象分开。

（10）单击"茶壶"按钮，在顶视图中建立一个茶壶，"参数"卷展栏中设置"半径"为90mm，再创建一个半径为30mm的茶壶，在"参数"面板中的茶壶部件中只选择"壶体"，做成一个茶杯的造型。用对齐的方法把茶壶和茶杯准确放在床头柜的上面。

🙋提问：茶壶这个模型好奇怪啊，为什么它出现在基本几何体里，除了做茶壶茶杯外有没有特殊用途呢？ 3ds Max 是外国人开发的，但是很明显这个茶壶是中式茶壶啊？

👨‍🔧回答： 其中一个流传的说法是 Discreet 开发 Max 2 的时候为了方便测试，需要创建一个多角度面的物体，程序员在休息室里偶然看到这个中式茶壶，就将其加入到默认创建物体中，一直沿用到了现在；另一种说法是某个人参与了 3ds Max 某个初级版本的程序设计，用家里的茶壶做参考，做出了当时最为精致的茶壶模型，后来为了纪念他，以后的 3ds Max 各版本中都有这个茶壶。而现在很多新手在最初练习材质和灯光的时候，都会用茶壶做模型，用于测试渲染效果。

（11）按【H】键打开"从场景中选择"窗口，选择床头柜上部，打开"对象颜色"对话框，选择"紫色"，再分别把模型的其他组件分别设置成自己喜好的颜色。

🙋提问： 我发现每次创建一个新几何体的时候，颜色都不相同，这些颜色看上去并不像现实中物体所表现出来的材质效果？

👨‍🔧回答：在场景中对象的颜色是系统随机指定的，便于识别和区分场景中的模型。如果想要模型效果逼真，除了精确的建模外，材质、灯光等这些元素也非常重要，在下面的单元中会详细讲解！

（12）调整透视图到合适角度，按【F9】进行渲染，最终效果如图 1-1-1 所示。

🙋提问：渲染这个词是什么意思呢？

👨‍🔧回答：渲染就是根据材质和灯光的属性设置，显示当前场景中模型物体的颜色以及模拟现实世界中光的发散与聚焦的工具。在渲染的对话框中我们可以选择"保存"按钮，将渲染出的结果保存为图片的形式。

4. 相关知识与技能

1）认识 3ds Max 9.0

3D Studio Max，常简称为 3ds Max 或 MAX，是美国 Autodesk 公司开发的基于 PC 系统的三维动画渲染和制作软件。其前身是基于 DOS 操作系统的 3D Studio 系列软件，现最新的版本是 2011。3ds Max 是应用于 PC 平台的三维建模、动画、渲染软件，本书介绍的版本是 3ds Max 9.0简体中文版。相对于以前的版本，3ds Max 9.0 在许多方面都有所完善和提高，其最显著的特点是顺应计算机软硬件的发展，推出了适用于 64 位微机的版本（同时也保留了传统的 32 位版本）。借助于 64 位计算机强大的运算能力，3ds Max 工作效率得到了不小的提升。

（1）应用领域。

如今，三维动画已逐步渗入人们生活的每一个角落，并呈现出多元化的趋势，涉及的范围也越来越广，已广泛应用于广告、影视、工业设计、建筑设计、多媒体制作、游戏、辅助教学以及工程可视化等领域。2010 年上海世博会中国场馆的镇馆之宝——《清明上河图》，就是用三维技术设计每个人物，经过渲染后输出二维平面人物，再与背景动画结合起来，将清明上河图第一次以三维动态的效果呈现在人们面前，每一个站在它面前的参观者心灵上都受到深深的震撼。

　　📥 电脑游戏。据统计，有超过 80% 的游戏使用 3ds Max 进行开发，通过 3ds Max 设计的人物场景或动画游戏更加逼真，更具冲击效果。图 1-1-10 所示即为使用 3ds Max 设计的游戏人物。

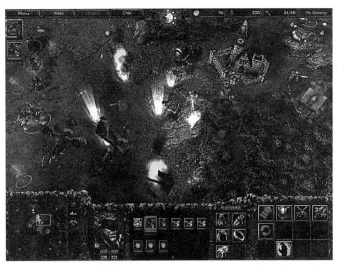

图 1-1-10　3ds Max 设计的游戏人物

　　📥 建筑设计。3ds Max 在这个领域占有主导地位，我国飞速发展的房地产业为该软件在我国的产业化应用提供了广阔的舞台。在我国申办 2008 年奥运会期间，水晶石公司制作的奥运会场馆展示宣传片，把 3ds Max 在建筑漫游动画领域的应用提升到了一个新的高度。图 1-1-11所示即为使用 3ds Max 设计的建筑模型。

　　📥 影视制作。3ds Max 配有丰富的效果插件，可以制作出逼真的视觉效果和鲜明的色彩分级，因而受到各大电影制片厂和后期制作公司的青睐。一些场景、人物、特效等在现实中无法

图 1-1-11 3ds Max 设计的建筑模型

实现，使用 3ds Max 可以惟妙惟肖地创作这些模型，不仅可以实现电影制作人天马行空的奇思妙想，同时也将观众带入各种神奇的世界，创造出多部经典作品。图 1-1-12 所示即为使用 3ds Max 制作的影视角色及场景。

图 1-1-12 3ds Max 制作的影视角色及场景

♣ 产品设计。在现代生活中，人们对于生活消费品和家用电器的外观、结构以及易用性有了更高的要求。通过使用 3ds Max 参与产品造型的设计，可以很直观地模拟企业产品的材质、造型和外观等特性，从而降低产品的研发成本，加快研发速度，提高产品的市场竞争力。图 1-1-13 所示即为使用 3ds Max 制作的产品效果图。

♣ 事故分析。在国外，三维动画技术已经实际应用于事故分析。如分析汽车相撞事故时，可以模拟两辆或多辆参与碰撞的汽车，将摄影机置于模型车内，以观察相撞时司机眼前的情景。

♣ 其他科研领域。医学上使用三维动画来形象地演示人体内部组织的细微结构和变化，以便于学术交流和教学演示。通过三维动画还可以预演手术的过程，将手术直观地表现出来，

图 1-1-13　3ds Max 制作的产品效果图

方便观察和研究。

（2）安装与启动。

安装 3ds Max 9.0 与安装其他多数标准 Windows 软件一样，按照提示一步步进行下去，最后注册激活即可，这里不再详述。

安装完毕后启动，通常会出现以下三个问题。

🔸 启动时出现缺少 d3dx9_26.dll 文件而无法运行 3ds Max，出现这个问题的原因是没有安装最新的 Direct X9，只需下载 d3dx9_26.dll 文件，并将其复制到"C：\Windows\System32 目录中就可以了。

🔸 无法正常运行。此时多是由于没有安装".NET Framework"，由于 3ds Max 9.0 是 .NET 框架软件，所以如果操作系统版本过低，则须安装微软的 Microsoft .NET Framework 2.0。

🔸 欢迎界面里的选项单击后不能看，是需要安装视频文件播放程序 Quick Time。单击一下画面，马上会出现一个下载组件的提示，也可自行下载，安装完成之后就可以看了。

启动 3ds Max 9.0，出现软件加载界面，如图 1-1-14 所示。启动后，在主界面上会有一个欢迎窗口，如图 1-1-15 所示。

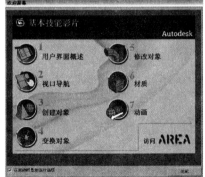

图 1-1-14　加载界面　　　　　　　　　　图 1-1-15　欢迎窗口

在欢迎窗口中，3ds max 9.0 提供了 7 部基本技能影片供初学人员学习，用户只需要在对话框中单击对应选项即可观看。禁用"在启动时显示该对话框"复选框，下次启动将不再显示"欢迎屏幕"对话框，而是直接进入如图 1-1-16 所示的工作界面。以后可以通过"帮助"——→"欢迎屏幕"菜单命令，再次显示该窗口。

　　2）认识界面

　　关闭欢迎界面，进入到默认的主界面，如图 1-1-16 所示。

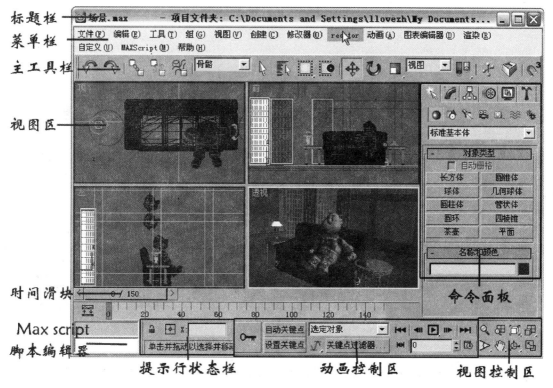

图 1-1-16　3ds Max 9.0 主界面图

　　➢ 标题栏：在屏幕的最上方，最左侧是当前建立或打开的 max 文件的名称，往右是该文件项目所在的文件夹，再往右是当前使用的 3ds Max 软件的版本信息，最右侧是窗口控制按钮。

　　➢ 菜单栏：位于标题栏的下方，几乎包含软件中的所有命令，通过菜单执行相关命令，也可以通过相关工具栏、命令面板、快捷键执行相关命令。

　　➢ 主工具栏：位于菜单栏的下方，它为用户列出了经常使用的一些命令按钮，由于数量比较多，在低分辨率下，系统工作界面无法显示出全部命令按钮。要显示出不在可视范围内的命令按钮，可将鼠标放在工具栏的空白处，出现手形标记，按住鼠标左键拖动可显示出其他命令按钮。

　　➢ 视图区：是 3ds Max 工作界面中最大的区域，是建立场景和查看对象的位置区域，系统默认 4 个视图分别为顶视图、前视图、左视图和透视图。

　　➢ 提示行状态栏：用来显示场景和当前命令提示以及当前系统所处的状态和信息。

　　➢ 命令面板：位于屏幕的最右侧，主要用来创建和修改对象，可以访问绝大部分建模和动画命令，根据用户需要可以将命令面板拖放至任意位置。

　　➢ 动画控制区：用来进行动画的制作、时间配置和播放。

➤ 视图控制区：可以控制视图显示和导航的按钮，使用这个区域的按钮可以调整各种缩放选项，控制视图中对象的显示。

➤ 时间滑块：主要用于动画制作、调节的辅助工具，显示当前帧并可以通过它移动到活动时间段中的任何帧上。时间滑块下的时间轴用来显示当前场景中时间的总长度，默认为100帧。

➤ Max script脚本编辑器：是3ds Max 9.0的内定描述性语言，用户可在该区域中查看、输入和编辑Max script脚本语言。它有两个窗格：红色为宏录制器，用于显示录制内容；白色为脚本窗口，用来创建脚本。

3）认识主工具栏

3ds Max 9.0主工具栏如图1-1-17所示。

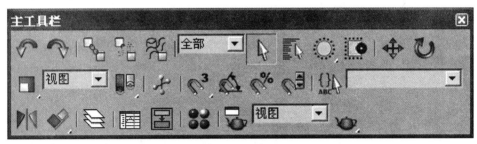

图1-1-17　主工具栏

➤ "撤消"：用于取消上一次操作的效果。右键单击"撤消"按钮将显示出最近操作的列表，从中可以选择撤消的层级。默认情况下，撤消操作有20个层级，可以在"自定义"——"首选项"——"常规"选项卡——"场景撤消"栏中更改"级别"数。

➤ "重做"：取消上一次撤消命令。右键单击"重做"按钮将显示出最近操作的列表，从中可以选择重做的层级；但必须选取连续的操作项，不能跳过列表中的任何项。

➤ "选择过滤器"：可以限制选择工具选择对象的类型和组合。如果选择"灯光"，则使用选择工具只能选择灯光，其他对象不响应。在需要选择特定类型的对象时，这是冻结所有其他对象的实用快捷方式。

➤ "选择对象"：可用于选择一个或多个对象，当对象被选中时，会以高亮的方式显示。

➤ "按名称选择"（快捷键【H】）：可以利用"选择对象"对话框从当前场景中所有对象的列表中选择对象。在建模过程中，要养成一个良好的建模习惯，根据所创建模型的功能命名而不是使用默认的名字。当场景中模型越来越多，有许多重叠对象时，这是确保正确选择对象的最为可靠的方式。

➤ "选择区域"：可用于按区域选择对象，有五种方式，即矩形、圆形、围栏、套索和绘制。

➤ / "窗口/交叉选择"：可以在窗口和交叉模式之间进行切换。在窗口模式中，只能对选择区域内的对象进行选择。在交叉模式中，可以选择区域内的所有对象，以及与区域边界相交的任何对象。

➤ "选择并移动"：在场景中选择并移动对象。在对象上有X、Y和Z三个轴，例如选中X轴，则X轴以黄色高亮显示，对象的移动将限制在X轴上。也可以将对象的移动限制在任意两个轴所组成的平面上。当鼠标右击该按钮会弹出"移动变换输入"对话框，通过此对话框可对对象进行精确移动。

➤ ↻ "选择并旋转"：在场景中选择并旋转对象。单击并拖动单个轴向，可以进行单个方向旋转，视图中红、绿、蓝三种颜色的圆分别代表了 X、Y、Z 轴，选择任意一个轴该轴将会以黄色显示。当鼠标右击此按钮会弹出"旋转变换输入"对话框，通过此对话框可对对象进行精确旋转。

➤ ◻ "选择并均匀缩放"：单击此按钮不放会出现"均匀"、"非均匀"和"挤压"三种缩放模式，用户可以沿三个轴向对对象进行缩放。当鼠标右击此按钮会弹出"缩放变换输入"对话框，通过此对话框可对对象进行精确缩放。

➤ ⒔ "三维捕捉开关"：用于捕捉现有几何体的特定部分，也可以捕捉栅格，捕捉切换、中心、轴点、面中心和其他选项，分别有"2D 捕捉"、"2.5D 捕捉"、"3D 捕捉"三种捕捉方式。

➤ Ⅷ "镜像"：根据指定的轴向，对选定的对象进行镜像操作，也可以创建对象的镜像复制对象。

➤ ◈ "对齐工具"：将选中的对象与目标进行对齐。

➤ ⠿ "材质编辑器"（快捷键【M】）：用于打开 3ds Max 的材质编辑器，以创建和编辑材质以及贴图。

➤ ◉ "渲染场景"（快捷键【F10】）：用于打开"渲染场景"对话框，对场景各项渲染参数进行设置。

➤ ◉ "快速渲染"（快捷键【F9】）：可以使用当前渲染设置来渲染场景，而无需显示"渲染场景"对话框。

4）认识命令面板

命令面板是 3ds Max 中最常用的操作工具，它集成了用户设计过程中所需要的绝大多数功能与参数控制项目，也是 3ds Max 中结构最复杂、使用最频繁的部分，如图 1-1-18 所示。各面板具体功能见表 1-1-1。

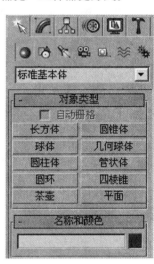

图 1-1-18　命令面板

命令面板上各图标的名称及功能　　　　　　　　　表 1-1-1

图标	名称	功　能　简　述
↖	创建	该面板主要用于创建物体，其下面的 7 个图标从左至右分别为：几何体、图形、灯光、摄像机、辅助物体、空间扭曲和系统
✎	修改	用于设置对象的参数，应用修改命令调整物体的几何外形，转换对象为可编辑物体等
♣	层次	该面板用于调整物体轴心，进行反向动力学设置，控制物体的链接
◉	运动	用于动画设置
▣	显示	控制物体在视图中的显示
T	工具	显示常规实用程序和外挂实用程序列表

命令面板内的所有命令按钮和各类参数都被分类组织在不同的卷展栏中，如图 1-1-18 所示。"创建" → "几何体"命令面板中的"对象类型"卷展栏，其中包含了用于创建各种三

维几何体的命令按钮。

卷展栏名称"名称和颜色"前面的符号"-",表示该卷展栏已经展开,单击卷展栏名称,即可将该卷展栏折叠起来,这时符号"-"会变成"+";相反,单击含有符号"+"的卷展栏名称,则会将该卷展栏展开。

5)认识视图区

工作视图又称场景,它是在 3ds Max 系统中进行操作的主要场所,默认情况下,它由四个视图组成,其意义见如下所述。

➢ 顶视图(Top):显示物体从上向下看到的形态,从"头顶"上查看,即从 Z 轴的正方向查看的视图。

➢ 前视图(Front):显示物体从前向后看到的形态,从 Y 轴的正方向查看。

➢ 左视图(Left):显示物体从左向右看到的形态,从 X 轴的正方向查看。

➢ 透视图(Perspective):可以从任何角度观察物体的形态,3D 的立体视图。

其中,顶视图、前视图与左视图属正交视图,主要用于调整各物体之间的相对位置和对物体进行编辑;透视图属立体视图,主要用于观察效果。通过两个以上的二维视图,我们才可以准确把握物体的位置和形状。透视图主要用于观察物体的三维透视效果,在不熟练的情况下,不建议在透视图中进行物体的创建和位置调整等工作。

首先我们用鼠标激活一个视图窗口(该视图的周围出现黄框),按下【B】键,这个视图就变为底视图,就可以观察物体的底面。下面是各视图的快捷键 T=Top(顶视图)、B=Bottom(底视图)、L=Left(左视图)、R=Right(右视图)、U=User(用户视图)、F=Front(前视图)、K=Back(后视图)、C=Camera(摄像机视图)。

6)认识视图控制区

视图控制区中的按钮会因当前视图的不同而有所变化。当前视图是顶视图、前视图、左视图或用户等视图时,视图控制区中的按钮如图 1-1-19 所示;当前视图是透视图时,视图控制区中的按钮如图 1-1-20 所示;如果在场景中创建了摄像机并切换到摄像机视图,则视图控制区中的按钮如图 1-1-21 所示;如果创建了聚光灯并切换到聚光灯视图,则视图控制区中的按钮如图 1-1-22 所示。

图 1-1-19　顶视图时　　图 1-1-20　透视图时　　图 1-1-21　摄像机　　图 1-1-22　聚光灯
　　　控制按钮　　　　　　控制按钮　　　　　视图时控制按钮　　　视图时控制按钮

视图控制区中的常用图标按钮功能如下。

➢ 🔍 "缩放":单击该按钮后,在某一视图中按下鼠标左键并上下拖动鼠标,可拉近或推远当前视图的场景显示。

➢ ▦ "缩放所有视图":单击该按钮后,在任意一个视图中按下左键并上下拖动鼠标,可拉近或推远所有视图的场景显示。

➢ ◰ "最大化显示"：单击该按钮后，当前视图中的场景会以最大化方式显示。注意这是一个按钮组，其中还包含了另一个按钮，即 ◰ "最大化显示所选对象"，其功能是使当前视图中的所选对象以最大化方式显示。

➢ ▦ "最大化显示所有视图"：单击该按钮后，将在所有视图中最大化显示场景。该按钮组中的另一个按钮是 ▦ "在所有视图中最大化显示所选对象"，其功能是在所有视图中最大化显示被选择的对象。

➢ ◪ "区域缩放"：按下该按钮后，可在顶视图、前视图、左视图等任意一个正交视图内拖动鼠标，以形成一个矩形区域，被围在矩形区域内的物体会放大至整个视图显示。区域缩放按钮对于局部观察模型和修改模型的细节非常有用。

➢ ✋ "平移"：单击该按钮后，可在任意一个视图内拖动鼠标以平移观察窗口。

➢ ◌ "弧形旋转"：单击该按钮后，当前视图中会出现一个黄色圆圈，可以在圈内、圈外以及圆圈上的 4 个顶点处拖动鼠标来改变观察角度。该按钮主要用于对透视图的调整，如果对顶视图、前视图、左视图等正交视图使用了该按钮，则正交视图会自动变成 User 视图。

➢ ◲ "最小 / 最大显示切换"：单击该按钮后，当前视图会切换至满屏显示，再次单击该按钮则会恢复到原来的视图显示状态。

➢ ▷ "视域"：当前视图是透视图或摄像机视图时，该按钮才会出现。单击该按钮后，在透视图中上下拖动鼠标，将改变观察区域的大小。

7）创建及编辑基本几何体

基本几何体是现实世界中常见的几何体，像球体、圆柱体、圆锥体、圆环、茶壶等，如图 1-1-23 所示。基本几何体是创建其他模型的基础，很多复杂模型都是由基本几何体编辑修改所得，而且通过基本几何体也可以实现一些简单场景的制作。

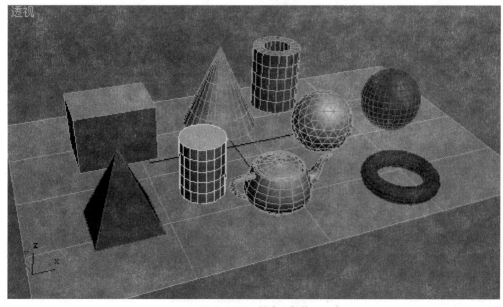

图 1-1-23　基本几何体

5．拓展与技巧

1）四元菜单

当在活动视图中单击鼠标右键时，将在鼠标光标所在的位置上显示一个四元菜单。菜单以四个角的形式出现，所以又叫四元菜单。四个角分别为：工具1、工具2、显示和变换。四元菜单最多可以显示四个带有各种命令的四元区域。如图1-1-24所示。它的作用相当于是专家模式，它里边包含着移动、旋转、缩放、显示/隐藏、冻结、结合、分离、补洞、编辑转换等等，在编辑一个物体时，直接单击右键选择即可，而不必在菜单栏、工具栏、命令面板之间来回的切换。

图1-1-24　四元菜单

2）绝对坐标和相对坐标

在3ds Max的创作中，准确地把握物体之间的位置关系至关重要，否则看似相邻的两个物体其实相距甚远。要确定物体之间的位置关系，必须掌握视图、世界坐标系和屏幕坐标系之间的关系。

世界坐标系是以系统原点作为参考的（在视图中垂直相交的两条较粗网格线相交的点为世界坐标系原点），它将3ds Max中的绘图平面比喻为"世界"，这个坐标系的位置（包括原点位置）是固定的，不随视图的改变而改变；屏幕坐标系是以某物体自身的位置为原点，这个原点是随选择物体的不同而不同的，它的坐标轴也是随着视图的不同而改变的。例如：如果想让对象沿垂直方向向上移动20mm，使用世界坐标系时，不管在哪个视图中操作，都是在"绝对：世界"Z轴上增加20mm，如图1-1-25（a）所示；如果使用屏幕坐标系，在顶视图中操作是在"偏移：世界"Z轴上直接输入20mm，在前视图和左视图中则是在"偏移：世界"Y轴上输入20mm，如图1-1-25（b）所示。

(a)

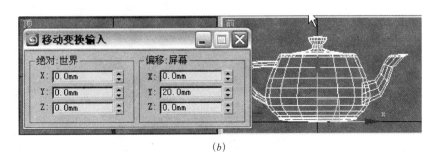

(b)

图1-1-25　绝对坐标和相对坐标

(a) 绝对坐标移动；(b) 相对坐标移动

3）对象在不同视图中的创建

单击"圆环"按钮，分别在三个视图中各创建一个相同参数的圆环，通过各个视图可以看出三个圆环不同的摆放位置和方向，效果如图1-1-26所示。虽然在任何视图中都可以绘制出同样的物体，但其位置、走向都不相同。怎样可以简单、快捷且不用经过太多调整就可以得到物体在透视图中的正确位置，这需要我们根据所创建模型的实际情况来决定在哪个视图中创建物体更合适。例如：要创建放在桌面上且平躺的圆环，就需要在顶视图中创建；要创建玩具汽车的轮子，就需要根据汽车本身的方向在左视图或前视图中创建。

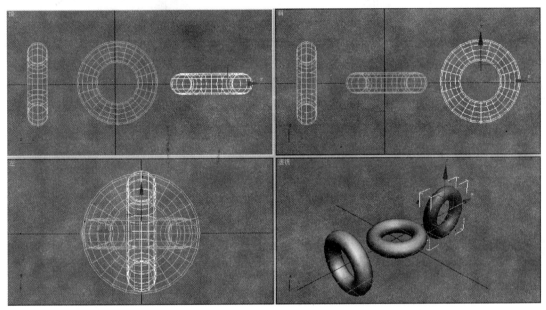

图1-1-26 不同视图中创建的圆环

4）对齐物体

当场景中有多个物体时，有时需要将一个物体与其他物体在某个方向上对齐。选中要对齐的物体，单击工具栏上的"对齐" 按钮，此时鼠标指针变成对齐按钮图标样式，再单击对齐目标对象，会弹出"对齐当前选择"对话框，如图1-1-27所示，设置完对齐方式后单击确定按钮即可完成物体的对齐。

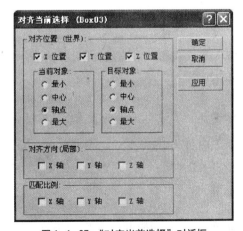

图1-1-27 "对齐当前选择"对话框

✓ "对齐位置（世界）"组（X/Y/Z位置）：指定要在其中执行对齐操作的一个或多个轴。启用所有三个选项可以将当前对象移动到目标对象位置。

✓ "最小"：将具有最小X、Y和Z值的对象边界框上的点与其他对象上选定的点对齐。

✓ "中心"：将对象边界框的中心与其他对象上的选定点对齐。

✓ "轴点"：将对象的轴点与其他对象上的选定点对齐。

✓ "最大"：将具有最大 X、Y 和 Z 值的对象边界框上的点与其他对象上选定的点对齐。

6. 创新作业

根据前面所学的内容用基本几何体制作一个茶几，效果如图 1-1-28 所示。

（1）使用长方体制作茶几桌面。

（2）使用圆管制作四条茶几腿，长方体制作横档。使用精确移动的方法将茶几腿放置在茶几的相应位置上。

（3）创建圆柱体制作水杯杯体，利用茶壶工具分别创建出水杯的把手和杯盖。

图 1-1-28 茶几效果图

1.2 任务二：双人床——扩展几何体的运用

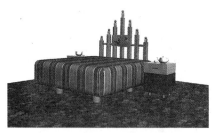

图 1-2-1 双人床效果图

1. 任务描述

床除了满足休息的功能外，美观的床头更能达到赏心悦目的效果，同时床头柜既能实现储物的功能又能起到装饰的作用。本任务完成的双人床最终效果如图 1-2-1 所示。

2. 任务分析

扩展几何体是 3ds Max 中复杂基本体的集合。双人床的主体用切角长方体创建；创建切角圆柱体作为床腿；创建球棱柱作为床头的柱子；长方体和异面体制作床头装饰物。

3. 方法与步骤

> **提示：**
>
> ①创建切角长方体作为床的主体；②创建切角圆柱体作为床腿并使用克隆复制法进行复制；③创建球棱柱作为床头的柱子并用移动复制法、缩放复制法和旋转复制法复制出其他柱子；④阵列的方法复制出床头的装饰物；⑤镜像方法复制床头柜。

（1）单击"文件" —→ "打开"命令，打开第 1.1 节的任务一中完成的床头柜 .max 文件，单击"文件" —→ "另存为"命令，在"另存为"对话框中输入文件名"双人床"，单击"保存"按钮。

（2）按下【Ctrl+A】快捷键，选中场景里的床头柜，单击鼠标右键，在弹出的快捷菜单中选择"隐藏当前选择"，将床头柜隐藏起来。

提问：为什么要隐藏床头柜呢？

回答：对象的隐藏可以防止误操作对已经制作好的对象造成影响。选中对象，单击鼠标右键，在弹出的快捷菜单中选择"隐藏当前选择"，对象被隐藏后将从视图中消失，直到执行"全部取消隐藏"或"按名称取消隐藏"为止。

（3）单击"创建"——→"几何体"——→"扩展几何体"——→"切角长方体"命令，在透视图中创建一个"长度"2000mm，"宽度"1800mm，"高度"500mm，"圆角"100mm的切角长方体，命名为"床体"。长度分段数、宽度分段数和高度分段数都改为1。

提问：分段数有什么用？为什么这里设置成1呢？

回答：分段数决定了对象在相应方向上可编辑的自由度。分段数对于三维对象来说是至关重要的参数，它决定了三维对象的细腻程度。分段数越多，模型表面越光滑，越细腻；分段数越少，则模型越粗糙。分段数直接与文件的数据量相关，细腻的模型数据量越大，耗费的计算机资源越多，渲染所耗的时间越长。作为床体的切角长方体不需要作任何变形修改，为了节省系统资源，三个方向分段数的值取1。在建模过程中，一定要建立"节约"资源的思想，在建模时要综合考虑模型的细腻与高效之间的平衡，这对大型场景的制作尤为重要。

（4）单击"创建"——→"几何体"——→"扩展几何体"——→"切角圆柱体"命令，在透视图中创建一个"半径"80mm，"高度"200mm，"圆角"20mm的切角圆柱体，命名为"床腿"。右键单击"选择并移动"按钮，在弹出的"移动变换输入"对话框中，"绝对：世界"的坐标值"X"为 -500mm，"Y"为 600mm，"Z"为 -200mm。单击"编辑"——→"克隆"命令，复制出另外三条床腿。单击"按名称选择"按钮，在"选择对象"的对话框中选择床腿01，右键单击"选择并移动"按钮，在弹出的"移动变换输入"对话框中，"绝对：世界"的坐标值"X"为 500mm，"Y"为 600mm，"Z"为 -200mm。同样的方法把另外两条腿放置在合适的位置，如图 1-2-2 所示。

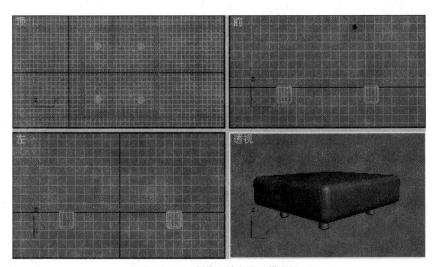

图 1-2-2　制作床体和床腿模型图

提问：移动床腿的时候，怎么找不到该对象的坐标轴了呢？

回答：为了方便用户的操作，3ds Max为用户提供了一种辅助变换操作的变换线框。通过变换线框可以很方便地将对象的操作约束在某一个轴或某一个平面上，但有时候变换线框的存在反而会影响我们的观察和操作，所以要根据实际情况来决定是否将该变换线框显示出来。出现上面的问题估计是在操作过程中不小心将变换线框隐藏了起来。可以在"视图"——→"显示变换Gizmo"命令将变换线框显示出来。

（5）单击创建扩展几何体里的"球棱柱"命令，在透视图中创建一个"半径"为60mm，"边数"为5，高度为"1200mm"的球棱柱。用移动复制法沿Z轴正方向复制出另外一个球棱柱，并修改参数"半径"为40mm，"边数"为5，高度为"100mm"。在柱子顶端创建一个球，选中刚建立好的三个对象，单击"组"——→"成组"命令，并命名为"柱子"，如图1-2-3所示。

提问：如何快速地选择多个物体，多选后如何再取消已经选择的物体？

回答：除了使用工具栏的"按名称选择"可以选择多个物体外，也可以在选中一个物体后，按住【Ctrl】键，单击场景中要选择的对象，就可以选择多个物体。在选中多个物体后，按下【Alt】键，单击选中的物体，则取消该物体的选择。切记【Shift】键不是选择多个物体的辅助键，是复制对象的辅助键。

（6）选择"柱子"，按下【Shift】键的同时用缩放工具沿Z轴方向适量拉伸柱子，在弹出的"克隆选项"中输入数量3，并用移动工具分别将柱子移动到合适位置上，如图1-2-4所示。

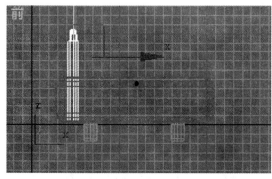
图1-2-3　移动复制法制作柱子模型

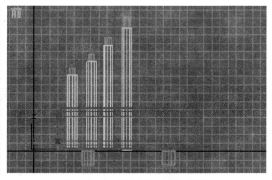
图1-2-4　缩放复制法复制柱子

（7）选择左边三根柱子，单击"组"——→"成组"命令，单击命令面板的"层次"按钮，进入到"调整轴"卷展栏中，对对象的轴心进行更改，将轴心移动到中间柱子位置，如图1-2-5所示。

（8）按下【Shift】键的同时选择"选择并旋转" 按钮沿Z轴旋转，对柱子进行旋转复制，见图1-2-6。

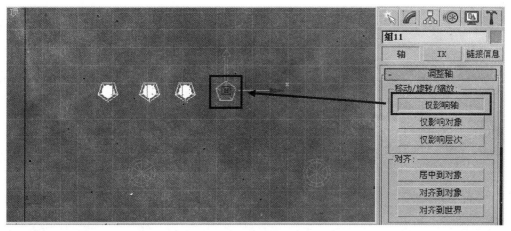

图 1-2-5 调整轴心位置

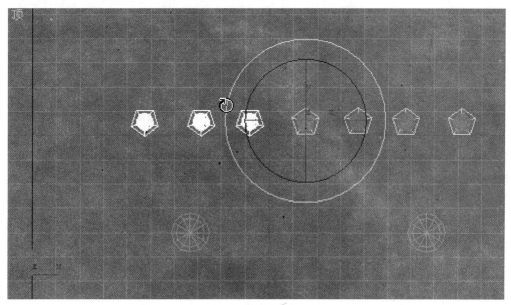

图 1-2-6 旋转复制法复制柱子

🐾提问：为什么我选择了"柱子"后场景中其他对象无法选择呢？

🐾回答：仔细观察一下状态栏上的"小锁" 🔒 标志是不是呈按下的状态，此按钮呈黄色时，起到锁定的作用。锁定后，已选定的对象不能被取消选定，未选定的对象不能被选择。

（9）在前视图中创建一个长方体作为装饰板，再创建一个异面体，参数里面选择"星形 1"，移动到装饰板上。用第（7）步的方法设置星形 1 的轴心到装饰板中心，如图 1-2-7 所示。

（10）单击"工具"——→"阵列"命令，在弹出

图 1-2-7 设置轴心位置

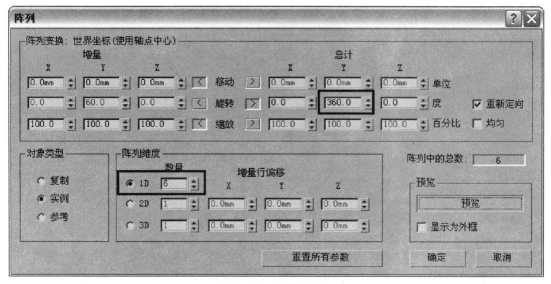

图1-2-8　阵列对话框

图1-2-9　装饰物效果图

的"阵列"对话框中的"旋转：总计——Y"轴输入360和在"阵列维度：1D"输入数量6，见图1-2-8所示。最后完成装饰物的效果如图1-2-9所示。

提问：为什么阵列对话框的"旋转"总计中填360，如果在"旋转"增量中填写数值该填写多少呢？

回答：这里是一道数学题，阵列法复制出5个对象，包括源对象一共是6个，形成360°圆的效果，每2个之间的角度是60°。如果复制出6个对象，那么这7个对象形成圆的效果，每2个之间的角度不太好计算，所以要根据实际情况来决定是填入单个增量还是总计，但最终的效果是一样的。这对于阵列中的"移动"和"缩放"中的总计和增量同样适用。

(11) 在床头的位置再创建一个长方体作为横档装饰。选择床的所有对象，单击鼠标右键，在弹出的菜单中选择"冻结当前选择"，如图1-2-10所示。

提问：为什么要冻结床模型？

回答：场景中模型越多，在选择模型的时候就容易误选，导致错误的操作，所以需要将暂时不修改的模型进行冻结。冻结后的对象在视图中变成深灰色，融入到视图中，虽然被冻结的对象仍保持可见，但是所有的操作都不会对其产生影响。要想解除对象的冻结状态，只需单击鼠标右键，从弹出的菜单中选择"全部解冻"命令即可恢复对象的冻结状态。

在3ds Max中，被冻结的物体默认显示的颜色是深灰色，与视图的基本颜色相似，这样看起来非常费力，不容易观察，可以根据以下的步骤修改其冻结颜色。单击菜单"自定义"——→

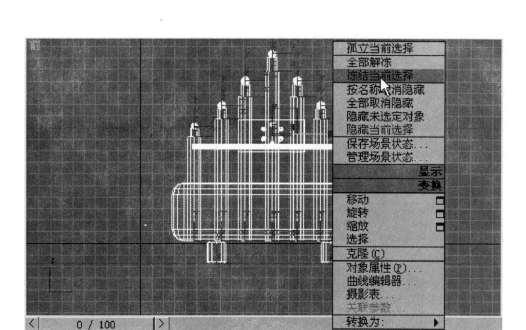

图1-2-10 冻结对象

"自定义用户界面"，在弹出的"自定义用户界面"对话框中选择"颜色"选项卡，点开"元素"右边的下三角按钮，选择"几何体"，在下面的列表中单击"冻结"选项，在右侧的颜色块中调整出自己想要的颜色。如果被更改的颜色过于鲜艳，在制作时会产生一定影响，所以建议尽量不要选择过于鲜艳的颜色。

（12）单击鼠标右键选择"全部取消隐藏"，把床头柜显示出来，并移动到合适的位置。单击工具栏上的"镜像" 按钮，在弹出的"镜像"对话框中选择镜像轴"X"，偏移量2300mm，克隆当前选择中的"复制"，如图1-2-11所示，完成床头柜的镜像复制。

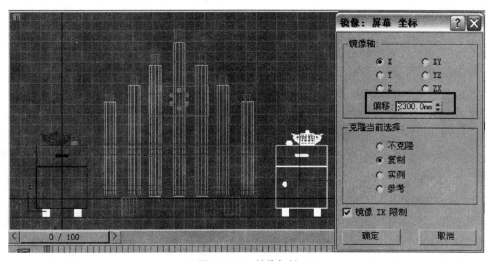

图1-2-11 镜像复制

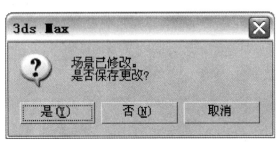

图1-2-12 "新建场景"对话框

4. 相关知识与技能

1）文件基本操作

（1）新建文件

单击"文件"——→"新建"，打开"新建场景"对话框，如图1-2-12所示。对各项选择的说明见如下所述。

✓ "保留对象和层次"：保留场景中所有的模型物体及它们之间的连接关系，但删除动画设置。

✓ "保留对象"：保留场景中所有的模型对象。

✓ "新建全部"：默认设置，清除场景内所有物体，并新建一个场景。

（2）重置场景

使用"新建"命令创建的新场景，不管在"新建场景"对话框中选择哪一种单选按钮，系统都会保留原场景中的界面设置、视图配置等。利用"重置"命令，可以清除所有数据并重置视图配置、捕捉设置、材质编辑器、背景图像等，还可以还原启动默认设置，使用"重置"菜单项与退出再重新启动3ds Max的效果相同。

单击"文件"——→"重置"命令，打开3ds Max"是否保存文件提示"对话框，如图1-2-13所示。选择"是"按钮，则弹出"文件另存为"对话框，在输入文件名保存过之后，打开"是否重置提示"对话框；选择"否"按钮，则直接打开"是否重置提示"对话框，如图1-2-14所示。如果选择"确实要重置吗？"对话框中的"是"按钮，则系统复位为初始设置，并新建一个场景文件；选择"否"按钮，则取消"重置"操作。

图1-2-13 "是否保存文件提示"对话框　　　　图1-2-14 "是否重置提示"对话框

（3）打开文件

单击"文件"——→"打开"命令，弹出"打开文件"对话框，在"打开文件"对话框的所选范围后的下拉列表框中选择所需要路径，在文件列表中选择一个文件，在对话框右侧的预览窗口中，可以显示该文件的缩略图，单击"打开"按钮，即可打开该文件。

（4）保存文件

利用保存文件命令，可以保存当前的场景文件。对于第一次保存，要选择保存路径和文件名，默认扩展名为 .max。

2）创建及编辑扩展几何体

3ds Max 提供了 13 个扩展基本体造型，在视图中分别对应的形状如图 1-2-15 所示。其中"L-Ext"和"C-Ext"在建筑建模中经常使用，主要用来创建 L 形或 C 形的墙体。

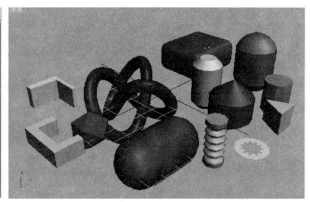

图 1-2-15　扩展几何体

在这里以异面体为例进行简单介绍，其余扩展几何体自己尝试研究创建方法。

异面体又称多面体，利用该工具可以创建各种具备奇特表面组合的多面体，通过对它的参数调节可以制作出种类繁多的奇怪造型，异面体造型是一次成形的。

✓ "系列"：使用该组可选择要创建多面体的类型。

✓ "系列参数"：控制异面体表面构成图案的形状。它有两个参数，P 和 Q 是为多面体顶点和面之间提供两种方式变换的关联参数。

✓ "轴向比率"：设置异面体表现向外或向内凹凸的程度，它有 P、Q 和 R 三个微调编辑框。系统默认为 100，当数值大于 100 时外凸，小于 100 时内凹。多面体可以拥有多达三种多面体的面，如三角形、方形或五角形。这些面可以是规则的，也可以是不规则的。如果多面体只有一种或两种面，则只有一个或两个轴向比率参数处于活动状态。

✓ "顶点"：该组中的参数决定多面体每个面的内部几何体。"中心"和"中心和边"会增加对象中的顶点数，从而增加面数。

如图 1-2-16 所示，对象是"系列"中的"十二面体 / 二十面体"，"系列参数"P 为 0.36 的

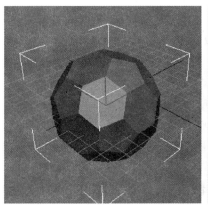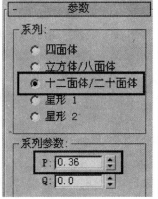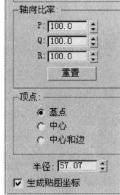

图 1-2-16　异面体建模

异面体，可以清楚地看出此时模型已经有了足球的雏形，再经过一系列的操作就可以做出仿真的足球（具体做法可以在学完后续章节自行进行尝试）。

3）复制对象的方法

复制对象也称为克隆对象，这是一种非常有用的建模技术。在复杂场景的设计中，常常需要制作若干相同的模型，例如，会议室场景中摆放的造型相同的座椅，我们只需要先制作其中的一把座椅，然后再复制出其余的。即使座椅存在一些差别，我们也可以先复制原始模型，然后再对复制品作出修改。通过复制对象，可以大大减少重复性的操作，提高工作效率。

复制对象有以下三种类型。

✓ "复制"：复制出的对象与原对象一样,但两者之间没有任何的联系，如图 1-2-17（a）所示。

✓ "实例"：复制出的对象与原对象之间存在 "双向" 联系，对原物体或克隆出的物体中的任意一个进行变形修改、贴图等操作，其他物体都会同时发生同样的变化，如图 1-2-17（b）所示。

✓ "参考"：复制出的对象与原对象之间存在 "单向" 联系，对原对象进行的变形修改、贴图等操作都会作用于参考对象上，但对参考对象进行的变形修改、贴图等操作中不会作用于原对象上，如图 1-2-17（c）所示。

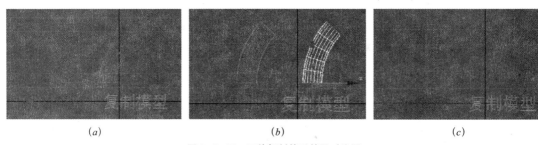

|(a)|(b)|(c)|

图 1-2-17　三种复制关系效果对比图

（a）复制关系；（b）实例关系；（c）参考关系

图 1-2-18　"克隆选项" 对话框（一）

(1) "克隆" 复制法。

选择要复制的对象，单击 "编辑" ——→ "克隆" 命令，弹出 "克隆选项" 对话框，如图 1-2-18 所示。在 "克隆选项" 对话框（一）中设置复制对象的类型（即是否关联）和名称。该方法只能复制出单个对象，并且复制出的对象和原对象是重合在一起的，将对象进行移动、旋转或缩放后就可以看到克隆的对象了。

(2) 利用【Shift】键复制法。

✓ 移动复制：移动复制就是在移动物体的同时复制出其他同样的物体。在视图中选择一个物体，单击 "选择并移动" 按钮，在按住【Shift】键的同时拖动物体，这时会弹出 "克隆选项" 对话框（二），如图 1-2-19 所示。在对话框中可以设置要复制的物体数量，并为复制出的物体命名，单击 "确定" 按钮，物体即被克隆，同时所有克隆物体之间的距离都与原拖动的距离相同。图 1-2-20 是副本数为 4 的克隆效果。

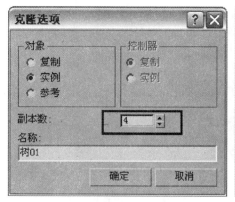

图1-2-19 "克隆选项"对话框（二）

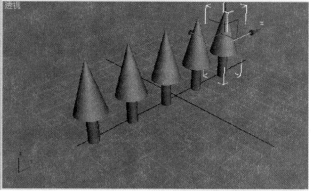

图1-2-20 克隆效果

✓ 旋转复制：旋转复制就是在旋转物体的同时复制出其他同样的物体。单击主工具栏的"选择并旋转"按钮，按住【Shift】键，在视图中选中要复制的对象，拖动该对象沿某个旋转轨道旋转一定角度，释放鼠标，会自动弹出"克隆选项"对话框（二），如图1-2-19所示。在对话框中可以设置要复制的物体数量，并为复制出的物体命名，单击"确定"按钮，物体即被克隆，同时所有克隆物体之间的角度都与原拖动的角度相同。图1-2-21是副本数为7的克隆效果。

✓ 缩放复制：缩放复制就是在缩放物体的同时复制出其他同样的物体。单击主工具栏的"选择并缩放"按钮，按住【Shift】键，在视图中选中要复制的对象，拖动该对象缩放，释放鼠标，会自动弹出"克隆选项"对话框（二），如图1-2-19所示。在对话框中可以设置要复制的物体数量，并为复制出的物体命名，单击"确定"按钮，物体即被克隆，同时系统将按缩放方式进行等比例复制。与前两种方式不同的是缩放复制的副本对象与原始对象是重叠在一起的。图1-2-22所示的是进行均匀缩放复制并将它们分开后的效果。

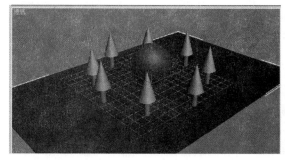

图1-2-21 旋转复制效果

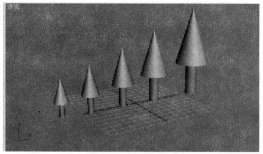

图1-2-22 缩放复制效果

（3）镜像复制法。

镜像复制法是指沿某个坐标轴或平面对原始对象进行复制。单击工具栏上的"镜像"按钮，打开"镜像"对话框，对称轴、偏移量和复制方法可以在其中设置，如图1-2-23所示。镜像复制所产生的模型实质上是原模型的一种成像，所以进行镜像复制时，在设置镜像复制对象类型时如果选择"不克隆"，则不复制对象，只对对象根据参数设置进行镜像操作。

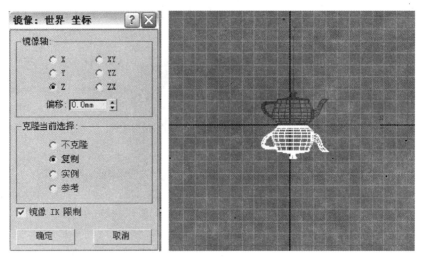

图1-2-23 "镜像"对话框及镜像效果

✓ "镜像轴"：用来设定镜像方向，默认情况为X轴。

✓ "偏移"：用来指定镜像对象轴点和原对象轴点之间的距离。如果偏移量为0，复制出来的物体与原物体重合在一起。

（4）阵列复制法。

阵列工具是用于制作数量较大并且摆放有规律的对象阵列。例如，教室内摆放整齐的桌椅、环形排列的花瓣、旋转楼梯等，都可以通过阵列变换得到。单击"工具"——→"阵列"命令，打开"阵列"对话框，如图1-2-24所示。

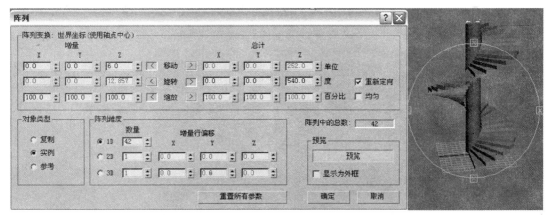

图1-2-24 "阵列"对话框及旋转楼梯示意图

① "阵列变换"：用于指定以哪种方式进行变换。（左部分的"增量"是任意两个对象之间的增量值，右部分的"总计"是所有复制对象总共的增量值，根据实际情况决定用哪一部分，但最终效果是相同的。）

✓ "移动"：指定阵列中沿X、Y、Z轴方向每个对象之间的距离。

✓ "旋转"：指定阵列中每个对象围绕X、Y、Z轴旋转的度数。

✓ "缩放"：指定阵列中每个对象沿 X、Y、Z 轴的缩放百分比。

② "阵列维度"：用于指定创建维数是一维、二维还是三维。

✓ "1D"：创建一维阵列。"数量"：指定在阵列一维中对象的总数。

✓ "2D"：创建二维阵列。"数量"：指定在阵列第二维中对象的总数。"X/Y/Z"：指定沿阵列第二维的每个轴向的增量偏移距离。

✓ "3D"：创建三维阵列。"数量"：指定在阵列第三维中对象的总数。"X/Y/Z"：指定沿阵列第三维的每个轴向的增量偏移距离。

③ "阵列中的总数"：显示阵列复制对象的总数量，此处的总数包括原始对象。

（5）间隔复制法。

间隔复制是基于当前选择的样条线的路径来分布复制原对象。使用间隔复制对象的方法，可以设定间隔分布的形态，也可以设定对象之间的间隔方式，以及对象的轴点在间隔分布形态上的位置。创建一棵小树和一条样条线，在选择小树的基础上，单击"工具"——→"间隔工具"命令，打开"间隔工具"对话框。单击"拾取路径"按钮，将鼠标移至样条上，鼠标变成十字形，单击样条线后，在"计数"中设置复制的数目，在"前后关系"中，选择了"跟随"命令，小树会根据曲线的曲率调整其方向，设置相应的参数后效果如图 1-2-25 所示。

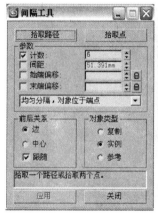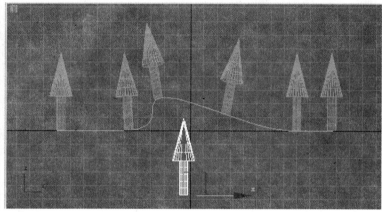

图 1-2-25 "间隔工具"对话框及复制效果

5. 拓展与技巧

1）坐标轴轴向和轴心位置的调整

3ds Max 对象在进行操作时，都要参照某一坐标轴或轴心来进行。当坐标轴的方向或轴心位置发生变化时，相同的操作也会产生不同的效果。

除了系统使用的世界坐标和每一视图的屏幕坐标外，每个对象本身也有一个坐标轴，它主要用来控制对象进行各种操作时的方向（轴向）和操作所围绕的中心点（轴心），如图 1-2-26 所示。系统默认局部坐标的轴向和世界坐标的轴向相同，轴心位于对象的中心点上，我们也可自己对轴向和轴心

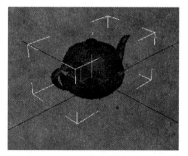

图 1-2-26 对象默认轴心

进行调整，在阵列复制的时候经常需要变换轴心位置。

　　选择对象后单击"层次"选项卡，再单击"轴"命令，打开"调整轴"卷展栏，选中"移动/旋转/缩放"区域的"仅影响轴"按钮，此时对象自身的坐标轴就会在视图中显示出来。选择工具栏中的"选择并移动"按钮或"选择并旋转"按钮，改变对象轴心的位置或坐标轴的方向，如图1-2-27所示。单击"重置轴"按钮可以将基准点恢复到最初的位置。

　　2）使用"选择过滤器"选择对象

　　"选择过滤器"能筛选允许选择的对象类型，从而避开其他类型对象的干扰，快速地选择同一类型的对象。单击工具栏"选择过滤器"按钮，可以看到如图1-2-28所示的几种物体类型。例如选择了几何体类型，再用选择对象工具单击图形、灯光等其他对象是无法进行选择的，只能选中几何体。该选择方法适用于场景中模型结构非常复杂的情况。

　　3）视图的右键快捷菜单

　　在工作区视图左上角视图名称上单击鼠标右键，会打开视图的快捷菜单，如图1-2-29所示。各主要命令的作用如下。

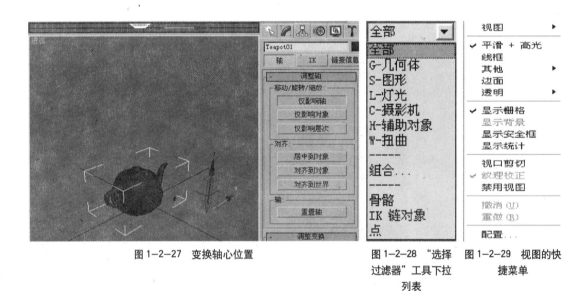

图1-2-27　变换轴心位置　　　图1-2-28　"选择　图1-2-29　视图的快
　　　　　　　　　　　　　　过滤器"工具下拉　　捷菜单
　　　　　　　　　　　　　　列表

　　✓ "视图"：用户可以设置当前视图窗口的显示视图方式。

　　✓ "平滑+高光"：视图中的对象会以平滑效果和高光效果方式显示，使物体显示效果非常逼真。但是这种显示模式会占用较多的系统资源，只适合显示中小场景，如图1-2-30所示。

　　✓ "线框"：视图中的对象会以线的形式显示，不显示实体面，比较节省系统资源，一般在制作大场景时使用，如图1-2-31所示。

　　✓ "其他"：有下级菜单，视图中的对象以其他方式显示，如图1-2-32所示的就是"面+高光"的显示方式。

　　✓ "边面"：这是一个复选菜单项，只要不选择线框或者高光线框的方式，就可以选择该选项，其作用是显示其他形式的同时显示对象的线框，可以很清楚了解对象的结构特征，如图1-2-33所示。

图1-2-30 "平滑+高光"显示方式

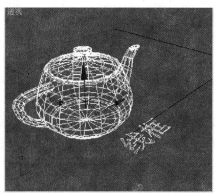

图1-2-31 "线框"显示方式

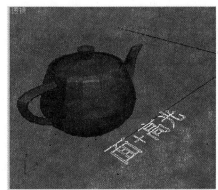

图1-2-32 "面+高光"显示方式

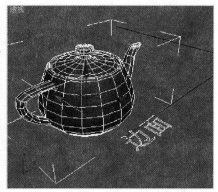

图1-2-33 "边面"显示方式

✓ "透明"：用于设置对象被设定透明材质的显示方式。

✓ "显示栅格"：视图上的栅格由纵横交错的网格线组成，用于显示系统坐标。在创建模型时起到标尺的参考作用，用来确定对象之间的位置等重要选项，一般都要选择显示栅格。有时为了便于观察模型，也会需要隐藏栅格，只要取消该命令即可。

✓ "显示背景"：为了建模更加准确，会在视图中指定背景，该命令就是用于切换是否显示视图背景。

✓ "纹理校正"：用于改善视图中显示的材质纹理效果。

✓ "禁用视图"：选择该命令后，在其他视图中使用同时缩放所有视图等命令时，该视图不会发生变化；而在该视图中进行这些操作时，其他视图则会一起改变。

4）文件自动保存

为了防止因计算机断电或者软/硬件错误等因素造成3ds Max的工作内容丢失，尽量减少用户的意外损失，3ds Max提供了文件自动保存功能。默认状态下，每5分钟自动保存一次文件，也可以在"自定义"—→"首选项"的"文件"选项卡中，自行修改备份间隔或者文件数。

在3ds Max安装完成后，可以在"我的文档\3ds Max"文件夹中找到"autoback"（自动备份）文件夹，这就是文件自动保存的位置。此文件夹一般会含有三个max源文件，在用户使用过程中，每隔一定的时间，软件就会自动将当前的内容保存成一个 max 文件。文件保存的顺序为：首先将当前内容保存为第一个文件，下次保存时保存为第二个文件，再下次保存时保存为第三个文件，第四次保存时则覆盖第一个文件，以此类推，在三个文件中循环保存，如图 1-2-34 所示。

图 1-2-34　autoback（自动备份）文件夹

6. 创新作业

沙发是我们日常生活中不可缺少的家具，下面制作一个简单实用的沙发，效果如图 1-2-35 所示。

（1）创建切角长方体作为沙发的底座、靠背和扶手，用旋转工具将靠背旋转到合适的位置，用移动复制的方法复制出另一侧扶手。

（2）创建一个环形波作为装饰图案，用间隔复制法复制出 S 形的图案。

（3）用胶囊的模型创建出沙发的两个扶手靠垫以及用切角长方体创建出沙发坐垫。

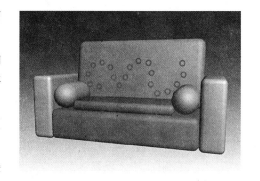

图 1-2-35　沙发效果

项目实训　梳妆台

1. 项目背景

图 1-2-36　梳妆台效果

梳妆台是卧室里必不可少的家具之一，具体制作效果如图 1-2-36 所示。

2. 项目要求

（1）用对齐的方法制作梳妆台主体和台面上的隔板。

（2）制作梳妆台抽屉把手以及装饰物。

（3）要求各部位空间位置要合适、连接要紧密。

3. 项目提示

（1）梳妆台的主体以及台面上的隔板用长方体来创建，用对齐工具进行对齐。

（2）抽屉把手用圆环来创建，切片并且压缩。

（3）梳妆台两侧装饰物用扩展几何体里的胶囊来创建，用移动复制法进行复制。

（4）创建圆柱体作为梳妆台上的镜子。

4.项目评价

三维空间的感觉对本单元来说是至关重要的，本项目通过梳妆台的制作可以使学生对三维建模、基本几何体和扩展几何体的使用有了一定了解，对三维场景空间有一个明确的认识。

阅读材料

1.家具设计的发展

家具起源于生活，随着人类文明的进步和生产力的发展，其类型、功能、形式、数量和材质也在不断地变化。家具的演变反映着不同国家和地区以及不同历史时期的社会生活方式及物质文明的水平。国内、外家具的发展都经历了一个漫长的历史过程，大体上可分为古代家具和近现代家具两种。中国家具是中国文化的重要组成部分，历史悠久，在其漫长的历史过程中，创造出了灿烂辉煌的家具文化。

1）古代家具

中国古代家具包括的范围很广，但通常是指"桌椅板凳"之类。古人席地而坐，地面铺席；后来出现了屏、几、案，而床既是卧具也是坐具。然后，在床的基础上又产生了榻。直到汉代随着胡床进入中原地带，高型坐具才陆续出现，并在唐代开始流行兴起。到了清代，中国家具达到鼎盛时期，并真正将其推向了艺术的顶峰，其优良的材质、纯熟的工艺，是清代以前的家具无法比拟的。

2）近现代家具

19世纪中叶前后，新艺术运动的发展摆脱了历史的束缚。包豪斯学校家具造型设计组的建立，树立了功能主义的现代设计理论，强调通过手工能力认识设计方法和设计规律，强调表现材料的结构性能和美学性能。此后，钢管椅、组合家具、层板家具、部件家具等优秀创作都开始出现，其中采用螺栓而不用榫连接的家具都是功能主义的体现。

进入19世纪60年代后，各种体积小、质量轻、高性能、高精度的专用设备不断涌现，为家具用料的加工开辟了新的途径。首先，值得重视的是组合家具，已完全脱离了传统的整体组装的单一形式，而由单体组合发展成为部件装配化的单元组合形式，如组合柜、组合沙发等。

其次，壳体模型家具的发展，也给家具设计带来新的面目，虽然它缺乏木材等传统材料家具的自然特点，但却能表现出透明效果的优越特性，而且适于大批量生产；此外，还有充气家具和纸板式家具，也是现代家具革新的产品，由于它们形式新颖、价格低廉、结实耐用，所以深受低收入家庭的欢迎。在不到100年的时间里，现代家具的崛起使家具设计发生了划时代的变化，各种不同形式、不同材料和不同机能的家具相继问世。

2.家具分类

家具可以从材料、结构形式和使用功能等不同的角度进行分类。

（1）按家具风格上可以分为：现代家具、欧式古典家具、美式家具、中式古典家具、新古典家具。

（2）按所用材料将家具分为：实木家具、板式家具、软体家具、藤编家具、竹编家具、金属家具、钢木家具，及其他材料组合如玻璃、大理石、陶瓷、无机矿物、纤维织物、树脂等。

（3）按结构形式分为：框架式家具、板式家具、折叠家具、拆装家具、充气家具、固定式家具。

（4）按功能家具分为：办公家具、客厅家具、卧室家具、书房家具、儿童家具、厨卫家具和辅助家具等几类。

复习思考题

（1）3ds Max 9.0 的主界面分为哪几个部分？各部分的主要作用是什么？

（2）3ds Max 主要的应用范围和领域有哪些？

（3）对齐工具有什么用途？结合任务实例熟练掌握对齐工具的使用技巧。

（4）总结有哪几种复制方法及每种复制方法的特点，练习镜像复制和阵列复制操作。

（5）系统默认状态下的 4 种工作视图的名称是什么？如何进行视图转换？

（6）如何设置对象的颜色、名称和大小？

（7）如何创建和保存 3ds Max 场景文件？

（8）3ds Max 创建对象和选择对象的方法都有哪些？

（9）如何实现对象之间的成组与解组？

（10）基本模型对象中的"段数"参数主要起什么作用？

第2章　家庭装饰用品设计与制作

随着经济发展，人民生活水平的提高，百姓对家居生活环境的改善也不断提高，科学装饰时尚尊贵，环保健康的人居环境已成为人们关注的热点，现代人追求轻盈、舒适、惬意而悠然的家居环境，追求高尚唯美的生活品质，而这就需要家庭装饰用品以缤纷色彩来"点亮"家居。家庭装饰用品是制作室内效果图时经常会遇到的模型种类之一，因此学会制作一些基本装饰用品是非常有必要的。

学习目标：

- 掌握图形的绘制和曲线调整的方法；
- 掌握"车削"、"挤出"、"FFD"、"锥化"修改器的使用；
- 掌握"放样"、"扭曲"、"弯曲"修改器的使用；
- 能使用"编辑多边形"修改器完成对模型的细节修改。

2.1　任务一：果盘、高脚杯的制作——"车削"修改器的运用

1. 任务描述

葡萄酒杯，因其有一个细长的底座而被大众形象地称为高脚杯，但在事实上，高脚杯只是葡萄酒杯中的一种，根据所盛的酒不同酒杯的形状也不同。在家庭装饰中，酒杯出镜率很高。果盘也经常作为装饰品出现在茶几上或者餐桌上，果盘内装上各种各样的水果，更让人垂涎欲滴（在学完本章内容，可以自己探索一下桃子、苹果等水果的制作方法）。本任务的最终效果图如图 2-1-1 所示。

图 2-1-1　果盘、高脚杯效果图

2. 任务分析

"车削"修改器是通过绕轴旋转的方法利用二维截面造型生成三维实体。通过观察效果图可以发现果盘和高脚杯都可以通过绘制二维线条制作出截面，再用"车削"修改器生成三维实体。

3. 方法与步骤

1）果盘的制作

> **提示：**
> ①绘制并调节果盘截面曲线；②添加"车削"修改器生成果盘三维模型。

（1）单击"创建"→"图形"→"线"按钮。在前视图建立一条曲线，命名为"果盘"，如图 2-1-2 所示。

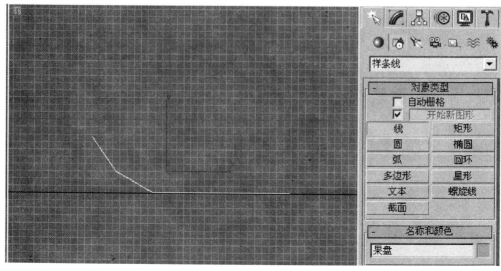

图 2-1-2　制作果盘截面形状

（2）进入"修改" 面板，单击"line"左边的"+"符号，选择修改器堆栈中"顶点"子对象层级，右键单击左边第二个顶点，在弹出的快捷菜单中执行"Bezier"命令，使用"选择并移动" 工具调节顶点的控制柄，形状如图 2-1-3 所示。

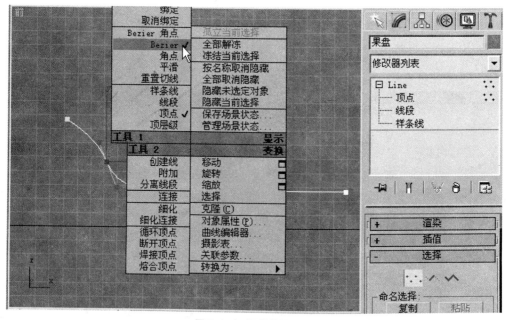

图 2-1-3　调节曲线形状

提问：创建面板下面的图形按钮"开始新图形"有什么用途？

回答："开始新图形"的默认状态是被选择的状态，每次绘画的图形是彼此分开的独立个体，互不相干。如果把这个选项去掉，每次绘画的图形就自动合成为一个整体。

（3）选择修改器堆栈中的"样条线"子对象层级，在"几何体"卷展栏中的"轮廓"右侧文本框中输入2mm，按【Enter】键确认，如图2-1-4所示。

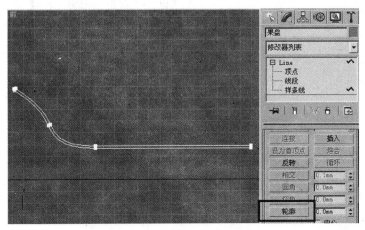

图2-1-4　制作果盘截面曲线

提问：在绘画果盘截面的时候，我只需要看前视图，而其他3个视图暂时不需要作参考，有没有快捷键只把前视图以最大化形式显示出来呢？

回答：选择前视图为激活状态，按下【Alt+W】以最大化显示当前窗口。再按一次就恢复之前的布局。

（4）使用"缩放区域"工具放大截面左侧区域，选择修改器堆栈中"顶点"子对象层级，单击"几何体"卷展栏中的"优化"按钮，在截面顶端添加一个顶点，调节顶点到合适位置，如图2-1-5所示。

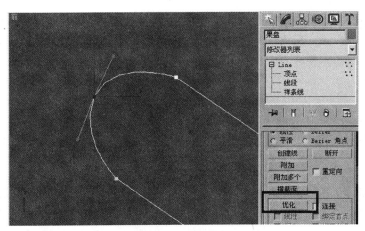

图2-1-5　添加顶点

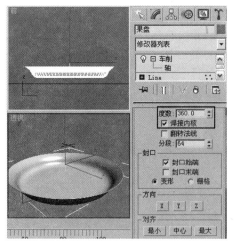

图2-1-6 使用"车削"修改器

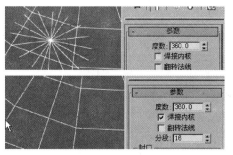

图2-1-7 是否选择"焊接内核"的区别

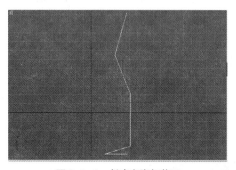

图2-1-8 创建高脚杯截面

提问：通过"优化"添加的顶点为什么没有出现在我单击的位置，而是跑到其他地方去了？

回答：只要给样条线加个编辑样条线的修改器，然后再单击"优化"添加顶点，就不会出现这样的现象。

（5）在"修改器列表"中选择"车削"修改器，在"参数"卷展栏中选择"焊接内核"复选框，"分段"为64，单击"对齐"选项组中的"最大"按钮，如图2-1-6所示。

提问："车削"修改器里的"焊接内核"是什么意思？

回答：本例中"车削"后发现果盘里面的底部和外面的底部非常不平滑，出现片状图案。当把"焊接内核"打上对勾，问题就解决了，是否焊接内核的对比如图2-1-7所示。

2）高脚杯的制作

> **提示：**
> ①绘制高脚杯截面曲线；②对顶点进行调节处理；③使用车削修改器生成高脚杯。

（1）单击"创建"→"图形"→"线"按钮。在前视图建立一条曲线，命名为"高脚杯"，如图2-1-8所示。

提问：高脚杯截面本身是有弧度的曲线，而现在绘制的是多段直线，能不能直接画曲线呢？

回答：因为在最初绘制曲线的时候还不容易掌握其绘制方法，所以采用的是先画直线再调整曲线曲率的方法，在熟练运用"线"工具后，可以通过拖曳的方法直接绘制所需要的曲线图形。

（2）进入"修改" 面板，单击"line"左边的"+"符号，选择修改器堆栈中"顶点"子对象层级。右击"顶点"，在弹出的快捷菜单中执行"Bezier"命令，使用"选择并移动" 工具调节顶点的控制柄，形状如图2-1-9所示。

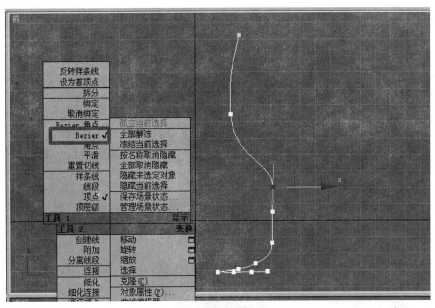

图 2-1-9 调节顶点

提问：在画线的过程中如何取消上一个错误的点？

回答：按键盘右上角的退格键或者［Delete］键。

（3）选择修改器堆栈中"样条线"子对象层级，在"几何体"卷展栏中的"轮廓"右侧文本框中输入 1mm，按【Enter】键确认，如图 2-1-10 所示。

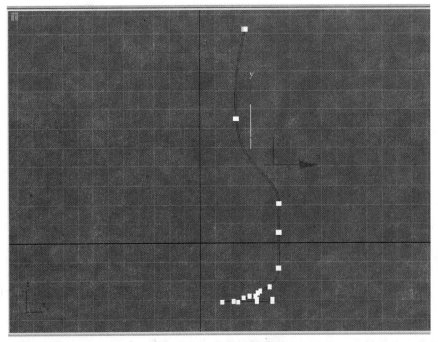

图 2-1-10 设置"轮廓"参数

提问：到底什么是样条线呢？

回答：物体的基本形态有实体和样条两种。实体就是实实在在成形的物体，包括网格（Mesh）、可编辑多边形（Poly）、面片（Patch）、Nurbs。样条则是线的构成，不具备实际的体积，包括样条线（Spline）和 Nurbs 样条线。样条线的作用实际是辅助生成实体，比如在一个圆形样条线再增加一个"挤出"操作，就生成一个圆柱体。

（4）返回"顶点"子对象层级。使用"选择并移动" ✛工具对顶点进行调节，制作高脚杯的截面曲线，如图 2-1-11 所示。

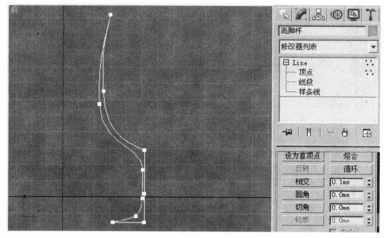

图 2-1-11　调节顶点

提问：将一个点改为 Bezier Corner（贝塞尔角点）时，当去拖动点两边的绿色操纵杆时，有时感觉可以任意的改变方向和长度，但有时又不能随意的改变长度和方向，好象被什么东西限制住了。不知道是为什么？是不是我什么地方没操纵好呢？

回答：是被坐标轴控制了，你无意单击了该点的坐标轴，若你单击了 X 轴则 X 轴被自动锁定显示为黄色，控制杆只能在 X 轴运动。Y 轴同理，单击 X、Y 交叉区域，则控制杆在 XY 平面上运动。

（5）在"修改器列表"中选择"车削"修改器，在"参数"卷展栏中选择"焊接内核"复选框，"分段"为 32，单击"对齐"选项组中的"最大"按钮，完成高脚杯的制作，如图 2-1-12 所示。

提问：我的 3ds Max 9.0 旋转命令去哪了？以前用 5.0 版本中和 6.0 版本中都有旋转命令但是从 7.0 中文版开始好像就没看到过了。修改器菜单和修改器列表上也没找到！去哪了？

回答：是 Lathe，这个命令以前的资料都翻译成"旋转"，在官方正式有了中文版以后，中文版就把它翻译成"车削"。具体位置在：菜单栏，"修改器"——➤"面片 / 样条线编辑"——➤"车削"；修改命令面板的下拉列表——➤对象空间修改器——➤车削。

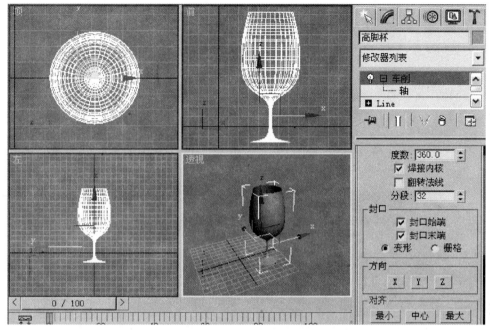

图2-1-12　使用"车削"修改器

4. 相关知识与技能

1）"顶点"类型

在"编辑样条线"的堆栈中选择"顶点"子对象层级时，可以通过顶点调节曲线形状，右击样条线的顶点，在弹出的快捷菜单中有五种顶点类型可供选择，分别是Bezier角点、Bezier、角点、平滑、重置切线，如图2-1-13所示。

图2-1-13　顶点类型

✓ 平滑：创建平滑连续曲线的不可调整的顶点。平滑顶点处的曲率是由相邻点的间距决定的。

✓ 角点：创建锐角转角的不可调整的顶点，如图2-1-14所示。

✓ Bezier：带有锁定连续切线控制柄的不可调节的顶点，用于创建平滑曲线。顶点处的曲率是由切线控制柄的方向和量级确定。

✓ Bezier角点：带有不连续的切线控制柄的不可调整的顶点，用于创建锐角转角。线段的曲率是由切线控制柄的方向和量级确定，如图2-1-15所示。

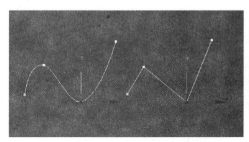

图2-1-14　左：平滑顶点　右：角点顶点

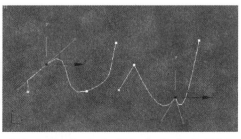

图2-1-15　左：Bezier顶点　右：Bezier角点顶点

2）编辑样条线修改器

在图形对象上右击，在弹出的快捷菜单中执行"转换为"——→"转换为可编辑样条线"命令，可将图形对象转换为可编辑的样条线对象。该命令提供了所选图形对象作为样条线并以以下三个子对象层级进行操纵的命令——顶点、线段和样条线。将图形转化为可编辑样条线后，其创建参数将消失，不可再更改，如图 2-1-16 所示。

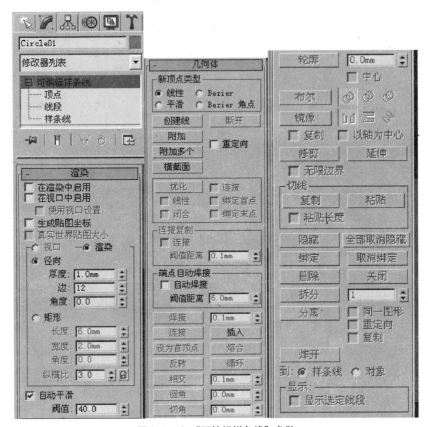

图 2-1-16 "可编辑样条线"参数

（1）"渲染"卷展栏。

✓ "在渲染中启用"：选择该选项后，可将图形对象渲染输出。

✓ "在视口中启用"：选择该选项后，按下面的渲染参数设置在视图中显示图形对象。

✓ "径向"：将样条线显示为圆柱形对象。

✓ "厚度"：指定视口或渲染样条线网格的直径。默认设置为1.0。

✓ "边"：在视口或渲染器中为样条线网格设置边数（或面数）。

✓ "角度"：调整视口或渲染器中横截面的旋转位置。

✓ "矩形"：将样条线显示为矩形对象。

（2）"几何体"卷展栏。

✓ "创建线"：绘制新的曲线并把它加入到当前曲线中。

✓ "断开"：在选定的点处拆分样条线，从而将线段断开。

- ✓ "附加"：将场景中的其他样条线附加到当前样条线并合并在一起。
- ✓ "附加多个"：可以同时选择多个样条线并将其合并到当前曲线上。
- ✓ "优化"：可在曲线上添加新的控制点。
- ✓ "自动焊接"：样条阈值范围内的顶点会自动焊接，阈值范围可以设定。
- ✓ "焊接"：手动焊接样条线上被选中的并且在阈值范围内的顶点。
- ✓ "连接"：在两个断开顶点之间生成样条线，使断开顶点连接成闭合曲线。
- ✓ "插入"：插入一个或多个顶点，以创建其他线段。
- ✓ "相交"：在交叉的多个曲线的同一位置分别插入一个顶点。
- ✓ "圆角"：通过拖动鼠标，在选择点位置创建圆角，也可以通过后面数值精确调整圆角大小。
- ✓ "切角"：为选定顶点或边界创建一个斜面。
- ✓ "轮廓"：为选定样条曲线偏移出一个轮廓。
- ✓ "布尔"：可以将两个样条曲线按并集、交集或差集的方式合并到一起。
- ✓ "镜像"：对所选样条线进行垂直、水平、双向镜像。
- ✓ "修剪"：可以删除样条线上交叉的曲线。
- ✓ "延伸"：将开放样条线的一条曲线拉长，使开放的样条线闭合。

3）车削修改器

"车削"修改器通过绕轴旋转的方法利用二维截面造型生成三维实体，可以使用该修改器来构建类似于柱子、花瓶等三维实体模型，如图 2-1-17 所示。车削修改器的参数面板如图 2-1-18 所示。

图 2-1-17　"车削"制作的垃圾桶

图 2-1-18　"车削"修改器参数面板

- ✓ "度数"：确定对象绕轴旋转的度数（范围 0~360°，默认值是 360°）。可以给"度数"设置关键点，来设置车削对象圆环增长的对象。"车削"轴自动将尺寸调整到与需要车削图形同样的高度。

- ✓ "焊接内核"：通过将旋转轴中的顶点焊接来简化网格。如果要创建一个变形目标，禁用此选项。

- ✓ "翻转法线"：依赖图形上顶点的方向和旋转方向，车削对象可能会内部外翻，切换"翻转法线"复选框来修正它。

- ✓ "分段"：在始末点之间，确定在曲面上创建多少插值线段。此参数也可以设置动画。默认值为 32。

- ✓ "封口始端"：封口设置的"度数"小于 360°的车削对象始点，并形成闭合图形。

- ✓ "封口末端"：封口设置的"度数"小于 360°的车削对象终点，并形成闭合图形。

- ✓ "X/Y/Z"：相对对象轴点，设置轴的旋转方向。

✓ "最小 / 中心 / 最大"：将旋转轴与图形的最小、居中或最大范围对齐。

✓ "面片"：产生一个可以折叠到面片对象中的对象。

✓ "网格"：产生一个可以折叠到网络对象中的对象。

✓ "NURBS"：产生一个可以折叠到 NURBS 对象中的对象。

✓ "生成贴图坐标"：将贴图坐标应用到车削对象中。当"度数"小于 360°并且启用"生成贴图坐标"时，会将另外的贴图坐标应用到末端封口中，并在每一个封口上放置一个 1×1 的平铺图案。

✓ "真实世界贴图大小"：控制应用于该对象的纹理贴图材质所使用的缩放方法。缩放值由位于应用材质的"坐标"卷展栏中的"使用真实世界比例"设置控制。默认设置为不启用。

✓ "生成材质 ID"：将不同材质 ID 指定给车削对象侧面与封口。特别是，侧面 ID 为 3，封口（当"度数"的值小于 360°且车削对象是闭合图形时）ID 为 1 和 2。默认设置为启用。

✓ "使用图形 ID"：将材质 ID 指定给在车削产生的样条线中的线段，或指定给在 NURBS 车削产生的曲线子对象。仅当启用"生成材质 ID"时，"使用图形 ID"才可用。

✓ "平滑"：给车削图形对象进行平滑处理。

5. 拓展与技巧

在为对象添加多个修改器后，修改器的层级按先后顺序排列形成堆栈，最后添加的修改器在堆栈编辑列表框的最顶层。每一层级修改器项中都包含了该修改器的控制参数，可以任意切换堆栈编辑器中的修改器，对选中的对象进行修改操作。在命令层级的最下层是原始对象，如图 2-1-19 所示。

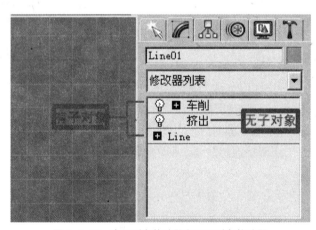

图 2-1-19 有子对象修改器和无子对象修改器

（1）展开符号按钮"+"的使用：对于可编辑对象和有子对象的修改器，在堆栈中的修改器名称前面有一个"+"按钮，单击该按钮，即可打开修改器子对象。该命令前面的"+"按钮，变成"-"按钮，并在其下以树状结构显示出该命令的"子项"。再单击"-"按钮，即可将修改器子对象关闭，此时该命令前面的"-"按钮又变成"+"按钮。

（2） 按钮：位于堆栈编辑列表框中修改器的左侧。默认情况下，该按钮处于激活状态，修改器应用于对象。单击后关闭呈 状态，这时视图中的对象将不受该修改器的影响，再次单击时又处于激活状态。

（3）调整堆栈的顺序的方法：在堆栈中，修改器的顺序非常重要，因为顺序决定了对象的外形如何改变。在添加修改器的过程中，最初使用的修改器在最下端，以后按添加的顺序依次向上排列。如果要改变它们的顺序，可以在堆栈中选择修改器向上或向下拖拽来改变修改器的顺序。

6．创新作业

碗是典型的轴对称的图形，使用"车削"修改器很容易制作，制作效果如图2-1-20所示。要求如下。

（1）用样条线绘制对象的截面曲线，修改顶点，使曲线平滑自然。

（2）使用"车削"修改器制作生成碗。

图2-1-20　碗的效果

2.2　任务二：台灯的制作——"锥化"、"挤出"、"弯曲"等修改器的运用

1．任务描述

台灯是人们生活中用来照明的一种家用电器。它的工作原理主要是把光线集中在一小块区域内，便于工作和学习。而现在台灯不仅仅只是照明的电器，也具有一定的装饰性。酒店用的台灯就比家居装饰台灯的尺寸大很多，特别是用于酒店大堂的台灯，外形尺寸更大、厚重豪华。欧式仿古台灯经久耐看，配套欧式建筑风格，有锦上添花的效果。现代商务酒店套房，则配套一些现代简约台灯，清爽简洁，不拖泥带水，也会令人耳目一新。豪华、高档的台灯，与适合的环境相搭配，点缀空间效果好情况下，无论灯是亮的，还是关着的，都是一件艺术品！本任务制作的是一款简约的台灯，最终渲染效果如图2-2-1所示。

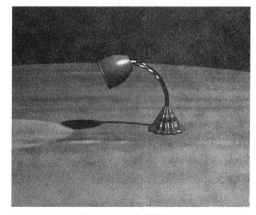

图2-2-1　台灯效果图

2．任务分析

通过对台灯效果图的观察，可以将模型分成三个部分，灯罩、支架和底座。灯罩可以由管状体基本对象添加"锥化"修改器制作；支架则需要由二维图形"挤出"，并且添加"扭曲"、"弯曲"修改器进行修改；台灯底座也需要创建图形并"挤出"，转化为可编辑多边形，再用"FFD"修改器细节修改。

3．方法与步骤

> **提示：**
> ①创建圆管并添加"锥化"修改器制作灯罩造型；②创建星形并添加"挤出"、"扭曲""弯曲"修改器制作支架；③创建星形并添加"挤出"、"锥化"、"FFD"修改器制作底座。

（1）单击"创建"——→"几何体"——→"管状体"按钮，在顶视图创建一个圆管，进入"修改"面板，在"参数"卷展栏下设置半径1和半径2分别为60mm、55 mm，高度为120 mm，命名为"灯罩"，如图2-2-2所示。

🗨提问：在移动物体时，怎么快捷地选择它的X、Y、Z轴呢？

🖐回答：我们可以使用［F5］、［F6］、［F7］键来分别对应选择X、Y、Z轴，按［F8］可依次切换选择XY、YZ、XZ轴组成的平面。

（2）在"修改器列表"中选择"锥化"修改器，在"参数"卷展栏中设置"数量"为-0.5，"曲线"为1，如图2-2-3所示。

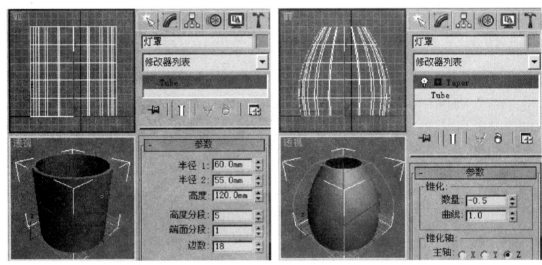

图2-2-2 灯罩参数   图2-2-3 "锥化"修改器

🗨提问：为什么在"锥化"中调节"曲线"参数物体没有什么变化，只是旁边的辅助线有变化？

🖐回答：是因为对象的分段数不够。你只要把对象原始参数中高度上的分段数增加就可以了。所有变形的修改器都需要足够的分段支持，例如挤压、弯曲、锥化、球形化、噪波等。

（3）单击"创建"——→"几何体"——→"圆环"按钮。创建两个圆环几何体，一个与管状体下边的口径一致，另一个与上边的口径一致，得到灯罩的样式如图2-2-4所示。

🗨提问：我的坐标轴怎么变得很小，去选择的时候很困难应该怎么办啊？

🖐回答：使用键盘上的［+］/［-］键，可以增大或缩小物体坐标轴的显示。

（4）单击"创建"——→"图形"——→"星形"按钮。在顶视图建立一个六角星图形，命名为"支架"。进入"修改"面板，在"参数"卷展栏下设置半径1和半径2分别为10mm、5mm，如图2-2-5所示。

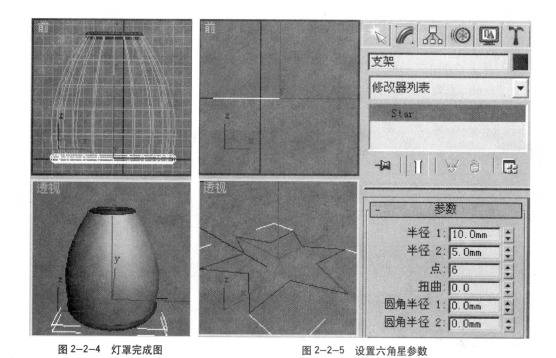

图 2-2-4 灯罩完成图　　　　　　　图 2-2-5 设置六角星参数

（5）在"修改器列表"中选择"挤出"修改器，在"参数"卷展栏中设置"数量"为500mm，"分段"为30，如图 2-2-6 所示。

提问：为什么我"挤出"后的曲线是空心的呢？

回答：两个原因，一是曲线没有完全闭合，二是法线被翻转。

（6）进入"修改"面板，在"修改器列表"中选择"Twist（扭曲）"修改器，在"参数"卷展栏中设置"角度"为400，如图 2-2-7 所示。

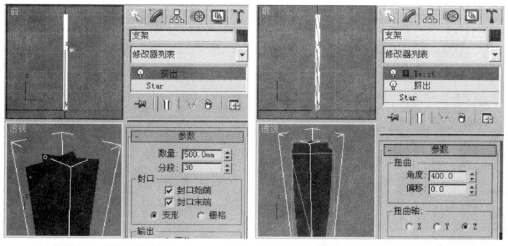

图 2-2-6 使用"挤出"修改器　　　　图 2-2-7 使用"扭曲"修改器

（7）在"修改器列表"中选择"Bend（弯曲）"修改器，在"参数"卷展栏中设置"角度"为 100，如图 2-2-8 所示。

（8）单击"创建"——→"图形"——→"星形"按钮。在顶视图建立一个星形，半径分别为97mm、78mm，点为 12，圆角半径 1 和圆角半径 2 为 10mm，命名为"底座"，如图 2-2-9 所示。

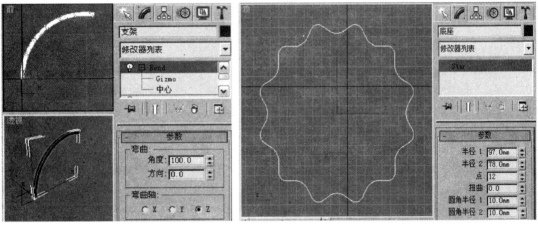

图 2-2-8　使用"弯曲"修改器　　　　　　图 2-2-9　创建底座曲线

（9）在"修改器列表"中选择"挤出"修改器，在"参数"卷展栏中设置"数量"为14.5mm，分段为 4，如图 2-2-10 所示。

（10）在"修改器列表"中选择"Taper（锥化）"修改器，在"参数"卷展栏中设置"数量"为 -0.1，"曲度"为 0.29，如图 2-2-11 所示。

（11）右键单击对象，在弹出的快捷菜单中选择"转换为"——→"转换为可编辑多边形"，如图 2-1-12 所示。

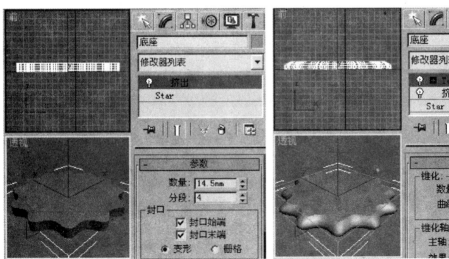
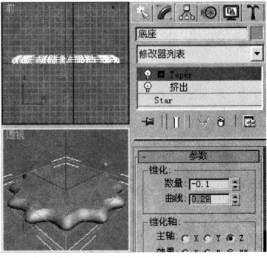

图 2-2-10　使用"挤出"修改器　　　　　　图 2-2-11　使用"锥化"修改器

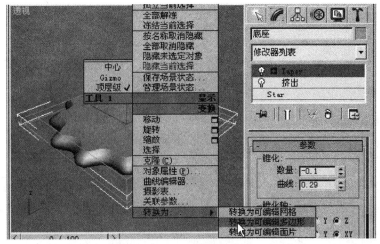

图 2-2-12　转换为可编辑多边形

　　（12）对象塌陷为"可编辑多边形"，进入"多边形"子对象层级，左键单击对象顶部的面。此时顶部的面变为红色，表示此面已被选中。单击"编辑多边形"卷展栏的"挤出"命令旁的 ■，打开"挤出多边形"对话框，设置"挤出高度"为 2mm，单击"应用"，如图 2-2-13 所示，再次在"挤出高度"中设置数值为 85，单击确定。

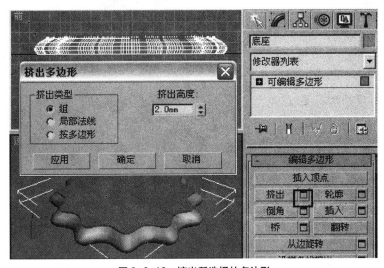

图 2-2-13　挤出所选择的多边形

　　提问：工具栏没有了，如何找回来？

　　回答：点击菜单栏中的"自定义"──→"显示 UI"──→勾选"显示主工具栏"或用快捷键〔Alt+6〕切换显示或隐藏。

　　（13）选择"边"子对象层级，点选侧面任意一条边。单击"选择"卷展栏下的"环形"按钮，此时侧面所有边被选中。如图 2-2-14 所示。

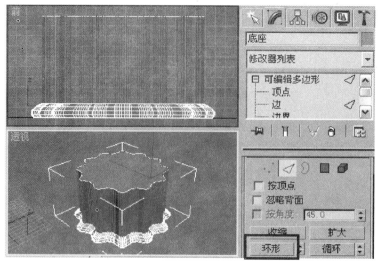

图 2-2-14 选择边

(14) 单击"编辑边"卷展栏下的"连接"命令旁的□按钮,打开对话框,将分段设为8,增加横向的分段数,如图 2-2-15 所示。

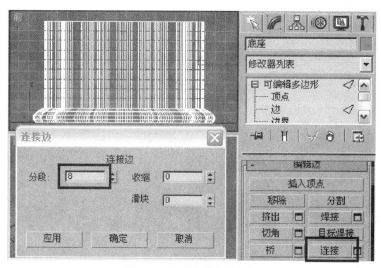

图 2-2-15 增加横向分段数

提问:很多命令后面都有"□"符号,这个符号表示什么意思?

回答:这个符号表示它左边的命令有可以调节的参数,按下之后会弹出对应的对话框设置参数。

(15)选择修改器堆栈中的"多边形"子对象层级,鼠标左键在前视图框选从顶部往下的9段。在"修改器列表"列表中选择"FFD(圆柱体)"修改器,在"FFD参数"卷展栏中的尺寸内,单击"设置点数",将高度设为8,如图 2-2-16 所示。

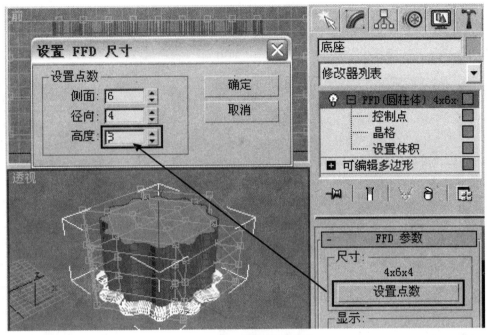

图 2-2-16　添加 FFD 修改器

（16）此时注意观察前视图的 FFD 控制点，由默认设置的 4 行变为 8 行，如图 2-2-17 所示。单击修改器堆栈中的 FFD（圆柱体）前的"+"号，显示 FFD 的子层级，单击"控制点"，使其显示为黄色。

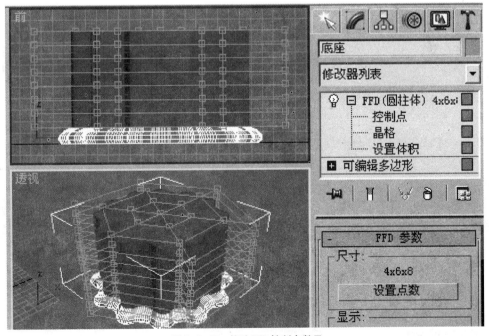

图 2-2-17　修改 FFD 控制点数量

（17）在前视图中，"框选"FFD 的第一行控制点。控制点显示为黄色，表示已被选中，单击主工具栏的"选择并均匀缩放"按钮。在顶视图中，当鼠标放置缩放轴的中间，鼠标变为三角形标志，就可均匀缩放选中的第一行控制点，如图 2-2-18 所示。

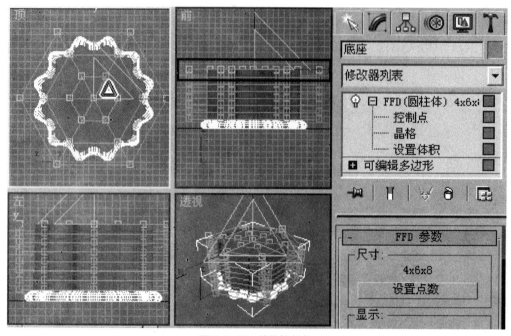

图 2-2-18　缩放控制点

（18）利用在前视图选中，在顶视图缩放的方式，逐行缩放 FFD 控制点，直至形成如图 2-2-19 所示的形状。此时，台灯底座完成。

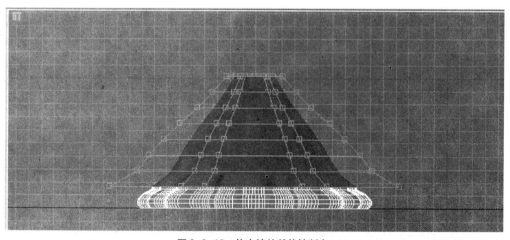

图 2-2-19　依次缩放其他控制点

（19）利用移动和旋转工具将三者移动到合适位置，最后效果如图 2-2-1 所示。

4．相关知识与技能

1）锥化修改器

"锥化"是按照一定曲线轮廓缩放造型，使其产生锥化变形的效果，锥化的效果如图 2-2-20 所示。"锥化"命令的参数面板如图 2-2-21 所示。

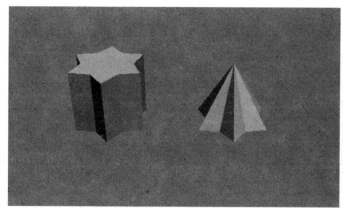 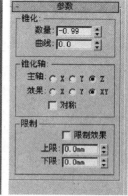

图 2-2-20 锥化效果　　　　　　　　　　图 2-2-21 锥化参数面板

✓ "数量"：设置锥化的程度。

✓ "曲线"：设置锥化曲线的弯曲程度。设置值为 0 时，锥化曲线为直线；值大于 0 时，锥化曲线向外凸出，值越大，凸出的越明显；值小于 0 时，锥化曲线向内凹陷，值越小，凹陷的越厉害。

✓ "主轴"：设置物体锥化时依据的坐标轴。

✓ "效果"：设置锥化对物体的影响。

✓ "对称"：设置一个对称的影响效果。

✓ "限制效果"：设置限制锥化影响在 Gizmo 物体上的范围。

✓ "上限/下限"：分别设置锥化限制的区域。

2）扭曲修改器

"扭曲"是指沿一定的轴向扭曲造型的表面顶点，从而对物体产生扭曲作用，扭曲操作同样可以对其有效范围进行限制，对象扭曲的效果如图 2-2-22 所示。"扭曲"命令的参数面板如图 2-2-23 所示。

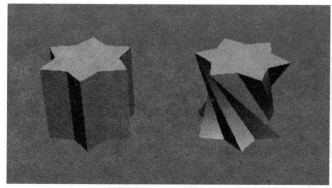  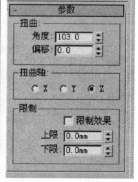

图 2-2-22 扭曲效果　　　　　　　　　　图 2-2-23 扭曲参数面板

✓ "角度"：设置扭转的角度大小。

✓ "偏差"：设置值为 0 时，扭曲均匀分布；值大于 0，扭曲的程度向上偏移；值小于 0，扭曲的程度向下偏移。

✓ "扭曲轴"：设置扭曲依据的坐标轴向。

✓ "限制效果"：打开限制影响，允许限制扭曲影响在 Gizmo 物体上的范围。

✓ "上限 / 下限"：分别设置扭曲限制的区域。

3）弯曲修改器

"弯曲"修改器可使造型物体沿一定轴向产生弯曲，可以通过参数控制弯曲的角度，轴向和范围等，弯曲的效果如图 2-2-24 所示。"弯曲"命令的参数卷展栏如图 2-2-25 所示。

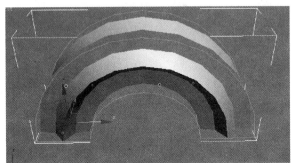 

图 2-2-24　弯曲效果　　　　　图 2-2-25　弯曲参数面板

✓ "角度"：设置弯曲的角度大小。

✓ "方向"：设置弯曲相对于水平面的方向。

✓ "弯曲轴"：设置物体弯曲时依据的坐标轴向，有 X、Y、Z 三个选项。

✓ "限制效果"：对物体指定限制影响，影响区域将由下面的上限值和下限值来确定。

✓ "上限"：设置弯曲的上限，在此限制以上的区域将不会受到弯曲的影响。

✓ "下限"：设置弯曲的下限，在此限制与上限之间的区域将受到弯曲影响。

4）挤出修改器

"挤出"修改器是将二维图形沿某个坐标轴进行挤出，使对象产生厚度并最终形成三维模型。对象挤出的效果如图 2-2-26 所示。"挤出"命令的参数卷展栏如图 2-2-27 所示。

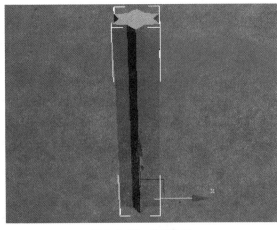 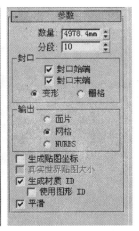

图 2-2-26　挤出效果　　　　　图 2-2-27　挤出参数面板

✓ "数量"：设置挤出的厚度。

✓ "分段"：设置挤出的段数。

✓ "封口"区域：设置是否为三维对象两端加封口。"封口始端"和"封口末端"决定是否增加三维对象始端和末端的封口。

✓ "输出"区域：设置三维对象的类型。

5）FFD 修改器

FFD 是 Free-From-Deformation（自由变形）的缩写。FFD 修改器可以通过少量的控制点对物体表面进行整体的控制，来改变物体的形状，如图 2-2-28 所示即为 FFD 修改器产生的变形。

FFD 修改器包括 FFD 2×2×2、FFD 3×3×3、FFD 4×4×4、FFD（Box）、FFD（Cyl）共 5 种类型。前 4 种类型都是长方体形状的控制晶格，且前 3 种中的数字分别代表 X、Y、Z 轴上控制点的数量，在 FFD（Box）中控制点的数量可以自行设置，FFD（Cyl）是以圆

图 2-2-28 使用 "FFD 变形" 在蛇上创建一个凸起

柱的形式排列控制点。这些修改器的使用方法基本相同。

✓ "控制点"：通过对控制点的移动、缩放、旋转等变换，可以改变物体的形状。

✓ "晶格"：选择晶格子对象层级时，可以对整个框架进行操作。

✓ "设置体积"：在此子对象层级，变形晶格控制点变为绿色，可以选择并操作控制点而不影响修改对象。这使晶格更精确地符合不规则形状对象，当变形时可以提供更好的控制。

5.拓展与技巧

1）修改器列表

通常，在修改器列表下拉菜单中的修改器分为 3 大部分：第 1 部分是由用户设置的最常用的修改器集，这样可以避免总是拖拽命令列表查找的麻烦；第 2 部分是世界空间修改器；第 3 部分是对象空间修改器。

（1）世界空间修改器列表：在该列表中列出了用于在世界坐标系统空间中应用编辑修改器。世界空间的体系是世界坐标系，正 X 轴位于右侧，正 Z 轴位于上方，而正 Y 轴是远离您的方向。世界坐标系是一般或整体模型空间的坐标系，世界空间是恒定不变的。如果为选中的对象添加了世界空间修改器，则这个命令永远在堆栈的最上方，其效果与在堆栈中的顺序无关。

（2）对象空间修改器列表：用于在对象的坐标系统空间中应用编辑修改器。对象空间是一个坐标系，对于场景中的每一个对象都是唯一的。对象空间修改器与世界空间修改器相对应，使用对象的局部坐标系直接影响对象。对象空间修改器直接出现在修改器堆栈中的对象上面，并且其效果取决于它们在堆栈中显示的顺序。

2）堆栈顺序的效果

该软件会以修改器的堆栈顺序应用它们（从底部开始向上执行，变化一直积累），所以修改器在堆栈中的位置是很关键的。

如图 2-2-29 所示的是，堆栈中的两个修改器，如果执行顺序颠倒过来，那么对象会有什么变化。在左手边的茶壶，是先应用了"锥化"修改器，后应用了"弯曲"修改器，而右手边的茶壶，先应用的是"弯曲"修改器，后应用的是"锥化"修改器。可以很明显地看到两个茶壶虽然都使用了锥化和弯曲的修改器，并且修改器参数相同，但是效果截然不同。

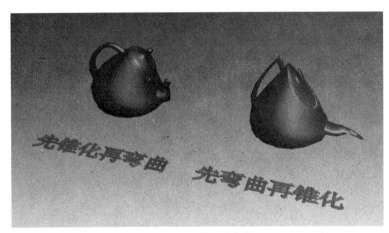

图 2-2-29　堆栈顺序的效果

图 2-2-30　冰淇淋效果图

6．创新作业

不得不承认，冰淇淋已同咖啡、音乐一样，意味着青春、时尚，张扬着欢乐、浪漫与魅力。人们吃冰淇淋已不单纯是为消暑解渴，同时还在享受一种口味、一种情调、一种惬意。一个冰淇淋是由雪糕部分、冰淇淋筒部分和外包装纸构成的。雪糕部分主要使用挤出、扭曲和锥化等修改器来创建，而冰淇淋筒和外包装纸的建模相对比较简单，主要利用车削修改器来进行创建，如图 2-2-30 所示。

（1）创建冰淇淋的上半部分模型：创建星形，应用"挤出"、"锥化"、"扭曲"修改器，效果如图 2-2-31 所示。

（2）创建冰淇淋的下半部分模型：绘制直线，将直线转换为可编辑的样条线，点击轮廓命令并适当的调整顶点的位置，再使用车削修改器，如图 2-2-32 所示。

（3）模仿前面步骤在冰淇淋下半部分模型附近绘制一条长度稍短的直线，然后利用移动工具使直线贴近模型，并对其应用"车削"修改器，并命名为"外包装纸"，如图 2-2-33 所示。

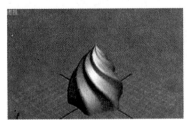

图 2-2-31　冰淇淋的上部分模型

图 2-2-32　冰淇淋的下半部分模型

图 2-2-33　外包装纸建模

2.3 任务三：花的制作——放样的运用

1．任务描述

现代人向往自然，追求生活的艺术，追求舒适与惬意，越来越多的人会在室内摆放各式各样的花，既可以美化室内环境，又能愉悦心情。本任务中使用放样命令来完成花的制作（可以用第2.1节中任务一所学的车削建模方法，创建与花配套的花瓶模型），效果如图2-3-1所示。

2．任务分析

用线创建花瓣的放样路径和截面，使用复合对象中

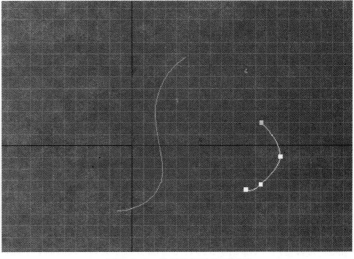

图2-3-1 花的效果图

的放样命令完成花的制作，再用复制的方法复制出其他花瓣，并进行细节的调整。花叶和花茎同样也使用放样的方法制作出来。参照花的实物图可以加快模型的制作速度与增加相似程度。

3．方法与步骤

> **提示：**
> ①绘制花瓣的路径和截面，使用放样命令生成花瓣的基本模型；②修改花瓣的形状并复制出其他花瓣；③利用放样命令制作花叶模型；④制作花茎模型。

（1）单击"创建"——→"图形"——→"线"按钮。在前视图绘制花瓣的路径图形,命名为"花瓣1"，如图2-3-2所示。

（2）在前视图绘制花瓣的截面图形，命名为"花瓣2"，如图2-3-3所示。

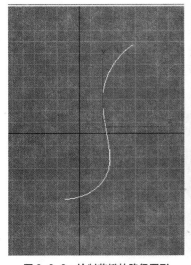

图2-3-2 绘制花瓣的路径图形

图2-3-3 绘制花瓣的截面图形

提问：放样和倒角剖面的区别？

回答：放样是一种传统的三维建模技法，使截面沿着路径放样形成三维物体，在路径不同的位置可以有多个截面。倒角剖面有点类似于放样，但是倒角剖面只能拾取一个截面。

放样物体的修改更加方便灵活，可以设置其曲面参数、路径参数和蒙皮参数，尤其是通过"放样变形"可以将放样物体编辑修改得更加复杂和逼真。而倒角剖面编辑器所产生的三维物体自身有极少参数，且只有一个"拾取截面"参数供你使用。

放样常用于创建各种三维模型，在效果图的形成中是不可缺少的工具。倒角剖面主要用于室内设计，比如有一定倒角的门框、围棋盘、石膏线等。

（3）选择"花瓣1"，并选择"创建"——→"几何体"——→"复合对象"——→"放样"命令，然后单击"获取图形"按钮拾取花瓣的截面图形"花瓣2"，如图2-3-4所示。

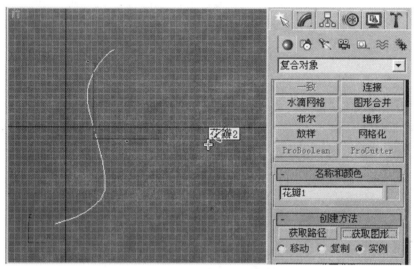

图2-3-4 拾取花瓣的截面图形

（4）在修改面板中选择"变形"卷展栏中的"缩放"按钮，如图2-3-5所示。

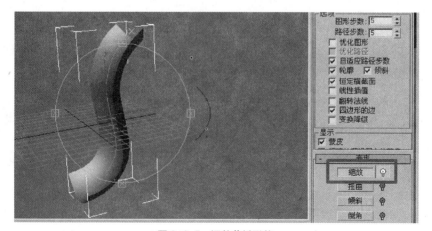

图2-3-5 调整花瓣形状

（5）在弹出的"缩放变形"对话框中单击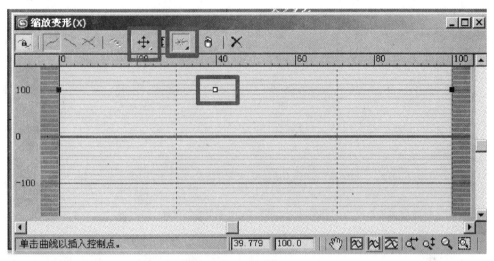按钮插入控制点，如图 2-3-6 所示。

图 2-3-6　插入控制点

（6）单击"缩放变形"对话框中的"移动"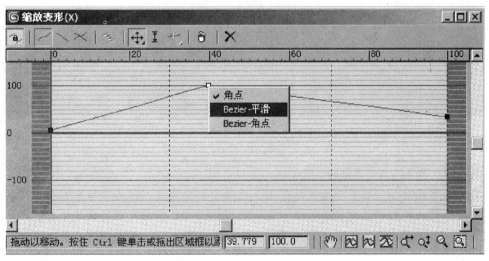按钮移动控制点并调节控制点的位置，在控制点上单击鼠标右键，在弹出的快捷菜单中选择"Bezier- 平滑"选项，如图 2-3-7 所示。

图 2-3-7　选择"Bezier- 平滑"

（7）调整 Bezier 控制柄的位置，最终调整后的曲线如图 2-3-8 所示。

（8）在层次面板中单击"调整轴"卷展栏中的"仅影响轴"按钮，将花瓣轴的位置移动到底部，如图 2-3-9 所示。

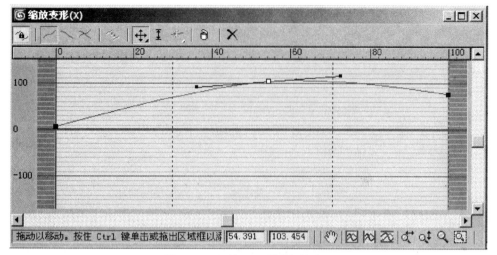

图 2-3-8　调整 Bezier 控制柄的位置

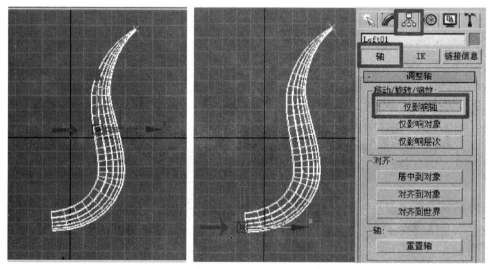

图 2-3-9　移动轴的位置

📷提问：为什么要移动轴的位置？

📖回答：移动轴的位置是为了给下面复制模型提供方便，因为旋转复制或者阵列都是围绕着轴进行的操作，只有花朵的中心在底部才能正确复制出花朵簇拥的造型。在复制对象的时候可以根据实际情况随时使用"调整轴"卷展栏中的按钮来调整对象轴点的位置和方向。

（9）复制花瓣模型。按下"角度捕捉切换"按钮，鼠标右键单击该按钮，会弹出"栅格和捕捉设置"对话框，在通用组合框中设置捕捉"角度"为90°。选择花瓣模型用"Shift+旋转"的复制方法进行复制，在弹出的"克隆选项"对话框中设置对象为"复制"类型，副本数为3个，如图2-3-10所示。

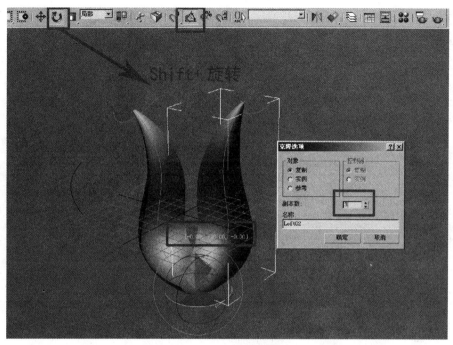

图 2-3-10　复制花瓣模型

（10）调整复制出的花瓣模型的形状，随意产生的花瓣模型效果如图 2-3-11 所示。

图 2-3-11　调整复制花瓣模型的形状

（11）在主工具栏中单击 材质编辑器按钮，在弹出的"材质编辑器"对话框中选择第 1 个材质球，设置材质球为双面，"高光级别"为 20，并将材质赋予刚创建好的花瓣，材质编辑器如图 2-3-12 所示。

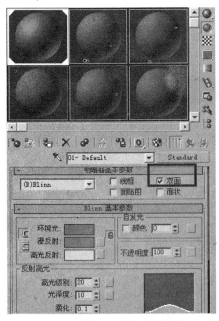

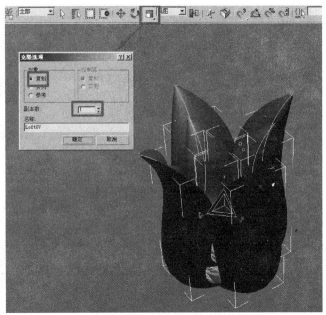

图2-3-12 设置"双面"材质　　　　图2-3-13 继续复制花瓣模型

提问：为什么要设置双面材质？

回答：在透视图中只能看到花的一面，看不到另一面，这是因为面只显示法线朝向的面。在3ds Max中每个面都是单面的，前端是带着曲面法线的面，该面的后端对于渲染器则是不可见的，这就意味着从后面进行观察时，显示缺少该面。

切换到透视图中，在"透视"字样上单击鼠标右键，在弹出的快捷菜单中选择"配置"菜单项，在弹出的"视口配置"对话框中切换到"渲染方法"选项卡中，在"渲染选项"组合框中选中"强制双面"复选框，然后单击"确定"按钮，这个方法也可以显示出双面。

（12）继续复制花瓣模型。选择全部花瓣模型用"Shift+缩放"的复制方法进行复制，在弹出的"克隆选项"对话框中设置对象为复制类型。副本数为1个，如图2-3-13所示。

图2-3-14 继续复制并调整形状

（13）继续复制并调整花瓣模型的形状，花朵的最终效果如图2-3-14所示。

（14）制作花叶模型。在前视图中用"线"绘制花叶的路径图形，如图2-3-15所示。

（15）选择花叶的路径图形，选择"创建"——"几何体"——"复合对象"——"放样"命令，然后单击"获取图形"按钮拾取名为花瓣2的图形，如图2-3-16所示。

（16）在修改面板中选择"变形"卷展栏中的"缩放"按钮，在弹出的"缩放变形"对话框中插入控制点并调节控制点的位置。如图2-3-17所示。

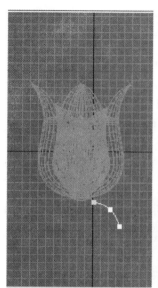

图 2-3-15　花叶路径图形

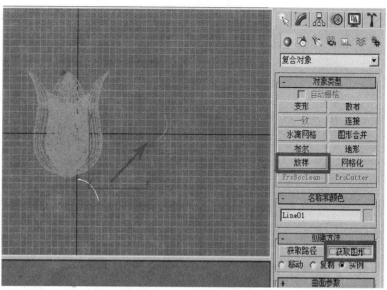

图 2-3-16　拾取花瓣的截面图形

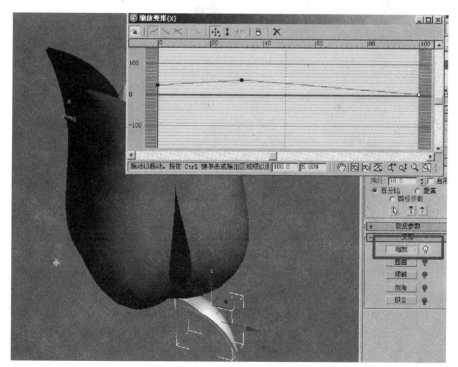

图 2-3-17　缩放变形控制点

（17）复制 3 片花叶并调整复制出的花叶的形状，产生随意生长的模型效果，花叶的最终效果如图 2-3-18 所示。

（18）制作花茎模型。单击"创建"——→"图形"——→"线"命令，在前视图中绘制花茎

图2-3-18　复制3片花叶并调整形状

的路径图形。单击"创建"——➤"图形"——➤"圆"命令，在"前视图"中绘制花茎的截面图形。选择花茎的路径图形，选择"创建"——➤"几何体"——➤"复合对象"——➤"放样"命令，然后单击"获取图形"按钮拾取花茎的截面图形，如图2-3-19所示。

　　（19）把花叶复制两个，并将其摆在花茎上。选择"放样"所需的所有的路径和截面图形。在"显示"面板中单击"隐藏选定对象"按钮，把选择的图形隐藏起来，如图2-3-20所示。

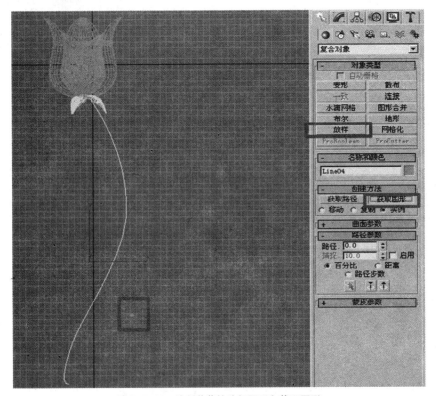

图2-3-19　绘制花茎的路径图形和截面图形

4．相关知识与技能

Loft（放样）是让一个或几个二维图形（截面图形），沿另一个二维图形生长（放样路径），组成三维模型的工具。在制作放样物体前，首先要创建放样物体的二维路径与截面图形。"放样"参数面板如图2-3-21所示。

1）"创建方法"卷展栏

✓ "获取路径"：指定路径给选定图形或更改当前指定的路径。

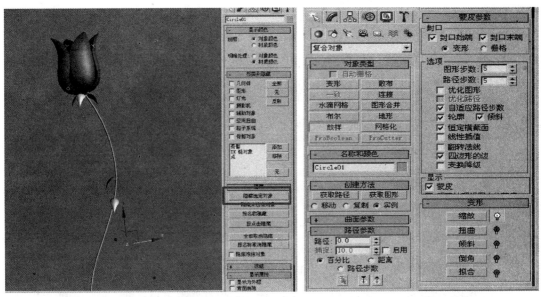

图 2-3-20　复制花叶及隐藏选定对象　　　　图 2-3-21　"放样"参数面板

✓ "获取图形"：指定图形给选定路径或更改当前指定的图形。

✓ "移动 / 复制 / 实例"：用于指定路径或图形转换为放样对象的方式。

2）"路径参数"卷展栏

✓ "路径"数值框：可以确定插入点在路径上的位置。它的值的含义由下面的三个参数项决定。

✓ "百分比"单选钮：将全部路径设为 100%，根据百分率来确定插入点的位置。

✓ "距离"单选钮：以实际路径的长度为单位，根据具体长度数值来确定插入点的位置。

✓ "路径步数"单选钮：将图形置于路径步数和顶点上，而不是沿着路径的一个百分比或距离。

✓ "启用"：当选择此项时，"捕捉"处于活动状态。默认设置为禁用状态。如捕捉值设为 10，在百分比方式时每调节一个路径值，都会跳跃 10% 的距离。

3）"变形"卷展栏

✓ "缩放"：是对放样路径上的截面大小进行缩放，以获得在同一路径的不同位置处造型截面大小不同的特殊效果。

✓ "扭曲"：主要是对放样路径上的截面以路径为轴进行旋转，以形成截面在路径的不同位置角度的不同效果。

✓ "倾斜"：主要是使放样物体的截面沿路径的所在轴旋转，已形成最终的倾斜造型。

✓ "倒角"：主要是对放样路径上的截面变形，以产生倒角效果。

✓ "拟合"：使用两条"拟合"曲线来定义对象的顶部和侧剖面，这样可以通过绘制放样对象的剖面来生成放样对象。

4）"蒙皮参数"卷展栏

✓ "封口始端"：选择此项，则路径第一个顶点处的放样端被封口。

✓ "封口末端"：选择此项，则路径最后一个顶点处的放样端被封口。

✓ "图形步数"：设置横截面图形的每个顶点之间的步数。该值会影响围绕放样周边的边的数目。

✓ "路径步数"：设置路径的每个主分段之间的步数。该值会影响沿放样长度方向的分段的数目。

✓ "优化图形"：选择此项，对于横截面图形的直分段，忽略"图形步数"。如果路径上有多个图形，则只优化在所有图形上都匹配的直分段。默认设置为禁用状态。

✓ "优化路径"：选择此项，对路径的直分段忽略"路径步数"。"路径步数"设置仅适用于弯曲截面。

✓ "自适应路径步数"：如果选择此项，则分析放样，并调整路径分段的数目，以生成最佳蒙皮。主分段将沿路径出现在路径顶点、图形位置和变形曲线顶点处。

✓ "轮廓"：选择此项，则每个图形都将遵循路径的曲率，每个图形的正 Z 轴与形状层级中路径的切线对齐。

✓ "倾斜"：选择此项，只要路径弯曲并改变其局部 Z 轴的高度，图形便围绕路径旋转。倾斜量由 3ds Max 控制。如果是 2D 路径，则忽略该选项。如果禁用，则图形在穿越 3D 路径时不会围绕其 Z 轴旋转。默认设置为启用。

✓ "翻转法线"：选择此项，则将法线翻转 180°。用户可使用此选项来修正内部外翻的对象。默认设置为禁用状态。

5. 技巧与拓展

1）修改器堆栈工具按钮功能简介

✓ 🔒锁定堆栈：单击此按钮后，将堆栈和所有"修改"面板控件锁定到选定对象的堆栈。即使在选择了视图中的另一个对象之后，也可以继续对锁定堆栈的对象进行编辑。

✓ ‖显示最终结果开 / 关按钮：启用此选项后，会在选定的对象上显示整个堆栈的效果。禁用此选项后，会仅显示到当前高亮修改器时，堆栈的效果。

✓ ⩔使唯一：单击该按钮，使实例化对象成为唯一的，或者使实例化修改器对于选定对象是唯一的。

✓ 🗑从堆栈中移除修改器：单击该按钮，删除堆栈中当前的修改器，消除该修改器引起的所有更改。

✓ 🔧配置修改器集：单击该按钮，可以显示出全部修改器的分类菜单，用于配置"修改"面板，如何显示和选择修改器。

2）修改器按钮

修改器还可以以按钮的形式出现在修改器列表和堆栈显示之间，在这个区域最多可以显示 32 个按钮。单击🔧（配置修改器集）按钮，在弹出的快捷菜单中选择"显示按钮"。当修改器以按钮显示以后，单击某一个修改器按钮，就可以直接将所用的修改器添加到选中的对象上面。

6. 创新作业

下面制作一个中华牙膏，制作效果如图 2-3-22 所示。要求如下。

图 2-3-22　牙膏效果图

（1）建立圆形和直线，使用放样命令形成牙膏体。

（2）在"缩放变形"对话框中对单个轴进行缩放，可实现局部区域缩放。

（3）牙膏帽使用星形和直线放样制作而成。

项目实训　吊灯的制作

1．项目背景

所有垂吊下来的灯具都归入吊灯类别。吊灯无论是以电线或以铁架垂吊，都不能吊得太矮，否则会阻挡人正常的视线或令人觉得刺眼。以餐厅的吊灯为例，理想的高度是要在饭桌上形成一池灯光，但又不会阻碍桌旁众人互望的视线。现在的吊灯已装上弹簧或高度调节器，可适合不同高度的楼层需要。在本次实训中制作一个吊灯，最终效果如图 2-3-23 所示。

图 2-3-23　吊灯效果图

2．项目要求

（1）能运用基本几何体和扩展几何体制作模型。

（2）能灵活运用常用修改器编辑制作各种造型。

（3）增强三维空间操作能力与想象能力。

3．项目提示

（1）吊灯的连接杆是由二维图形车削制成。

（2）灯泡底座支持架由二维图形挤出制成。

（3）灯泡底座是由圆管锥化制成，灯泡由二维图形车削制成。

（4）使用阵列的复制方法复制相同的部分。

4．项目评价

吊灯这种模型里多个组件非常适合用车削修改器来制作，例如灯泡底座的制作也可以采用车削的方法。灯泡、灯泡底座以及底座支持架最好组合在一起后调整整体的轴心位置，再用阵列方法进行复制。

阅读材料

室内陈设通常是指家庭室内陈设。包括家具、灯光、室内织物、装饰工艺品、字画、家用电器、盆景、插花、挂物、室内装修以及色彩等内容。

其中，家庭室内布置的工艺品分为实用工艺品和欣赏工艺品两类。搪瓷制品、塑料品、竹编、陶瓷壶等属于实用工艺品；挂毯、挂盘、各种工艺装饰品、牙雕、木雕、石雕等属于装饰工艺品。茶具、咖啡具等，实用、装饰两者兼而有之。中国画和书法则是艺术品，也常用于布置室内环境。

室内装饰织物有窗帘帷幔、门帘门遮、被面褥面、床单床罩、毛毯绒毯、枕套枕巾、沙发蒙面、靠垫、台布桌布以及墙上的装饰壁挂等等，它们除了实用功能外，在室内还能起到一定的装饰作用。一般说来，织物和家具的关系是背景与衬托的关系。家具的覆盖织物如沙发套、披巾、台桌布、书柜帷幔等，要利用织物和家具的材质对比，更好地衬托出家具的美观、大方。如粗纹理的麻、毛织物、棉织品、草编品可以衬托出家具的光洁，并和简练的家具构成一种自然、素朴的美。精美的家具最好不要被覆盖。

家庭室内陈设布置受住宅面积、房子建筑装饰程度，家庭人口等诸多因素的限制。因此室内陈设布置应从实际居住状况出发，灵活安排，适当美化点缀，既合理地摆设一些必要的生活设施，又有一定的活动空间。为使居室布置实用美观、完整统一，应注意以下几点原则要求。

（1）满足功能要求，力求舒适实用。室内陈设布置的根本目的是为了满足全家人的生活需要。这种生活需要体现在居住和休息、做饭与用餐、存放衣物与摆设、业余学习、读书写字、会客交往以及家庭娱乐诸多方面，而首要的是满足居住与休息的功能要求，创造出一个实用、舒适的室内环境。因此，室内布置应能体现合理性与适用性。

（2）布局完整统一，基调协调一致。在室内陈设布置中根据功能要求，整个布局必须完整统一，这是陈设设计的总目标。这种布局体现出协调一致的基调，融汇了居室的客观条件和个人的主观因素（性格、爱好、志趣、职业、习性等），人们围绕这一原则，会自然而合理地对室内装饰、器物陈设、色调搭配、装饰手法等做出选择。尽管室内布置因人而异，千变万化，但每个居室的布局基调必须相一致。

（3）器物疏密有致，装饰效果适当。家具是家庭的主要器物，其所占的空间与人的活动空间要配置得合理、恰当，使所有器物的陈设，在平面布局上格局均衡、疏密相间，在立面布置上要有对比、有照应，切忌堆积一起，不分层次、空间。装饰是为了满足人们的精神享受和审美要求，在现有的物质条件下，要有一定的装饰性，达到适当的装饰效果，装饰效果应以朴素、大方、舒适、美观为宜，不必追求辉煌与豪华。

（4）色调协调统一，略有对比变化。明显反映室内陈设基调的是色调。对室内陈设的一切器物的色彩都要在色彩协调统一的原则下进行选择。器物色彩与室内装饰色彩应协调一致。色调的统一是主要的，对比变化是次要的。色彩美是在统一中求变化，又在变化中求统一的和谐。室内布置的总体效果与所陈设器物和布置手法密切相关，也与器物的造型、特点、尺寸和色彩有关。在现有条件下具有一定装饰性的朴素大方的总体效果是可以达到的。在总体之中尚可点缀一些小装饰品，以增强艺术效果。

复习思考题

（1）二维曲线的顶点分为哪几个类型？如何编辑二维曲线？

（2）使用"车削"修改器制作果盘等对象时，为什么有时会在底部出现一个洞？该如何处理？

（3）建立放样对象的方法有哪几种？放样提供了哪几种变形工具？

（4）除了花之外，使用放样命令还可以制作出哪些模型？

（5）为什么有时对模型进行弯曲操作时，总是无法产生弯曲效果？

（6）编辑样条线的子对象有哪几种类型？

（7）如何使用二维图形的布尔运算？

（8）3ds Max 9.0提供了哪几种二维图形？如何创建这些二维图形？如何改变二维图形的参数设置？

（9）简述放样的基本过程。

（10）花瓶如果用放样的方法制作又该如何操作呢？

第3章 高级家具设计与制作

家具模型的高级制作技术以 3ds Max 自成体系的建模方式为基础，加入适当的修改来完成造型，其中以编辑多边形、编辑网格为主要方式，每种特定方式都有其独立对应的技术手段。本章内容中的高级制作技术可以完成大多数的模型制作，不同样式的模型使用不同制作技术，因此所要进行的步骤也就存在着很大的差异，因此选择最方便、最合理的技术手段是在制作之前就必须规划好，这就要求对高级家具制作的每一种制作方式要充分了解，并能熟练运用。

学习目标：

- 掌握多边形建模和网格建模方法；
- 了解曲面建模方法；
- 掌握噪波、壳和网格平滑修改器的使用方法；
- 了解利用动力学创建床单褶皱的方法。

3.1 任务一：双人床、床单和被罩——"编辑多边形"修改器

1．任务描述

床是日常生活中最常见的家具之一，床单和被罩这种模型属于布匹较为柔软而不规则的对象类型，在建模上的难度很大。通过制作床及床上组件，反复练习主流的多边形建模方法，为以后深入学习制作室内建筑效果图打下坚实的基础。该任务最终完成效果如图3-1-1 所示。

2．任务分析

在第 1 章中虽然已经完成了双人床的制作，但在这

图 3-1-1 最终效果图

里我们用另一种方法制作床的模型。床单及被罩从整体造型上制作是不复杂的，但难点在于表现床单、被罩布料质感的褶皱和叠层的效果。

3．方法与步骤

提示：

①创建长方体作为床的主体；②转换为"可编辑多边形"挤出床腿；③创建长方体作床头，用"编辑多边形"的"桥"、"切片平面"和"利用所选内容创建图形"命令作出最终效果；④"编辑多边形"修改器修改床单和被罩的外形；⑤添加"噪波"修改器制作出褶皱效果；⑥添加"网格平滑"修改器优化床单和被罩模型。

1）制作双人床

（1）在顶视图中创建一个长方体，长度、宽度和高度分别为2000mm、1800mm和-300mm，长度、宽度和高度分段数为10、10和2，命名为"床体"。鼠标右键单击透视图左上角，选择其中的"边面"显示模式，如图3-1-2所示。

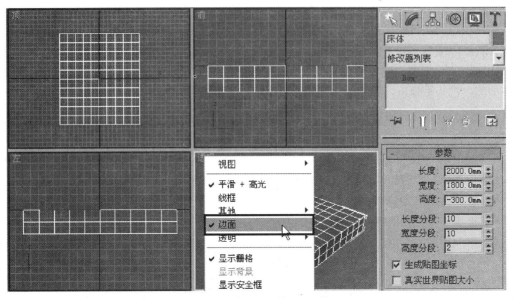

图3-1-2 修改透视图模型显示模式

提问：为什么要改变透视图中模型的显示模式?

回答：在视图中，不同的显示模式其实就是显示不同的硬件渲染级别，如果场景很复杂，视图的显示质量又高，那结果往往是牺牲了刷新速度，使视图的交互操作效率降低，甚至导致程序不响应。因此，学会根据场景的复杂程度来适当选择视图的显示模式是尤为关键的。在这里是因为在下一步中要选择底面的多边形挤出床腿，为了便于观察模型，才选择将模型的"边面"显示模式打开。

（2）选择床体，单击鼠标右键，在弹出的快捷菜单中选择"转换为"——→"转换为可编辑多边形"。接下来准备做"挤出"床腿的操作，为了方便观察将顶视图切换成底视图，选择修改器堆栈中的"顶点"子对象层级，并在底视图中选择如图3-1-3所示的点。单击"切角"后的设置按钮，填入合适的切角值，效果如图3-1-4所示。

提问：为什么要进行视图切换呢?

回答：切换视图是为了更好地对模型进行选择，因为要对床底部的4个点进行"切角"命令，如果是在顶视图的情况下，不方便选择底部的顶点，所以今后在制作其他模型的时候要灵活运用视图切换的操作。

（3）在"多边形"子对象下，选择刚切角出来的菱形面积，单击"挤出"后的设置按钮，

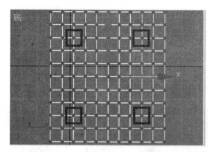

图 3-1-3　选择底面顶点　　　　　　　　图 3-1-4　使用"切角"命令

在弹出的"挤出多边形"对话框中填入"挤出高度"值 200mm,挤出的床腿效果如图 3-1-5 所示。

（4）给床体添加"网格平滑"修改器,修改"迭代次数"为 2,如图 3-1-6 所示。

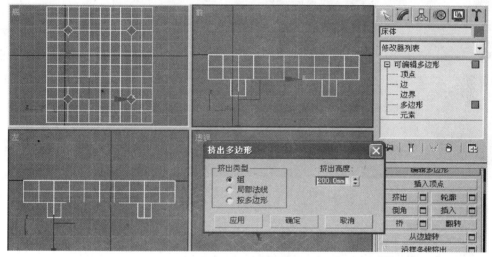

图 3-1-5　"挤出"床腿

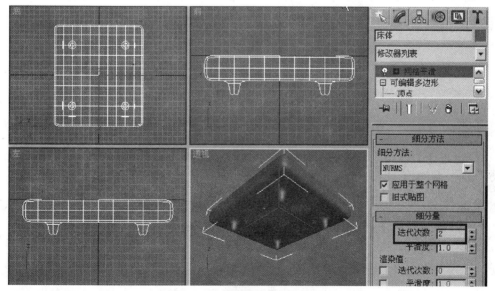

图 3-1-6　使用"网格平滑"命令

（5）根据图 3-1-6 可以观察到床的边角已经变得圆滑，但床腿因"网格平滑"而不符合现实中床腿的模型，单击"网格平滑"的"边"子对象，在前视图中选择如图 3-1-7 所示的边，在"折缝"中填入 1，"权重"中的值是 0.9，床腿尖锐的棱角出现了。依次对其他的床腿都进行相同的操作。

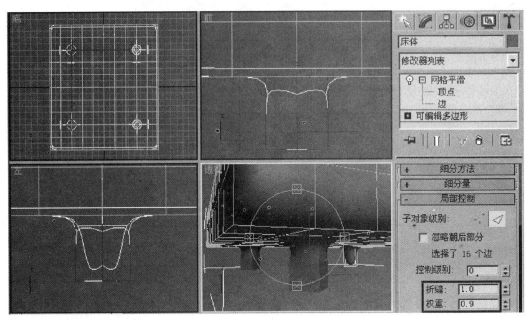

图 3-1-7　使用"折缝"命令

（6）隐藏床体，在顶视图创建一个长方体，命名为"床头"，"长度"、"宽度"和"高度"分别为 530mm、2500mm 和 470mm，设置分段数如图 3-1-8 所示。

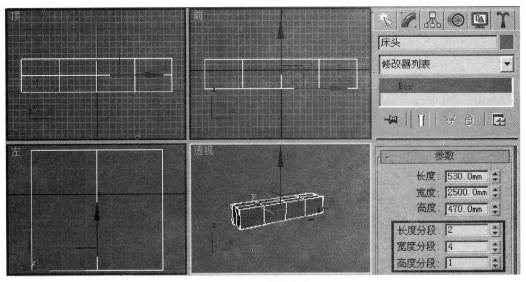

图 3-1-8　创建床头

（7）选择已创建的物体，单击鼠标右键，在弹出的快捷菜单中选择"转换为"——▶"转换为可编辑多边形"。选择修改器堆栈中的"多边形"子对象层级，选择如图 3-1-9 所示的多边形，按【Delete】键删除所选择的多边形。

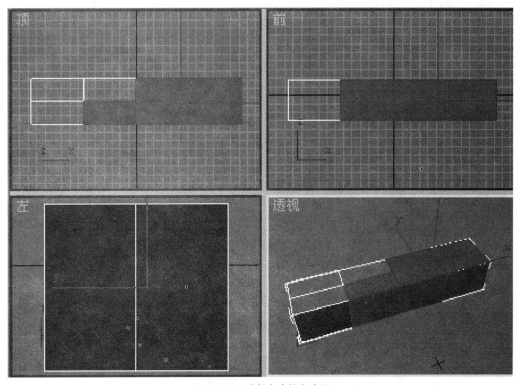

图 3-1-9 选择多余的多边形

（8）进入"边"子对象层级，依次选择如图 3-1-10 所示的对边，单击"编辑边"卷展栏中的"桥"命令，将因为删除多余面而导致的破洞补上。

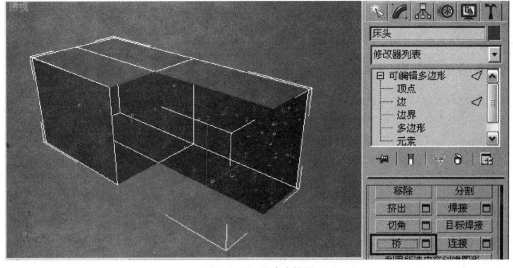

图 3-1-10 桥命令补洞

(9) 在修改器列表中选择"对称"修改器，在参数面板中设置如图 3-1-11 的参数。

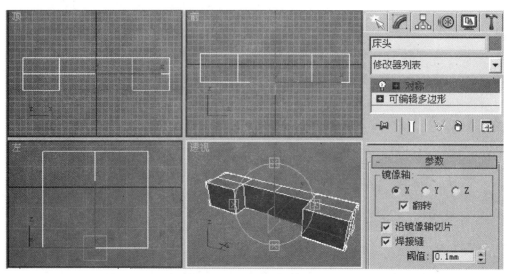

图 3-1-11 添加对称修改器

提问：在制作对称对象时，"对称"和"镜像"有什么不同呢？

回答："对称"复制出模型的另一半会沿着公共缝自动焊接顶点，而"镜像"是要求在复制出模型的另一半后把两部分尽量靠近，然后用焊接命令，设置一个不大不小的阈值，让对应的点正好可以焊接上。

(10) 在视图中单击鼠标右键，选择"全部取消隐藏"命令，将隐藏起来的床体显示出来。单击床头的"可编辑多边形"修改器的"顶点"子对象层级，按下"显示最终结果开/关"按钮，根据床体的大小移动顶点，调整位置到如图 3-1-12 所示中的位置。

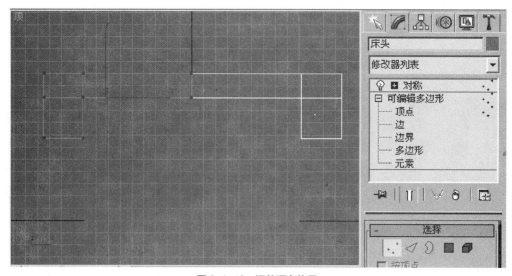

图 3-1-12 调整顶点位置

（11）选择床头，在弹出的快捷菜单中选择"转换为"——→"转换为可编辑多边形"。进入到"边"子对象层级，单击"编辑几何体"卷展栏中的"切片平面"，在视图中移动"切片平面"Gizmo 到合适的位置，单击"切片"命令，即可切出如图 3-1-13 所示的线段。

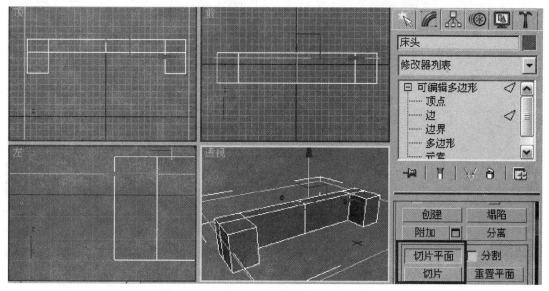

图 3-1-13　切出线段

（12）取消"切片平面"命令的选择，单击"编辑边"卷展栏的"利用所选内容创建图形"命令，会弹出如图 3-1-14 所示的"创建图形"对话框，输入曲线名为"装饰线"，选择图形类型为"线性"，即可将所选择的线分离成单独的样条线。

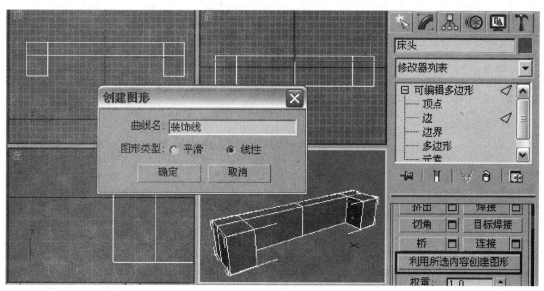

图 3-1-14　创建装饰线

（13）在场景中选择"装饰线"，在"渲染"卷展栏中选择"在渲染中启用"、"在视口中启用"和输入"厚度"值为8.0mm，即可在视图中看到装饰线，如图3-1-15所示。

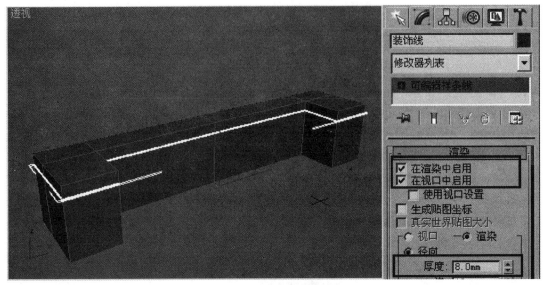

图3-1-15　设置装饰线渲染参数

（14）将装饰线沿Z轴方向向下复制4条，效果如图3-1-16所示。

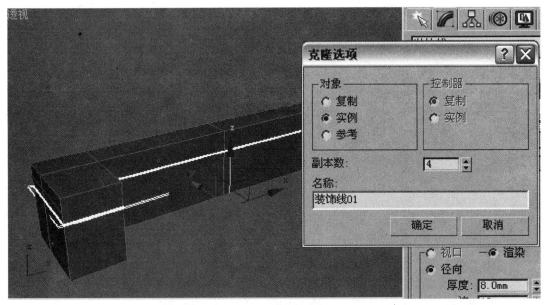

图3-1-16　装饰线复制

（15）进入"边"子对象层级，选择床头所有的边，单击"切角"命令旁的设置按钮，输入"切角量"为3.0mm，如图3-1-17所示。

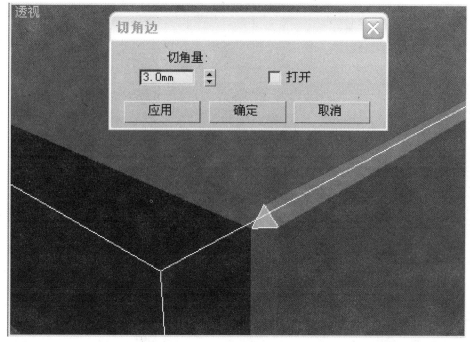

图 3-1-17 切角

2）制作床单

（1）在顶视图中创建一个平面，"长度"、"宽度"分别为 2000mm 和 2000mm，"长度分段"和"宽度分段"为 12 和 16，命名为"床单"，并移动到床的正上方，添加"编辑多边形"修改器，如图 3-1-18 所示。

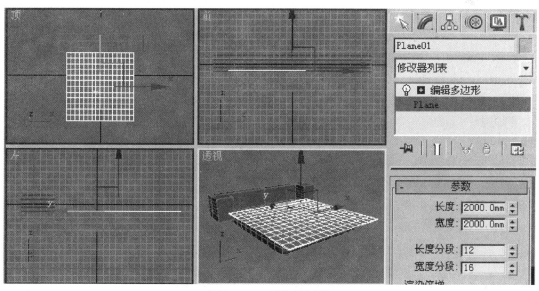

图 3-1-18 创建床单主体

（2）进入"顶点"子对象层级，按住【Ctrl】键选择如图 3-1-19 所示的顶点，在前视图沿Y 轴向下移动到合适位置，要注意不要出现床单和床体"交叉"的现象。

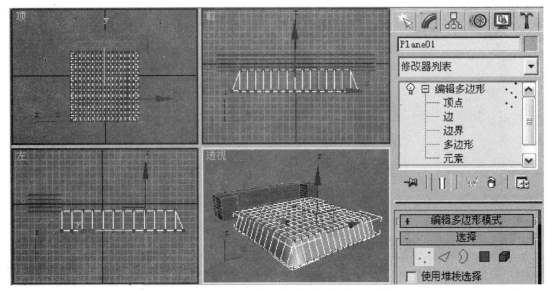

图 3-1-19　向下移动选择的顶点

 提问：在建模过程中，经常需要切换子对象，每次都进入到"选择"面板中选择很麻烦，有没有快捷方法啊？

 回答：当然有啦！按"1"键进入"顶点"层级，按"2"键进入"边"层级，按"3"键进入"边界"层级，按"4"键进入"多边形"层级，按"5"键进入"元素"层级，按"6"键返回"对象"层级。

（3）切换到顶视图，使用移动工具依次调整边界上的各节点的位置，制作出床单的褶皱效果，如图 3-1-20 所示。

（4）第（3）步中得到的褶皱效果过于规则，给人虚假的感觉，真实的床单褶皱是错乱无序的。继续使用移动工具在各个视图中对边界上的节点进行调整，得到无序的褶皱效果，如图 3-1-21所示。

（5）进入到"编辑多边形"修改器中的"多边形"子对象层级，选择如图 3-1-22 所示的多边形对象。

（6）添加"噪波"修改器，设置参数如图 3-1-23 所示。

（7）在"修改器列表"中添加"网格平滑"修改器，使床单变得更加光滑。最终床单效果如图 3-1-24 所示。

 提问：为什么我做出的床单模型非常生硬呢？

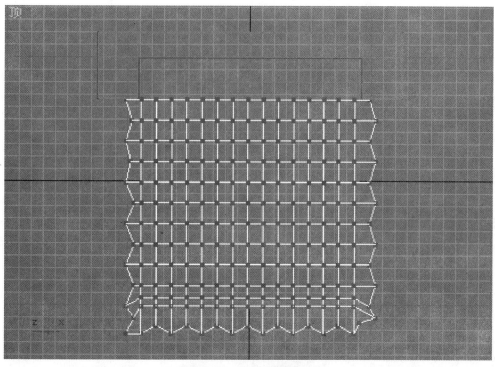

图 3-1-20 制作床单褶皱效果

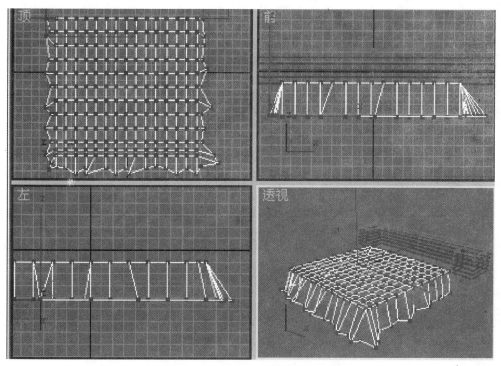

图 3-1-21 进一步调整床单褶皱效果

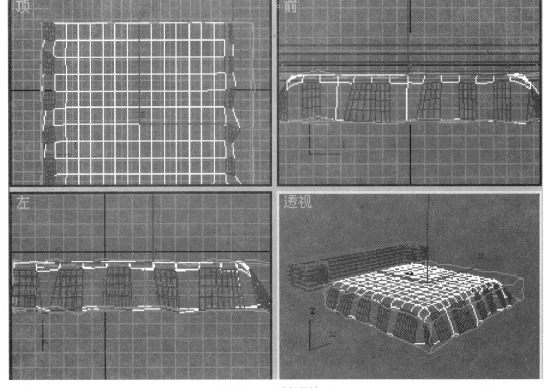

图 3-1-22　选择褶皱面

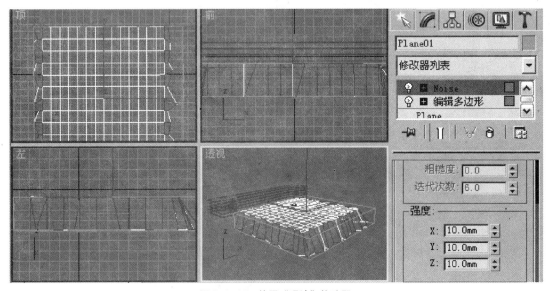

图 3-1-23　使用"噪波"修改器

回答：在编辑多边形方法中，编辑顶点、调整顶点是多边形建模的基础，观察、分析模型结构是多边形建模的要点和难点，所以在建模过程中对模型的结构把握是非常重要的。刚开始建模对模型结构不熟悉，做出来就会不真实，这需要课下通过观察实物结构反复练习才能达到以假乱真的地步。在稍后的"拓展与技巧"中利用动力学的碰撞原理模拟床单皱褶的效果也是一种非常好用又快捷的建模方法，比调整顶点的建模方法更加自然。

图3-1-24 床单效果图

3) 制作床罩

（1）在顶视图创建一个"长方体"，"长度"、"宽度"和"高度"分别为2000mm、2100mm和30mm，"长度分段"、"宽度分段"为15，命名为"床罩"，得到的模型如图3-1-25所示。

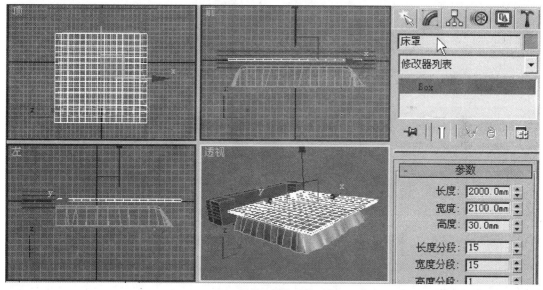

图3-1-25 创建床罩主体

（2）进入修改命令面板，在"修改器列表"中选择"编辑多边形"修改器。选择修改器堆栈中的"顶点"子对象层级。在左视图中框选如图3-1-26所示的顶点，并利用移动工具将其向左上方移动一定距离。

（3）用鼠标右键单击工具栏上的"选择并旋转"按钮，在弹出的"旋转变换输入"对话框中"偏移：屏幕"的Z轴上填入-180，如图3-1-27所示。移动顶点调整位置如图3-1-28所示。

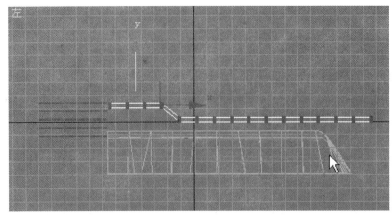

图 3-1-26 移动顶点

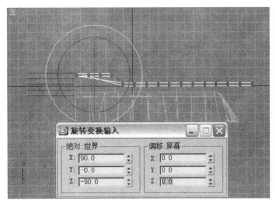

图 3-1-27 旋转顶点

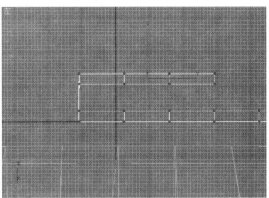

图 3-1-28 移动选择顶点

(4) 使用放大工具将床罩拐角处放大,进一步调节该处的顶点位置,注意不要出现床罩自身"交叉"的错误,如图 3-1-29 所示。

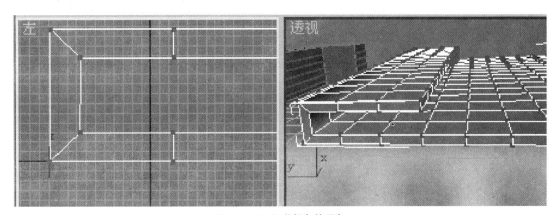

图 3-1-29 调整拐角处顶点

(5) 切换到顶视图,使用移动工具调节床罩另外三侧的顶点,使床罩自然下垂,如图 3-1-30 所示。

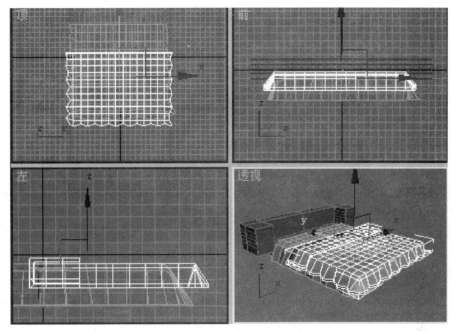

图 3-1-30 进一步调整被罩顶点

（6）退出"顶点"子对象层级，在"修改器列表"中选择"噪波（Noise）"修改器，并设置如图 3-1-31 所示的参数，这时可以观察到床罩上已经有凹凸不平的效果。

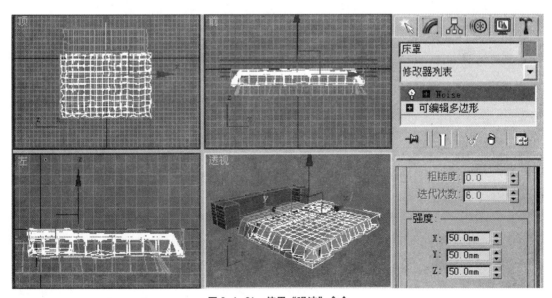

图 3-1-31 使用"噪波"命令

（7）在"修改器列表"中选择"网格平滑"修改器，设置迭代次数为 2，这时候床罩变得更加光滑，如图 3-1-32 所示。

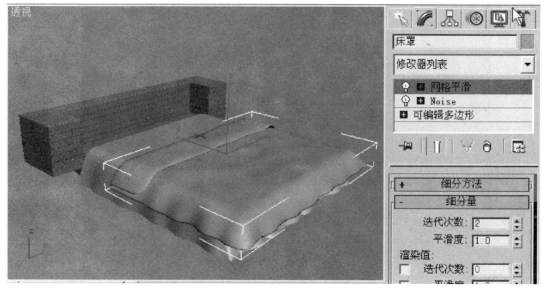

图 3-1-32   使用"网格平滑"修改器

4. 相关知识与技能

3ds Max 9.0 提供了多种建模方式,包括网格(Mesh)建模、多边形(Poly)建模、面片(Patch)建模和 NURBS 建模。其中后三种建模方式更适合于不规则复杂物体的制作,如动画片中的各种人物、动物、怪兽、由复杂曲面组成的工业产品以及复杂的场景模型等。这类模型结构复杂,表面细节丰富,建模需要花费大量的时间,是 3ds Max 建模的难点。通常把后三种建模技术称为 3ds Max 高级建模技术。

1) 多边形建模

多边形建模是 3ds Max 最优秀的建模方式,相对于其他三维软件而言,3ds Max 的多边形建模使用更方便、功能更强大,所以目前大多数三维设计师都使用多边形建模的方法来创建需要的模型。其原理是将物体划分成若干个大小不等的面,通过调整每个面的大小和位置,形成复杂的三维模型(与网格建模类似)。它的建模原理就像是小孩子玩的黏土一样,拉伸凸出的部分,按下凹下的部分,最后运用光滑平滑命令将表面处理光滑。

有两种方法可以使用多边形建模,一种是为物体添加"编辑多边形"修改器,如图 3-1-33 所示;另一种是直接使用快捷菜单将物体"转化为可编辑多边形",如图 3-1-34 所示。两种方法的区别在于:前者保留修改器堆栈,可以返回修改器的前一层级去修改原始物体参数,而后者不保留修改器堆栈,转换为可编辑网格后就无法修改原始物体的参数。"编辑多边形"修改命令包括"可编辑多边形"对象的大多数修改命令,但"顶点颜色"信息、"细分曲面"卷展栏、"权重和折缝"设置和"细分置换"卷展栏除外。

(1)"选择"卷展栏。

"选择"卷展栏提供了各种工具,用于访问不同的子对象层级和显示设置以及创建和修改选定的内容,还显示了与选定实体有关的信息。多边形建模将模型划分成"顶点"、"边"、"边界"、"多边形"和"元素"五个子层级,根据需要进入到任意一个子层级调整模型,因此可以制作出更加复杂、精致的模型,"选择"卷展栏如图 3-1-35 所示。

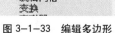

图 3-1-33 编辑多边形

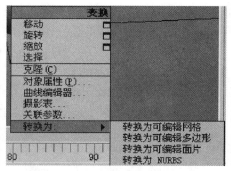
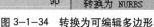

图 3-1-34 转换为可编辑多边形

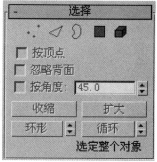

图 3-1-35 "选择"卷展栏

✓ "忽略背面"：由于表面法线的原因，在当前视角背面的表面不被显示，如果勾选此项，看不到的一面将不被选择；如果不勾选，会将背面一同选择。

✓ "环形"：通过选择与选定边平行的所有边来扩展边选择。环形仅适用于边和边界选择。

✓ "循环"：尽可能扩大选择区域，使其与选定的边对齐。循环仅适用于边和边界选择，且只能通过四路交点进行传播。

（2）"软选择"卷展栏。

通过该卷展栏进行参数的设置，可以在选定子对象和未选择的子对象之间应用平滑衰减。在启用"使用软选择"时，会与选择对象相邻的未选择子对象指定部分选择值。这些值可以按照顶点颜色渐变方式显示在视图中，也可以选择按照面的颜色渐变方式进行显示，如图 3-1-36 所示为不同衰减值在相同选择下移动的对比图。

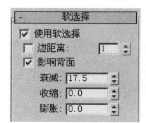
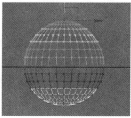

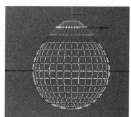

图 3-1-36 不同衰减值移动对比图

✓ "使用软选择"：启动该选项后，将会在可编辑对象或"编辑"修改命令内影响"移动"、"旋转"和"缩放"等操作，如果变形修改命令在子对象选择上进行操作，那么也会影响到对象上的变形修改命令的操作。

✓ "衰减"：用以定义影响选择区域的距离，它是用当前单位表示的从中心到球体的边的距离。

（3）编辑顶点。

顶点指构成多边形对象表面的基本点元素，通过顶点的缩放和移动，可以方便地塑造模型。当移动或编辑顶点时，它们形成的几何体也会受到影响。"编辑顶点"卷展栏如图 3-1-37 所示。

✓"挤出"：单击此按钮，将选择的顶点进行垂直拖动，就可以直接挤出顶点。单击右侧的"设置"按钮，可以通过交互式操纵来进行挤出，如图 3-1-38 所示。

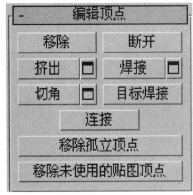

图 3-1-37　"编辑顶点"卷展栏

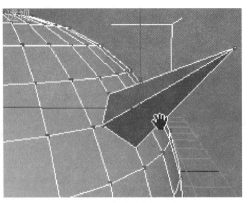

图 3-1-38　"挤出"顶点

✓ "移除"：功能不同于【Delete】键的删除，它可以在移除顶点的同时保留顶点所在的面，但要注意的是当顶点被移除后，所有和该顶点相连的边线也会被移除。【Delete】键在删除选择点的同时会将点所在的面一同删除，模型的表面会产生破洞；使用"移除"命令不会删除点所在的表面，但会导致模型的外观改变。对比图如图 3-1-39 所示。

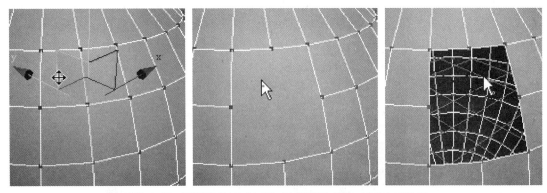

图 3-1-39　"移除"顶点（中图）与"删除"顶点（右图）对比图

✓ "焊接"：将选择的顶点在指定范围内进行合并，如图 3-1-40 所示。

图 3-1-40　"焊接顶点"对话框

✓ "切角"：单击此按钮，在所选对象中拖动顶点，即可完成切角操作，如图 3-1-41 所示。单击右侧的"设置"按钮，可以通过交互式操纵来进行切角操作。

图 3-1-41　"切角"顶点

✓ "目标焊接"：可以通过拖动鼠标拉出来一条虚线将两个点进行焊接，最终焊接的位置应在目标点上。

✓ "连接"：在选中的两个顶点之间的创建新的边，连接不会让新的边交叉。

（4）编辑边和边界。

多边形建模中的"边界"和"边"是不同的两个概念。前者是指仅在一侧有面，另一侧没有面的边，也称作"开口边"；而后者是指两侧都存在面的边。"边"的"编辑边"卷展栏如图 3-1-42 所示；"边界"的"编辑边界"卷展栏如图 3-1-43 所示。

✓ "插入顶点"：用于手动细分可视的边，单击某边即可在该位置处添加顶点。

✓ "封口"：使用单个多边形封住整个边界环，如图 3-1-44 所示。

✓ "利用所选内容创建图形"：选择一个或多个边后，单击该按钮，可将选定的边创建为独立的样条线形状。这个命令非常实用，例如在做床头装饰线或者沙发边缝等。

✓ "桥"：用于连接对象的两个边界。这两个对象附加成为一个整体，且这两个对象的边必须都是开口边，如图 3-1-45 所示。

（5）编辑多边形 / 元素。

多边形指构成对象表面的三边或四边面，元素指构成多边形对象的几个相互独立的部分，每一个部分称为一个元素。"多边形"的编辑多边形卷展栏如图 3-1-46 所示。

图 3-1-42　"编辑边"卷展栏

图 3-1-43　"编辑边界"卷展栏

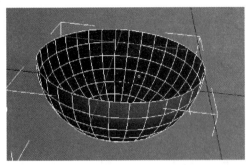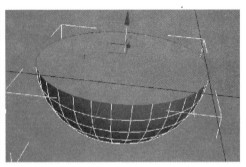

图 3-1—44 封口

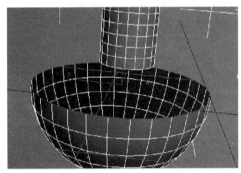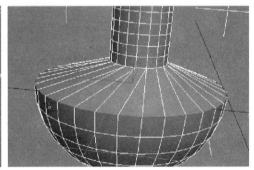

图 3-1—45 桥

✓ "挤出"：单击此按钮，在视图中垂直拖动所选择的多边形，便可将其沿着法线方向挤出，也可通过交互式方式挤出，如图 3-1-47 所示。

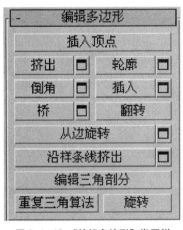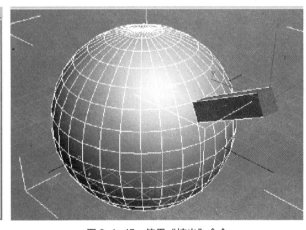

图 3-1—46 "编辑多边形"卷展栏　　　　图 3-1—47 使用"挤出"命令

✓ "轮廓"：用于增加或减少所选择的多边形的面积，也可通过交互式方式来修改。

✓ "倒角"：单击此按钮，垂直拖动所选择的多边形，可将其挤出，释放鼠标，再垂直移动鼠标光标，便能设置挤出轮廓。

✓ "插入"：执行没有高度的倒角操作，即在选定多边形的平面内执行该操作，如图 3-1-48 所示。

✓ "沿样条线挤出"：沿样条线挤出当前的选定内容，如图 3-1-49 所示。

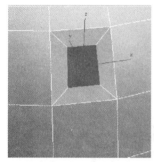 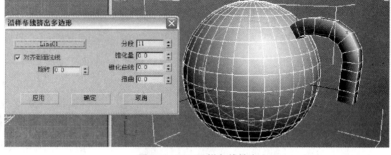

图 3-1-48　插入　　　　　　　　　　　图 3-1-49　沿样条线挤出

（6）编辑几何体。

✓ "附加"：用于将场景中的其他对象附加到选定的可编辑多边形中。可以附加任何类型的对象，包括样条线、片面对象和 NURBS 曲面。附加非网格对象时，可以将其转化成可编辑多边形格式。单击要附加到当前选定多边形对象中的对象。

✓ "切片平面"：为切片平面创建 Gizmo，可以定位和旋转它，来指定切片位置。另外，还可以启用"切片"和"重置平面"按钮。变换切片平面时，可以预览网格对象中出现切片的位置。要执行切片操作，单击"切片"按钮。

2）网格平滑（Mesh Smooth）修改器

通过多种不同方法平滑场景中的网格对象。它细分网格对象，同时在角和边插补新面的角度以及将单个平滑组应用于对象中的所有面。"网格平滑"的效果是使角和边变圆，就像它们被锉平或刨平一样。使用"网格平滑"参数可控制新面的大小和数量，以及它们如何影响对象曲面，如图 3-1-50 所示是网格平滑在不同细分级别的多边形模型。

细分量卷展栏主要参数如下。

✓ "迭代次数"：0 ～ 10 之间取值，值越大，物体表面越平滑，但计算时间越长。在

图 3-1-50　不同细分级别的多边形模型

增加迭代次数时应谨慎。每增加 1 次迭代，对象中的顶点数和面数（以及由此产生的计算时间）会增加 4 倍。即使对中等复杂程度的对象应用 4 次迭代也会花费很长的计算时间。

✓ "光滑度"：通过对尖锐的锐角添加面以使其平滑。值为 0 时，不进行光滑处理；值为 1 时，所有节点进行光滑处理。

✓ "折逢"：创建曲面不连续，从而获得褶皱或唇状结构等清晰边界。选择一个或多个边

子对象，然后调整"折缝"设置；折缝显示在与选定边关联的曲面上。仅在"边"子对象层级可用。

　　✓ "权重"：设置选定顶点或边的权重。增加顶点权重会朝该顶点"拉动"平滑结果。边权重更复杂，且在某些方面的行为具有相反形式。增加边权重会将平滑结果推走。如果使用权重 0，结果中将形成纽结。

　　3）噪波修改器

　　"噪波"修改器沿着三个轴的任意组合调整对象顶点的位置，它是模拟对象形状随机变化的重要动画工具。使用分形设置，可以得到随机的涟漪图案，比如风中的旗帜；使用分形设置，也可以从平面几何体中创建多山地形。

图 3-1-51　对含有纹理的平面使用噪波创建一个
暴风骤雨的海面

　　"噪波"修改器可以应用到任何对象类型上，更改 Gizmo 形状以帮助更直观地理解更改参数设置所带来的影响。"噪波"修改器的结果对含有大量面的对象效果最明显。控制噪波效果的大小，要注意的是只有应用了"强度"参数后噪波效果才会起作用，如图 3-1-51 所示是噪波修改器制作的暴风骤雨的海面。

　　✓ "X、Y、Z"：沿着三条轴的每一个设置噪波效果的强度。至少为这些轴中的一个输入值以产生噪波效果。默认值为 0.0、0.0、0.0。

　　✓ "种子"：从设置的数中生成一个随机起始点。在创建地形时尤其有用，因为每种设置都可以生成不同的配置。

　　✓ "比例"：设置噪波影响（不是强度）的大小。较大的值产生更为平滑的噪波，较小的值产生锯齿现象更严重的噪波。默认值为 100。

　　5. 拓展与技巧

　　1）暂存和取回

　　随着模型的制作越来越复杂，经常会出现编辑之后的结果让人不满意，出现意外情况可以使用撤销命令，但是【Ctrl + Z】在默认情况下，撤消操作有 20 个层级。虽然可以使用"自定义"——→"首选项"——→"常规"选项卡——→"场景撤消"组来更改层级数，但也只能帮助我们撤销受限制的几步操作，且在 3ds Max 中某些操作是不能进行撤销操作的，例如布尔运算等，一旦执行了这些操作后就不能恢复到执行前的状态。所以 3ds Max 给用户提供了非常人性化的设计，这就是暂存和取回。

　　✓ "暂存"：把当前场景的信息暂时保存起来，一旦编辑的结果不尽如人意，就可以利用该命令恢复到暂存时的状态。这个功能对那些不可逆的操作和不可预见结果的操作非常有利。

　　✓ "取回"：取回暂存的场景信息，以取代当前的场景。

　　2）多边形建模的一般流程

　　（1）创建基本几何体。

多边形建模一般都是从基本几何体开始的，如长方体、球体、圆柱体等。选择何种基本几何体是和最终完成的模型造型有关，例如建立水龙头模型，会选择圆柱体；创建水槽，会选择长方体。

（2）把基本几何体转换成多边形对象。

只有把基本几何体转换成"可编辑多边形"或添加"编辑多边形"修改器，才能进入多边形子对象层级进行编辑操作。

（3）进入多边形的子对象层级创建模型的大体形状。

通过对各级子对象的变换和操作，塑造出模型的大体形状，这个过程是多边形建模的主要工作过程，整个过程像是在雕塑。为了提高建模的效率和精度，可以导入模型的三视图作为模板。

（4）网格平滑。

给多边形对象添加"Mesh Smooth（网格平滑）"修改器，对模型表面进行细分，产生光滑效果。

3）多边形建模小技巧

（1）在制作对称模型时，一般先删除模型的一半，再"实例"复制得到另一半，当一侧模型修改时，另一侧模型会自动修改，可以使建模工作量减少一半，又能保证模型的对称性。

（2）当模型制作完成后，需要再将两侧的模型附加为一个整体。当物体层级为加粗字体状态时，说明有一个与其相关联的物体存在，两个相关联的物体不能直接结合（前面在做复制的时候用的是"实例"复制），如图3-1-52所示就是粗字体状态的"可编辑多边形"修改器。因此，可将物体再次转化为"可编辑多边形"，这样就去除了两个模型的关联属性，就可以进行附加操作了。

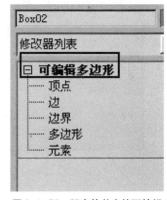

图3-1-52 粗字体状态的可编辑多边形修改器

（3）附加过后的两个物体虽然结合成一个物体，但顶点并未连接，只是靠拢而已，如图3-1-53所示是焊接顶点前后对比图。进入顶点层级，选择中缝所有顶点，单击"焊接"按钮，则顶点被焊接。当两个顶点距离较远时，不能完成焊接时，可以单击设置按钮，增加焊接范围阈值，即可焊接较远的顶点。

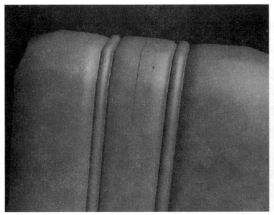
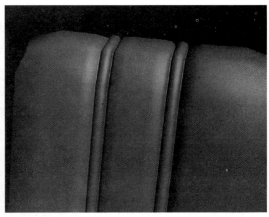

图3-1-53 焊接顶点前后对比图

　　但是在两个物体"附加"后焊接过程时要注意的是，点和点之间不能有面，即两个点必须是在开放边界上的点。比如想把两个立方体焊接在一起，就要把它们相对的面删掉再逐个点焊接。

　　4）利用动力学的碰撞原理模拟床单皱褶的效果

　　（1）在床的上方创建平面作为床单，将床单分段数适当增加，并将床单和床距离拉大，这样可以得到一个更精细的模型，如图 3-1-54 所示。

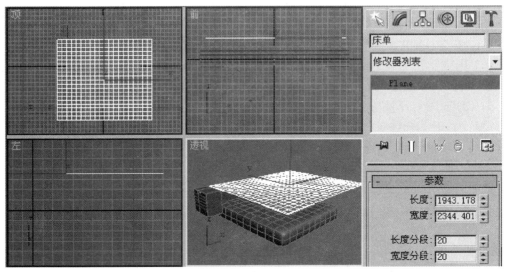

图 3-1-54　制作床单

　　（2）选中床单，为床单添加一个"reacotr Cloth"修改器（布料的质量和一些控制都在这个 reacotr Cloth 面板中控制），如图 3-1-55 所示。在"reactor Cloth"参数面板中勾选"Avoid self –Intersections"，这样在模拟期间软件将不会自身相交，可以使模拟效果更加逼真。

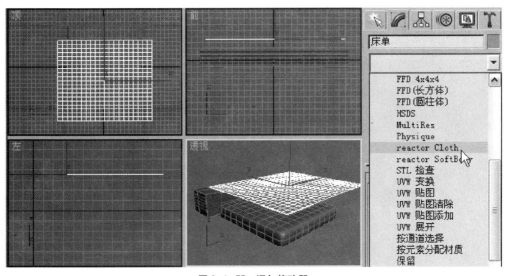

图 3-1-55　添加修改器

（3）单击 reactor —→ create object —→ Cl Collection 命令，创建一个布料集合，在属性面板中"拾取（Pick）"床单，如图 3-1-56 所示。

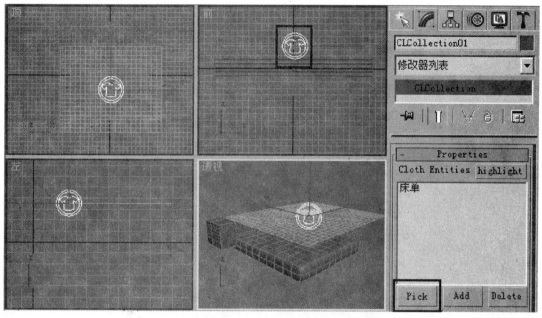

图 3-1-56　创建布料集合

（4）单击 reactor —→ create object —→ RB Collection 命令，创建一个钢体集合，在属性面板中"拾取（Pick）"床体，如图 3-1-57 所示。

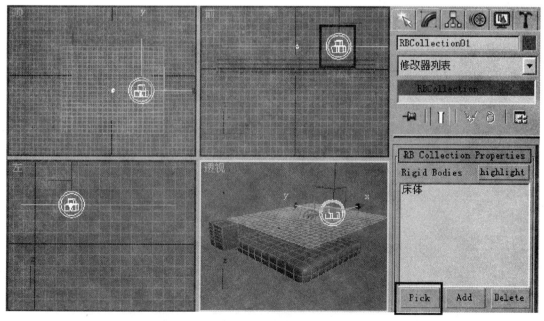

图 3-1-57　创建钢体集合

（5）单击"工具"命令面板中的"reactor"命令，在"Preview & Animation"卷展栏中，勾选"Update Viewports"，如图 3-1-58 所示。

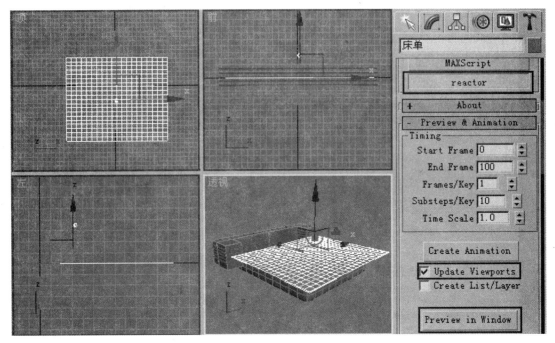

图 3-1-58　参数设置

（6）单击"Preview In Window"，会弹出如图 3-1-59 所示"reactor Real-Time Preview（Open GL）"的窗口。

图 3-1-59　reactor Real-Time Preview

（7）按下快捷键【P】或者单击"Simulation ——→ Play/Pause"命令，碰撞开始，当床单落到床体上时，找到合适的状态再按一下【P】键停止碰撞，如图 3-1-60 所示即为碰撞过程中的一个状态。

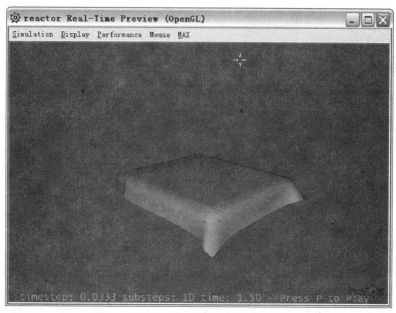

图 3-1-60　碰撞结果

（8）再单击该窗口中的 Max ——→ update max 命令，关闭窗口，即可在各视图中看到床单随意搭在床体上的效果，如图 3-1-61 所示。

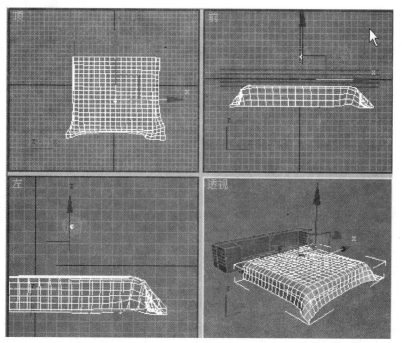

图 3-1-61　动力学模拟床单皱褶

图 3-1-62　单人沙发效果图

6. 创新作业

无论是单人沙发还是双人沙发，沙发在家具中也是最为常见的模型。利用"编辑多边形"方法制作出如图 3-1-62 所示的单人沙发。

（1）创建一个长方体，设置好合适的分段数，添加"编辑多边形"修改器，利用"挤出"和"倒角"制作出沙发的靠背和 4 条沙发腿。（具体方法可参照"拓展与技巧"中的"多边形建模小技巧"）

（2）创建一个倒角长方体作为沙发坐垫，并添加 FFD 自由变形修改器进行调整。

3.2　任务二：床上其他用品的制作——编辑网格、曲面和FFD

1. 任务描述

睡觉大多离不开枕头，原始时代，人们用石头或草捆等将头部垫高睡觉；到战国时，枕头就已经相当讲究并已成规模了；而到了现在，枕头的种类让人眼花缭乱。枕头一般由枕芯和枕套两个部分构成。枕芯需要填充材料，使枕头在使用时保持一定的高度。该任务完成枕头和靠垫的模型并和任务一的模型合并后的效果如图 3-2-1 所示。

2. 任务分析

枕头、靠垫模型虽然简单，但是制作起来却非常难，因为想要表现出枕头和靠垫良好的柔软性，需要比较强的空间架构能力。枕头使用了曲面的方法创建，靠垫 1 使用了编辑网格的方法，靠垫 2 使用了 FFD 自由变形工具。

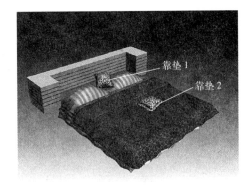

图 3-2-1　合并后的最终效果

3. 方法与步骤

> **提示：**
> ①曲面修改器制作枕头；②FFD 修改器制作靠垫 1；③编辑网格修改器制作靠垫 2。

1）枕头的制作

（1）为了便于观察和制作，导入一个枕头模型作为参考，并在顶视图根据模型创建一个矩形，如图 3-2-2 所示。

（2）在修改器列表中选择"编辑样条线"修改器，在"顶点"子对象中依次对 4 个角的顶点进行调整，调整后如图 3-2-3 所示。

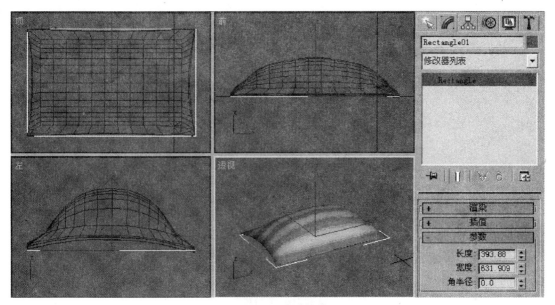

图 3-2-2　创建矩形

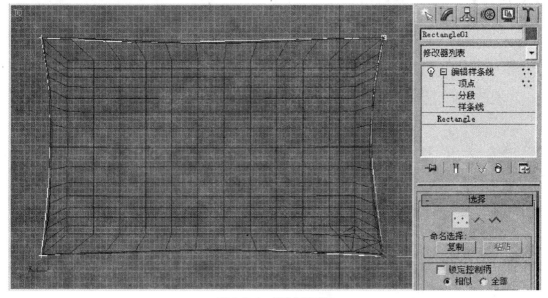

图 3-2-3　修改矩形形状

　　（3）选择修改器堆栈中的"分段"子对象层级，再选择左边的线段，在"拆分"后面的输入框中输入 3，再单击"拆分"按钮，刚才选择的线段即被分成 3 段。用同样的方法，将矩形的其他 3 条边都拆分成 3 段，如图 3-2-4 所示。

　　（4）右键单击"捕捉开关"按钮，在弹出的"栅格和捕捉设置"对话框中"捕捉"选项卡中选择"顶点"，这时即打开顶点的捕捉。选择"顶点"子对象，按下"创建线"按钮，按照次序创建如图 3-2-5 所示的曲线。

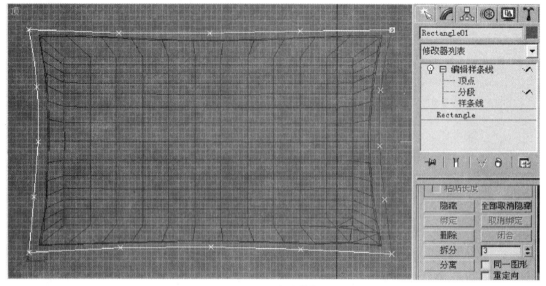

图 3-2-4　拆分线段

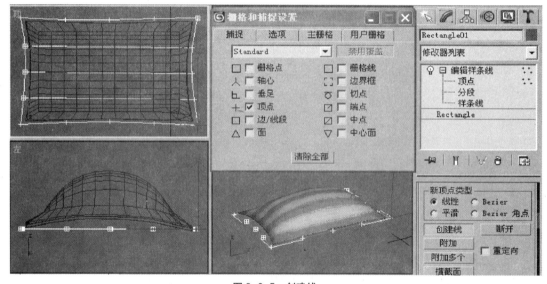

图 3-2-5　创建线

（5）再用第（3）步的方法将刚创建的曲线，再次进行 3 等分，并且在"顶点"子对象下把刚创建的点全部选中，单击右键后在弹出的快捷菜单中选择"平滑"命令，如图 3-2-6 所示。

（6）分别调整点在不同视图中的位置，注意要时刻对透视图进行观察，以保证点在空间位置上没有错位，如图 3-2-7 所示。

（7）再次打开顶点捕捉，按照第（4）步的方法创建连接曲线，把加入的点转换为"Bezier"方式，如图 3-2-8 所示。

（8）为连接好的曲线物体加入"曲面"修改器，形成蒙皮面片，通过调整曲线上的点，可以很方便地对物体进行形状上的控制，如图 3-2-9 所示。

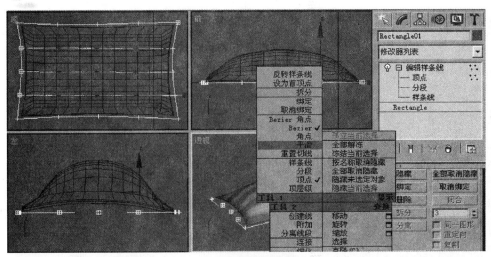

图 3-2-6 拆分线段

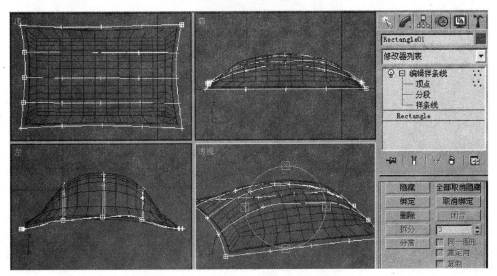

图 3-2-7 调整顶点

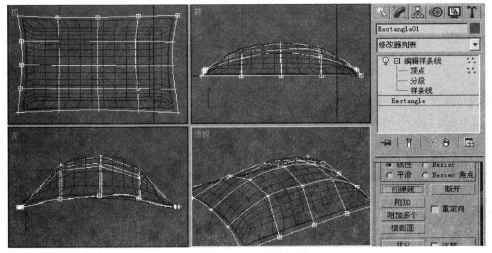

图 3-2-8 创建线

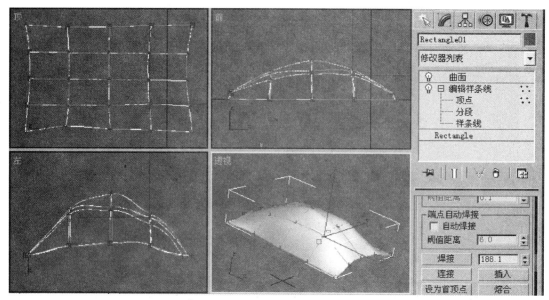

图 3-2-9 使用"曲面"修改器

提问：在使用"曲面"修改器后，出现蒙皮面片少一块的现象，如图 3-2-10 所示，造成面片不完整是为什么？

回答：当我们放大缺少蒙皮那块中间点的时候，就会发现这 2 个点没有重合在一起，那是因为在捕捉节点的时候 2 个节点没有重合，如图 3-2-11 所示，只要手动将它们移动到同一点上的时候，曲面就完整了。

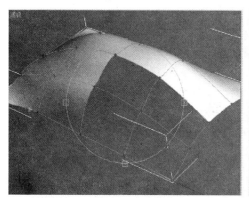

图 3-2-10 曲面错误

图 3-2-11 节点不重合

（9）由于形成的是面片物体，是单面的，没有厚度，所以加入"壳"修改器增加厚度，如图 3-2-12 所示。

（10）镜像复制出枕头的下半部，移动到合适的位置上，并进行缩放，最终效果如图 3-2-13 所示。

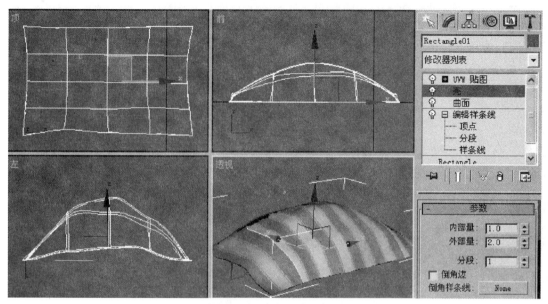

图 3-2-12 使用 "壳" 修改器

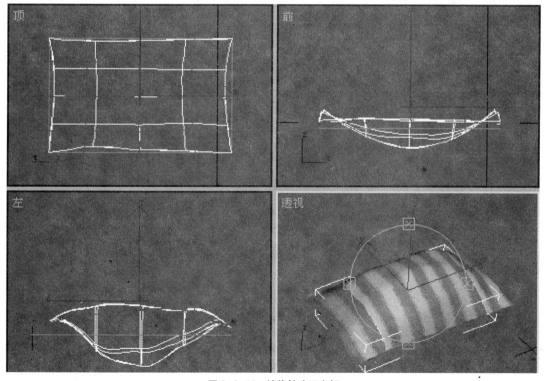

图 3-2-13 镜像枕头下半部

2）靠垫的制作（一）

（1）在前视图创建一个倒角长方体，具体参数如图 3-2-14 所示。

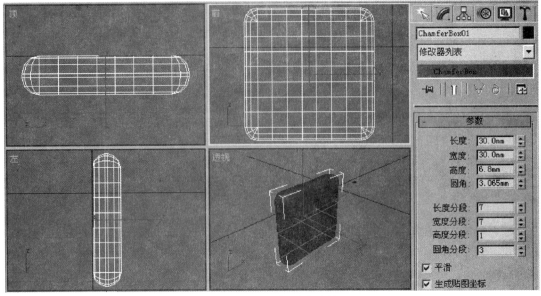

图 3-2-14　创建倒角长方体

　　(2) 加入"FFD（长方体）"修改器，修改设置控制点数目为 7×7×7，选择修改器堆栈中"控制点"子对象，在前视图中修改倒角长方体形状，如图 3-2-15 所示。

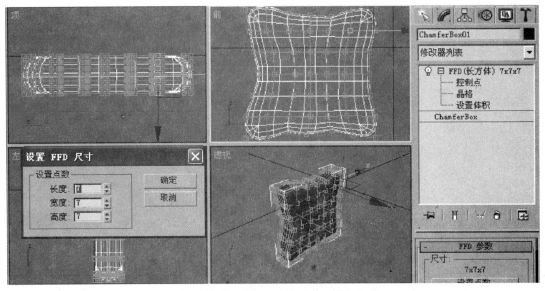

图 3-2-15　使用 FFD（长方体）修改器

　　(3) 再次为物体加入"FFD 3×3×3"修改器，选择靠垫中间的控制点在顶视图和左视图中进行侧面的调整，如图 3-2-16 所示。
　　(4) 根据外形创建结构相似的闭合曲线作为靠垫的边缘线（也可以用"利用所选内容创建图形"的方法制作出独立的边缘线），如图 3-2-17 所示。在修改器列表中添加"挤出"

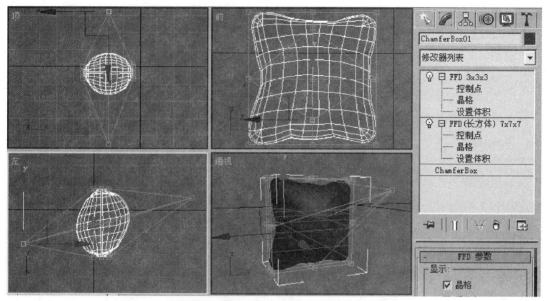

图 3-2-16　调整控制点

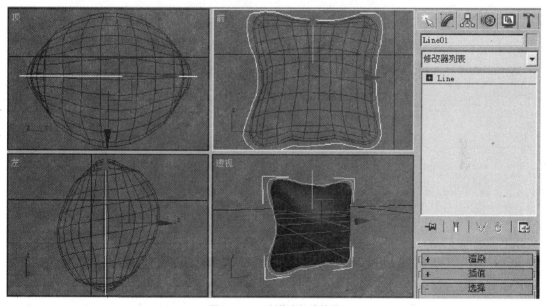

图 3-2-17　制作靠垫边缘线

修改器，挤出靠垫的花边，再添加"网格平滑"修改器。

（5）靠垫的最终效果如图 3-2-18 所示。

3）靠垫的制作（二）

（1）在顶视图中创建一个长方体，设置长、宽、高分别为 30mm、30mm 和 8mm，长、宽、高的分段数为 4、4 和 5，参数如图 3-2-19 所示，对着 Box01 单击鼠标右键，在弹出的快捷菜单中将其"转换为可编辑网格"。

提问：将对象转换为可编辑网格后，再怎么修改对象的原始参数呢？

回答：如果将对象转换成可编辑网格的话，不保留修改器堆栈，就不能再修改原始参数。如果你在工作的过程中还需要原始参数，可以在修改器堆栈中选择"可编辑网格"修改器，保留修改器堆栈，可以返回修改器的前一层级去修改原始物体。其实物体转换成可编辑网格和通过添加编辑网格修改器，意义是一样的，只是后者会比较占内存资源。

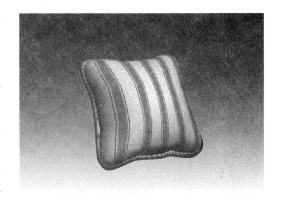

图 3-2-18　靠垫 1 效果图

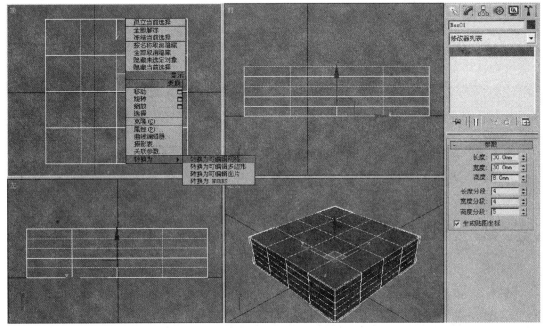

图 3-2-19　创建长方体

（2）选择修改器堆栈中的"顶点"子对象层级，并在视图中调整点的位置，注意接缝部分也要用结构网络表现出来，如图 3-2-20 所示。

（3）选择靠垫边角的 8 个顶点，进行不等比缩放，如图 3-2-21 所示。

（4）选择"多边形"子对象，分别选择接缝处的多边形，进行数量为 2mm 的挤出，挤出后的模型如图 3-2-22 所示。

（5）这时发现挤出的边缝没有连接在一起，进入"顶点"子对象层级，选择边缝上的两个点，在焊接"选定项"输入框中输入"10mm"，单击"选定项"按钮，焊接后的模型如图 3-2-23 所示。依次将所有边缝上的点进行焊接。

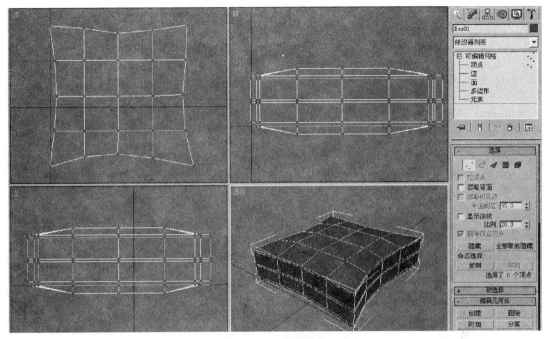

图 3-2-20　调整节点

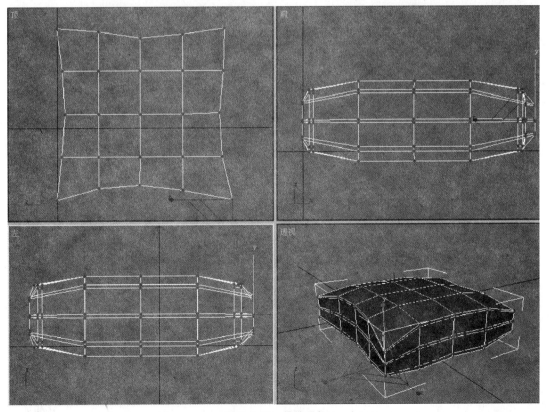

图 3-2-21　缩放顶点

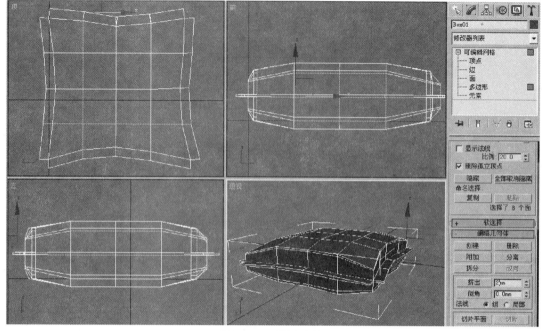

图 3-2-22　挤出边缝

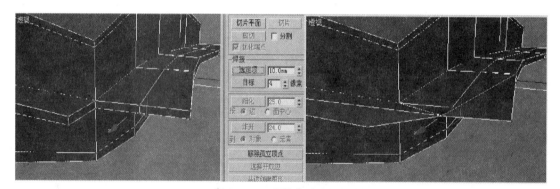

图 3-2-23　焊接前后对比图

（6）为网格物体加入"网格平滑"修改器，在细分方法中选择"经典"的细分方式。如果对光滑后的形状仍不满意，再加入自由变形修改器进行调整，而不要再回到"可编辑网格"中对点进行调整，如图 3-2-24 所示。

（7）赋上材质，渲染后的最终效果图如图 3-2-25 所示。

（8）将做出来的床上用品合并到第 3.1 节任务一的模型中，并移动到合适位置，渲染效果如图 3-2-1 所示。

4．相关知识与技能

1）曲面（Surface）

曲面是一种高级的建模方法，它的"前身"是一个叫 Surface Tools 的插件。曲面的核心实际上就是基于样条曲线的面皮表面，在曲面表现上优于多边形建模法。该建模方法与其他建模

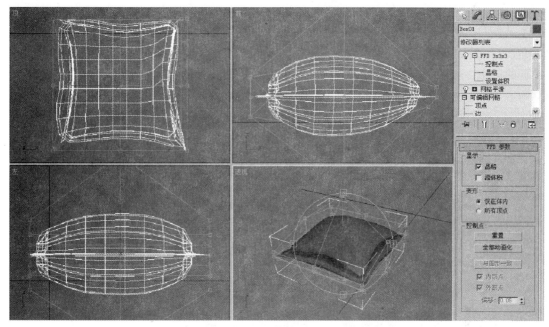

图 3-2-24　添加网格平滑和自由变形修改器

方式有很多类似的地方，但是在制作曲面
建模时，关键在于是否透彻理解物体的构
造，如图 3-2-26 所示即为应用"曲面"制
作出的犀牛头部。

　　曲面的曲度是受可编辑样条线控
制的，因此，可编辑曲线灵活的贝塞尔
（Bezier）调节方式，使得曲面可以产生丰
富的曲面效果。根据产生曲面的样条曲线
节点的类型，曲面的每个节点最多可以产
生 4 个贝塞尔（Bezier）调节柄，因此，在

图 3-2-25　靠垫 2 效果图

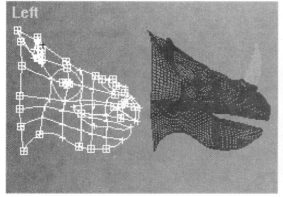

图 3-2-26　应用"曲面"制作出的犀牛头部

表面节点上，可以产生 4 个方向的曲度。这种表面曲度的可控制性就大大优于多边形建模，因为多边形的平滑只能平均顶点的角度。这样，曲面用较少的节点就可以创建相当出色的细节。曲面的拓扑结构简洁、工整、有条不紊，而且线段的数量节约，效率相对高一些，用更少的线条就能实现复杂的曲面。如图3-2-27 所示为曲面修改器的参数面板。

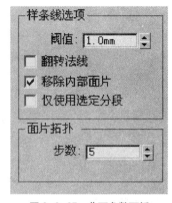

图 3-2-27　曲面参数面板

✓ 阈值：用来指定样条物体上顶点焊接的范围。

✓ 翻转法线：用来指定翻转面片曲面的法线方向。

✓ 移除内部面片：用来删除对象中不可见的内部面。

✓ 仅使用选定分段：在曲面修改器中将只使用在编辑样条线修改器中所选中的线段来创建面片。

✓ 面片拓扑：该选项组中的步数用来确定顶点间的步数。值越高模型表面越光滑。

2）网格建模

网格建模是 3ds Max 最传统的建模方式，其原理是将物体划分成若干个大小不等的面，通过调整每个面的大小和位置，形成复杂的三维模型。

网格建模将模型划分成"顶点"、"边"、"面"、"多边形"和"元素"共 5 个子层级（与编辑多边形类似）。两种方法可以使用网格建模，一种是为物体添加"编辑网格"修改器，另一种是直接使用快捷菜单将物体"转化为可编辑网格"。

多边形建模和网格建模在使用上有很多相似的地方，但是在 3ds Max 内核中计算方法是不同的。例如虽然都是将物体分成 5 个子层级，但是多边形建模提供了更多、更灵活的工具，使用更加方便。从原理上讲，多边形建模将物体分成若干个四边形，而网格建模将物体分成若干个三角形进行计算。因此在建模的时候具体采用哪种建模方法是根据所要创建的模型来选择的。

3）壳（Shell）修改器

壳修改器是对物体表面进行修改变形的修改器，它是在 3ds Max 6.0 版时增加的，它可以为物体增加厚度，并且调整它们之间的密度。它特别适合用来创建机械、产品的模型，对于那些拥有一定厚度的壳状部件，比如汽车车身的外壳、头盔等，使用它可以非常高效地创建出来。如图 3-2-28 所示即为移除部分曲面构成的球体和应用壳的球体。

图 3-2-28　应用壳修改器前后对比图

✓ 内部量：向内挤压的厚度。

✓ 外部量：向外挤压的厚度。

5．拓展与技巧

1）卷展栏妙用

当展开多个卷展栏时，面板会变长，上下移动命令面板将非常麻烦，可通过以下3种方法使操作简化。

（1）可以改变卷展栏的大小。把鼠标放在命令面板左边沿，当出现左右箭头的符号时，按住鼠标左键向左拖动鼠标，即可使命令面板显示为两排。

（2）把常用的卷展栏放在前边。用鼠标单击卷展栏的名称，按住左键进行上下拖动，直到放置到合适的位置为止。

（3）关闭暂时不用的卷展栏。在卷展栏的空白处单击鼠标右键，弹出一个快捷菜单，在快捷菜单中选择"关闭卷展栏"命令，还可以重置卷展栏的顺序。

2）坐标系

（1）世界坐标系。

世界坐标系显示在每个视图的左下角，是由红、绿和蓝3个轴组成的坐标系图标。在透视图、摄像机视图等非正交视图中的所有对象都使用世界坐标系。通常规定，在非正交视图中，X轴水平向右，Y轴指向屏幕内，Z轴垂直向上。在正交视图（如前视图、顶视图、左视图）中，世界坐标系轴向是透视图坐标轴在本视图中的投影。

（2）屏幕坐标系。

屏幕坐标系对于激活的视图，X轴总是水平向右，Y轴总是垂直向上，Z轴垂直于视图指向屏幕内。屏幕坐标系的XY平面总是与视图平行，所以在正交视图中，使用屏幕坐标系非常方便，而在透视图或其他三维视图中，使用屏幕坐标系对物体进行变换时就会出现一些问题。

6．创新作业

床上摆上一件装饰玩具更能添加生活情趣，用"编辑网格"修改器可以轻松制作出玩具模型。制作效果如图3-2-29所示。

（1）创建球体和茶壶，通过添加"编辑网格"修改器将2个对象附加并且将关键点进行焊接从而将脑袋和身体连接在一起。

（2）在身体的合适位置，挤出胳膊和腿。

（3）添加圆环、球体和圆柱体做玩具的耳朵、鼻子和眼睛。

图3-2-29　装饰玩具效果图

项目实训　电视机

1．项目背景

电视机是家家户户必不可少的一样家用电器，它的出现使人们的生活变得更加丰富多彩，具体制作效果如图 3-2-30 所示。

2．项目要求

（1）用编辑多边形的方法制作出电视机的屏幕和尾部。

（2）为了增加真实感，可以再制作出电源灯、音箱等细节部位。

（3）要求各部位空间位置要合适、连接要紧密。

3．项目提示

（1）创建一个立方体作为电视机的主体，添加"编辑多边形"修改器，用"挤出"和"缩放变形"工具制作出电视机的屏幕和尾部，并用布尔运算制作出电视机背部的散热孔。

图 3-2-30　电视机效果图

（2）再添加一个立方体作为电视机底座，并与主体对齐，添加"编辑多边形"修改器，"挤出"底部装饰物以及电视机开关。

（3）创建文本并添加"挤出"修改器，制作出电视机的 LOGO。

（4）赋予适当的材质。

4．项目评价

电视机模型完成后，可以将它保存下来，方便在制作客厅场景的时候直接合并进来。"编辑多边形"是非常有用的修改器，在使用过程中有一点要注意的是，当表面被挤压修改后，一般不能再返回堆栈的基层对模型原始参数的"分段数"进行修改，这样往往会产生错误。

阅读材料

1．家具设计的构思

家具设计首先要考虑的是构思方法，考虑有关设计方面的一些原则问题和相关的技术问题。家具设计的要素包括以下两个方面。

1）家具的使用功能

任何一件家具的存在都具有特定的功能要求，使用功能是家具的灵魂和生命，它是进行家具造型设计的前提。

2）家具的美化功能及物质技术条件

创造优美空间，既是审美上的需求，也是精神上的要求。家具造型具有美学规律和形式法则。家具既有实用性又具有艺术性的特征，因此家具通常是以具体的造型形象地呈现在人们面前。

2．设计家具的色彩

色彩是家具造型的基本构成要素之一，也是表达家具造型美的一种重要的手段。色彩运用恰当，常常起到丰富造型、突出功能的作用。色彩在家具上的应用，主要包括两个方面，即家具色彩的调配和家具造型上色彩的安排，具体表现在色调、色块和色光的运用上。

1）家具色调

家具的颜色重要的是要有主色调，也就是应该有色彩的整体感。在色调的具体运用上，主要是掌握好色彩的调配和配合，主要有以下三个方面：第一，要考虑色相的选择，色相的不同，所获得的色彩效果也就不同，这必须从家具的整体出发，结合功能、造型、环境进行适当选择；第二，在家具造型上进行色彩的调配，要注意掌握好明度的层次，在家具造型上，常用色彩的明度大小来获得家具造型的稳定与均衡；第三，在色彩的调配上，还要注意色彩的纯度关系，除特殊功能的家具小面积点缀用饱和色外，一般用色直接改变其纯度，降低鲜明感，选用较沉稳的"明调"或"暗调"，以达到不醒目的色彩效果。

2）家具色块

家具的色彩运用与处理，还常通过色块组合方法来构成，色块就是家具色彩中形状与大小不同的色彩分布面。家具在色块组合上需要注意以下几点：第一，面积的大小要考虑，面积小时，色的纯度较高，使其醒目突出，面积大时，色的纯度则可适当降低，避免过于强烈；第二，除色块面积大小之外，色的形状和纯度也应该有所不同，使它们之间既有大小之分又要有主次变化；第三，在家具中，任何色彩的色块不应孤立出现，需要同类色块与之相互呼应，不同对比色块要相互交织布置，以形成相互穿插的生动布局，但须注意色块间的相互位置应当均衡。

3）光照效果

色彩在家具上的应用，还要考虑光照与环境的情况。如处于朝北向的室内，由于自然光线的照射，气氛显得偏冷，所以室内环境就要多运用暖色调，家具的色彩就可运用红褐色、金黄色来配合；如果环境处于朝南向，在自然光照射下，显得偏暖，这时室内可运用偏冷色调，家具的颜色可使用浅黄褐色相配合，以使得家具色彩与室内环境相互协调统一。

复习思考题

(1) 在编辑多边形修改器中各个子对象之间的切换有哪几种方法？

(2) 简述多边形建模的一般流程。

(3) 在制作左右对称的模型时，为什么要删除一半模型？复制出模型的另一半时为什么使用"实例"复制的类型方法？

(4) 修改器列表中的"编辑网格"、"编辑多边形"等修改器，主要是对什么对象进行编辑？"挤出"修改器在何种情况下有效？

(5) "编辑网格"中"附加"命令的作用是什么？

(6) "网格平滑"的主要作用是什么？

(7) 如何使用"FFD 修改器"修改模型？

(8) "壳修改器"可以用于制作哪些模型？

(9) "编辑多边形"中的边和边界有什么不同？

(10) 如何使用"噪波修改器"修改模型？

第4章　会议室的设计与制作

会议室设计的要素主要有以下几点：

（1）秩序感。秩序感是指家具样式与色彩的统一、平面布置的规整性、隔断高低尺寸与色彩材料的统一、天花板的平整性与墙面不带花哨的装饰、合理的室内色调及人流的导向。

（2）明快感。明快感是指色调干净明亮、灯光布置合理、有充足的光线。

（3）现代感。现代感是指共享空间开敞式设计——便于思想交流，加强民主管理；自然环境引入室内——绿化室内外的环境，给办公环境带来一派生机；办公设备符合人的使用习惯。

学习目标：

- 掌握建筑建模的常用方法和布尔运算；
- 掌握常用材质的编辑与设置；
- 掌握渲染器制作真实场景效果。

4.1　任务一：会议室房间的创建——样条线创建房间

图4-1-1　会议室效果图

1．任务描述

会议室是用于会议讨论的场所，会议室的光线和舒适性是设计中应重点考虑的内容。从会议室效果图4-1-1可以看出，会议室墙体、吊顶、地面简单大方，茶几表面的大理石效果表现理想。室内以蓝色、白色和红色为主色调，逼真的室外阳光效果给人以清爽、大气的感觉。

2．任务分析

将矩形转换为"编辑样条线"，并利用【Delete】键、"轮廓"、"切割"命令以及"挤出修改器"创建会议室的墙体；利用平面创建地面；利用"编辑样条线"和"编辑多边形"制作会议室的吊顶；利用固定窗创建会议室的窗户。

3．方法与步骤

> **提示：**
> ①运用样条线的方法创建墙体轮廓，并使用轮廓、切割和挤出等命令制作出墙体；
> ②编辑样条线和多边形建模的方法创建吊顶造型；③通过添加软件自带的窗户模型创建出窗户。

（1）单击"创建"——→"矩形"按钮，在顶视图中创建如图 4-1-2 所示的矩形，将其命名为"墙体"，在参数卷展栏中设置"长度"为 9500mm，"宽度"为 7500mm。

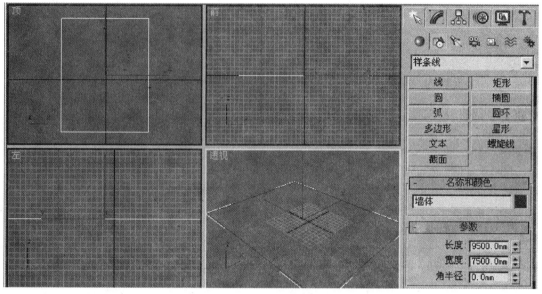

图 4-1-2　创建矩形

（2）在顶视图中选择矩形对象，在"修改器列表"中选择"编辑样条线"修改器，在修改器堆栈中选择"分段"子对象层级，在顶视图中选择如图 4-1-3 所示的线段，按【Delete】键将其删除。

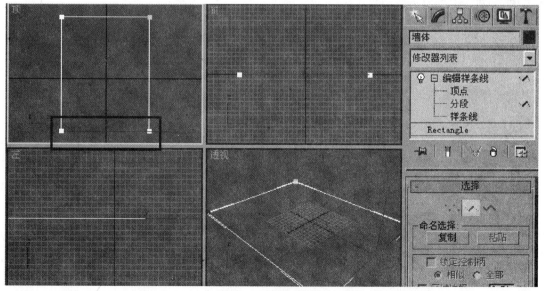

图 4-1-3　选择线段

（3）选择修改器堆栈中的"样条线"子对象层级，设置"轮廓"为240mm，效果如图4-1-4所示。

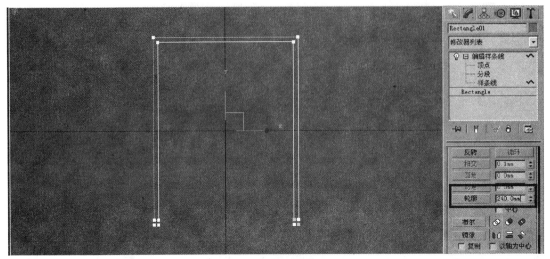

图4-1-4　创建轮廓

（4）在"修改器列表"中选择"挤出"修改器，设置"数量"为2800mm。选择对象并单击鼠标右键，在弹出的快捷菜单中选择如图4-1-5所示的选项，将所选对象"转换为可编辑多边形"。

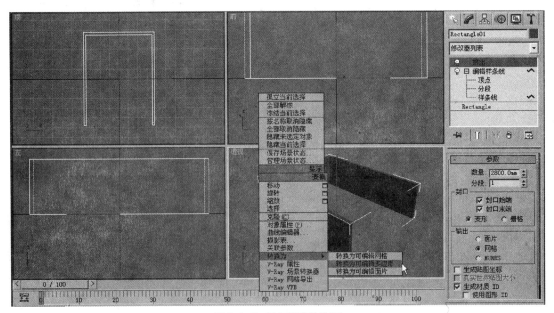

图4-1-5　选择相应的选项

提问："挤出"的这个数量值有什么意义呢？

回答：在这里挤出的高度实际上就是会议室的层高，有些写字楼或层数比较高的建筑，因为考虑到通风或者其他因素，层高会在 3.6~3.9m。

（5）在"编辑几何体"卷展栏中单击"切割"按钮，按照如图 4-1-6 所示切割墙面。

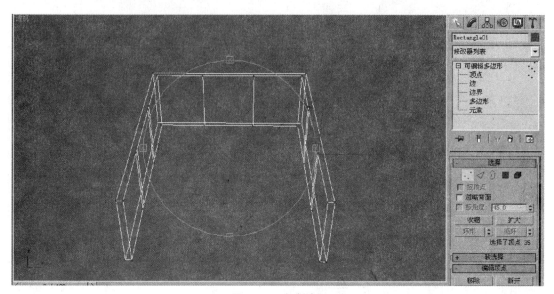

图 4-1-6　切割墙面

（6）选择修改器堆栈中"多边形"子对象层级选择如图 4-1-7 所示的面，单击"挤出"按钮右侧的▣按钮，在打开的"挤出多边形"对话框中，设置"挤出高度"为 120mm。

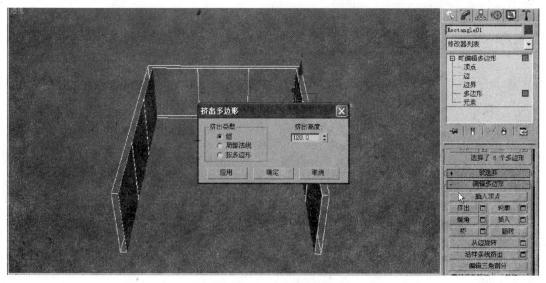

图 4-1-7　设置挤出参数

（7）单击"切割"按钮，在前视图中继续对墙面进行切割，如图 4-1-8 所示。

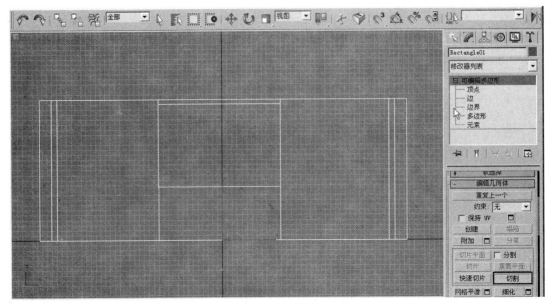

图 4-1-8　切割墙面

（8）在前视图中选择如图 4-1-9 所示的面，并单击"挤出"按钮右侧的 按钮，在打开的"挤出多边形"对话框中设置"挤出高度"为 -35mm。

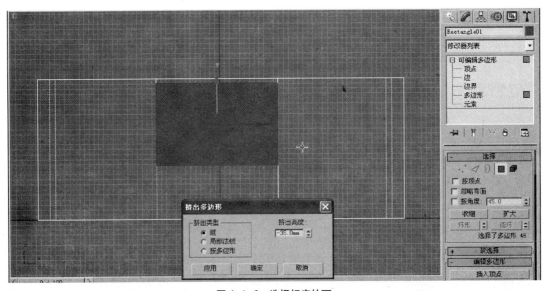

图 4-1-9　选择相应的面

（9）为了精简构图，可以将不必要的面删除。选择墙体外侧的面，如图 4-1-10 所示，按【Delete】键将其删除。

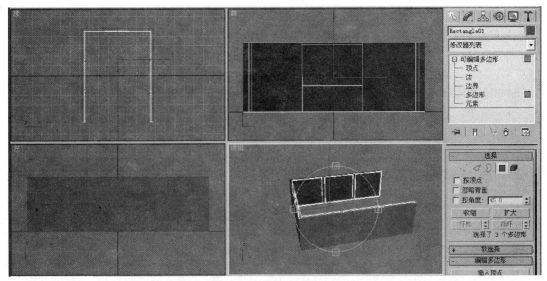

图 4-1-10 删除多余的面

提问：我在删除面的时候怎么把整个模型都删除掉了啊？

回答：在这里选择面的时候，一定要注意不能用"框选"的方法，"框选"会将墙体的多个面同时选择，所以在这里只能用"点选"的方式。

(10)单击"创建"→"平面"按钮，在顶视图中创建如图 4-1-11 所示的平面，将其命名为"地板"，在参数卷展栏中设置长度为 9500mm，宽度为 7500mm。

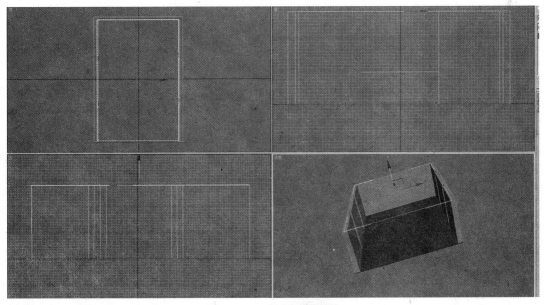

图 4-1-11 创建会议室地板

（11）单击"创建"——→"矩形"按钮，在顶视图中创建矩形，将其命名为"吊顶1"，在参数卷展栏中设置"长度"为9260mm，"宽度"为6960mm，调整对象至屋顶处作为吊顶模型的一部分，如图4-1-12所示。

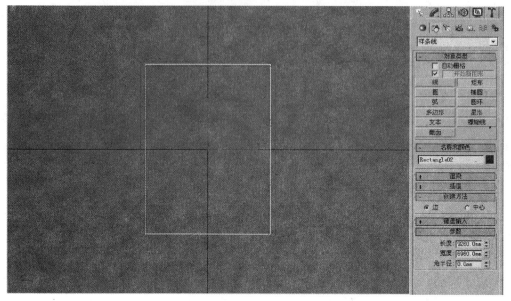

图4-1-12　创建矩形

（12）选择"吊顶1"，在"修改器列表"中选择"编辑样条线"选项，选择"顶点"子对象层级，然后通过"优化"命令添加顶点并根据墙体的切割线调整其位置，修改后的效果如图4-1-13所示。

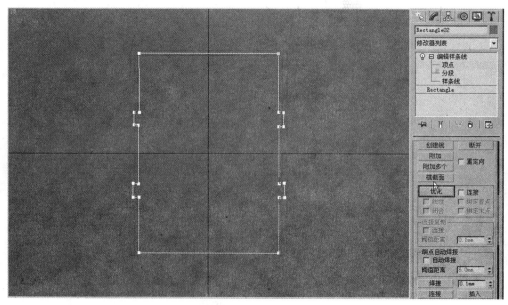

图4-1-13　调整顶点

（13）选择修改器堆栈中的"样条线"子对象层级，在"轮廓"按钮右侧的数值框中输入1200mm，效果如图 4-1-14 所示。

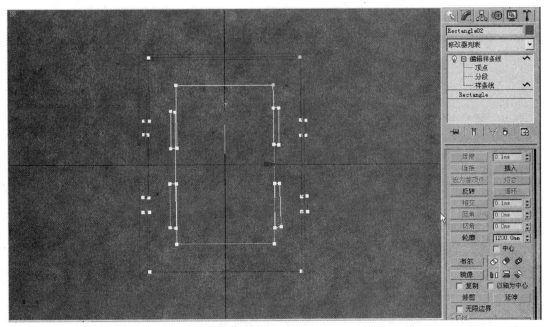

图 4-1-14 创建轮廓

（14）选择修改器堆栈中的"顶点"子对象层级，选择多余的顶点，按【Delete】键将其删除，效果如图 4-1-15 所示。

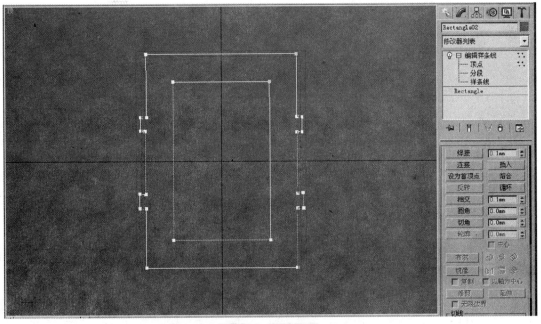

图 4-1-15 删除顶点

（15）在"修改器列表"中选择"挤出"修改器，设置"数量"参数为100mm，如图4-1-16所示。

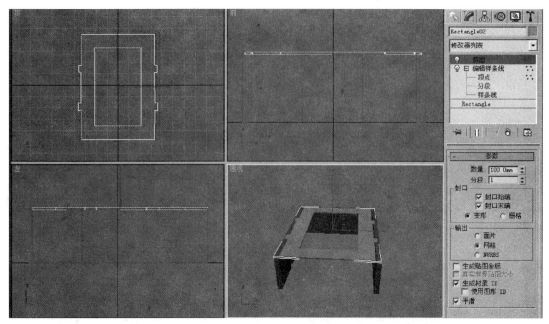

图4-1-16　设置挤出参数

（16）单击"创建"——→"平面"按钮，在顶视图中创建平面，将其命名为"吊顶2"，在"参数"卷展栏中设置"长度"为6858mm，"宽度"为4224mm，调整对象至"吊顶1"中间作为吊顶模型的一部分，如图4-1-17所示。

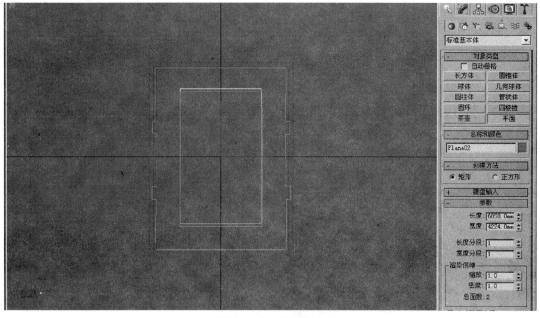

图4-1-17　创建平面

（17）单击"创建"──→"长方体"按钮，在顶视图中创建一个如图 4-1-18 所示的长方体，将其命名为"吊顶 3"，在"参数"卷展栏中设置"长度"为 5000mm，"宽度"为 2600mm，"高度"为 100mm，"长度分段"为 3，"宽度分段"为 3，"高度分段"为 1，调整对象至"吊顶 2"中间作为吊顶模型的一部分。

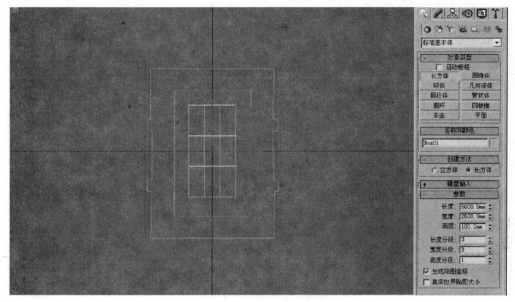

图 4-1-18　创建长方体

（18）在顶视图中选择"吊顶 3"并单击鼠标右键，在弹出的快捷菜单中将其"转换为可编辑多边形"。选择修改器堆栈中的"顶点"子对象层级，将长方体调整成如图 4-1-19 所示的形状。

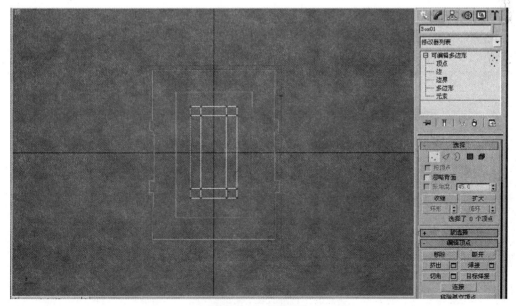

图 4-1-19　调整顶点

（19）选择修改器堆栈中的"多边形"子对象层级，在透视图中选择长方体中间的面，单击"挤出"按钮右侧的■按钮，在打开的"挤出多边形"对话框中，设置"挤出高度"为 -80mm，如图 4-1-20 所示。

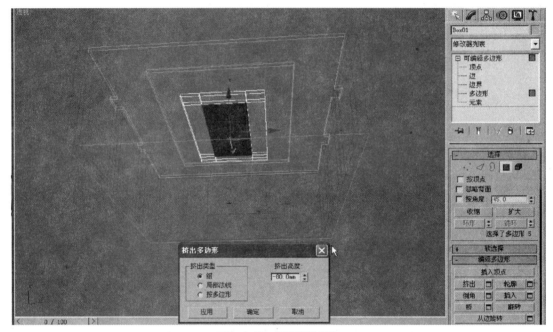

图 4-1-20   设置挤出参数

提问：透视图中会议室的模型怎么变成线框图了？

回答：在做复杂模型的时候，常常为了观察模型的线面关系，需要暂时将"平滑＋高光"的显示模式转换为"线框"显示模式。有时候为了能更好地观察模型，还需要将不必要的对象隐藏起来，以减少场景中线面的数量，轻松地看清楚所要选择的面。

（20）选择墙体对象，单击修改器堆栈中的"多边形"子对象层级，选中墙体正面窗户位置的多边形，按【Delete】键将其删除。如图 4-1-21 所示。

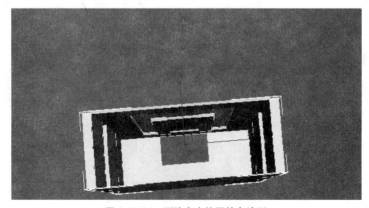

图 4-1-21   删除窗户位置的多边形

（21）选择"创建"——→"几何体"——→"窗"，然后单击"固定窗"按钮，在前视图中创建一个窗户模型，将其移至墙体正面位置，具体参数如图4-1-22所示。

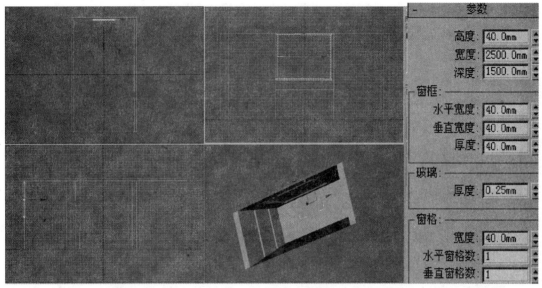

图4-1-22　创建窗户模型

（22）在左视图中创建一个长方体，"长度"是2660mm，"宽度"是500mm，"高度"是40mm，将其调整至墙体的凹面处，如图4-1-23所示。

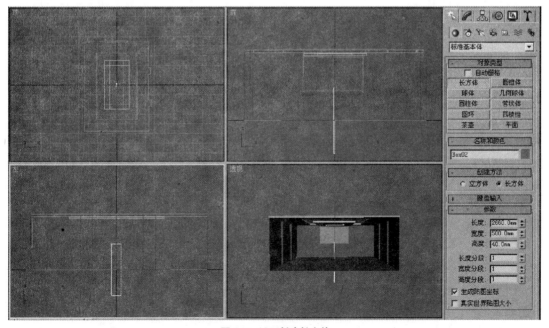

图4-1-23　创建长方体

（23）按住【Shift】键的同时拖拽长方体，对其进行 3 次复制，将复制的对象分别调整至墙体其余 3 个凹面处，如图 4-1-24 所示。

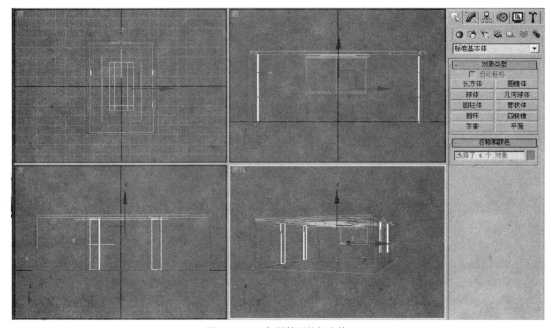

图 4-1-24　复制并调整长方体

4．相关知识与技能

1）布尔运算

（1）布尔运算主要是对两个以上的对象进行并集、差集、交集等运算，如图 4-1-25 所示，以得到新的造型。

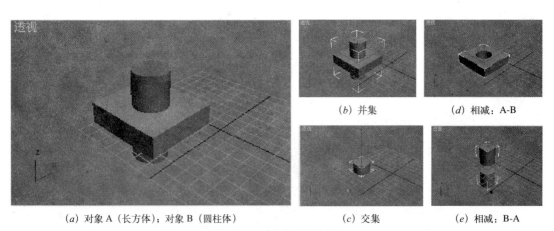

（a）对象 A（长方体）；对象 B（圆柱体）　　（c）交集　　（e）相减：B-A

图 4-1-25　布尔运算操作结果

原始的两个对象是操作对象（A 和 B），而布尔对象本身是操作的结果。对于几何体，布尔操作有如下有几种，面板如图 4-1-26、图 4-1-27 所示。

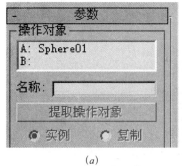
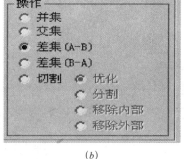
(a) (b)

图 4-1-26 参数卷展栏

(a) 操作对象；(b) 操作方式选择

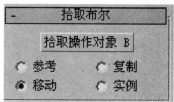

图 4-1-27 拾取布尔卷展栏

✓ 并集：进行运算的两个对象合并为一个对象，且将两个对象的相交部分删除。

✓ 交集：将两个运算对象重叠部分保留下来，将不相交的部分删除。

✓ 差集：从一个对象中减去另一个对象。在进行差集运算时，可选择不同的相减顺序，可以产生不同的运算结果。

✓ 切割：其中又分为优化、分割、移除内部、移除外部 4 种。

◇ 优化：是指可以在对象表面创建任意形状的选择区域，而不受网格的限制。

◇ 分割：是指可以将布尔运算的相交部分分离为目标对象的一个元素子对象。

◇ 移除内部：是指将运算对象的相交部分删除，并将目标对象创建为一个空心对象。

◇ 移除外部：是指将运算对象的相交部分创建为一个空心对象，将其他部分删除。

（2）布尔运算的拾取方式有 4 种，卷展栏如图 4-1-27 所示，这 4 个单选钮的选择决定了选择操作对象 B 的复制方法。

✓ 参考：将原始对象的一个关联复制品作为运算对象，进行运算后，对原始对象的操作会直接反映在运算对象上，但对运算对象所做的操作不会影响原始对象。

✓ 复制：将原始对象的一个复制品作为运算对象进行运算，不破坏原始对象。

✓ 移动：将原始对象直接作为运算对象进行运算后，原始对象消失。

✓ 实例：将原始对象的一个实例复制品作为运算对象进行布尔运算后，修改其中的一个将影响另外一个。

2）窗

使用窗对象，可以控制窗口外观的细节。此外，还可以将窗口设置为打开、部分打开或关闭，以及设置随时打开的动画，效果如图 4-1-28 所示。3ds Max 9.0 提供了 6 种对象，分别是遮篷式窗、平开窗、固定窗、旋开窗、伸出式窗、推拉窗。

在创建每一种窗户时，需要定义窗户的 4 个顶点。4 个顶点由两次拖动鼠标来确定。以其中的固定窗为例进行简单介绍，固定窗效果图

图 4-1-28 窗的模型

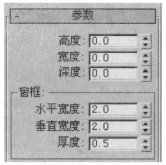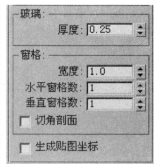

图 4-1-29　固定窗效果图　　　　　　　　　　　图 4-1-30　固定窗参数设置

如图 4-1-29 所示。固定窗不能被打开，其相关参数如图 4-1-30 所示。

✓ 高度 / 宽度 / 深度：指定窗户多维空间上的各个尺寸。

✓ 窗框选项组分为以下几项。

　　◇ 水平宽度：设置窗户框架水平方向（即上部和下部）上的宽度。

　　◇ 垂直宽度：设置窗户垂直方向（即窗户侧沿）上的宽度。

　　◇ 厚度：设置框架的厚度。

✓ 玻璃选项组（厚度）：指定玻璃的厚度。

✓ 窗格选项组分为如下几项。

　　◇ 宽度：设置围栏的宽度。

　　◇ 水平窗格数：设置窗户水平方向上的分割数。

　　◇ 垂直窗格数：设置窗户垂直方向上的分割数。

5. 拓展与技巧

AEC Extended（AEC 扩展）：

"AEC 扩展"对象专为在建筑、工程和构造领域中使用而设计。单击"创建"——"几何体"——"AEC 扩展"即可打开该面板。其中包括：植物如图 4-1-31 所示、栏杆如图 4-1-32 所示、墙如图 4-1-33 所示三种类型。这些建模方式都比较简单，在此只对植物对象进行简单的介绍。

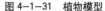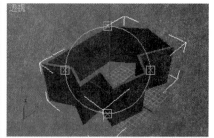

图 4-1-31　植物模型　　　　　图 4-1-32　栏杆模型　　　　　图 4-1-33　墙模型

在创建时，先在收藏的植物面板中单击选择一种模型如图 4-1-34 所示，然后在视图中单击鼠标，则在鼠标单击处即可创建默认形状的植物。所建植物参数面板如图 4-1-35 所示。

图 4-1-34 收藏植物选项

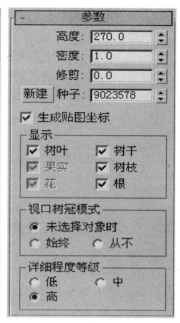

图 4-1-35 植物参数设置

✓ 高度：用于近似控制植物的高度。

✓ 密度：用于控制植物的树叶或花朵的数量。数值 1 表示显示植物的全部花叶，0.5 表示显示一半的花叶，0 表示不显示花叶。如图 4-1-36 所示是两种植物不同密度值时的效果。

图 4-1-36 不同密度参数的植物

✓ 修剪：只适用于具有树枝的植物。值为 0 表示不进行修剪；值为 5 表示根据一个比构造平面高出一半高度的平面进行修剪；值为 1 表示尽可能修剪植物上的所有树枝。如图 4-1-37 所示是三种植物不同修剪值时的效果。

图 4-1-37 不同修剪参数的植物

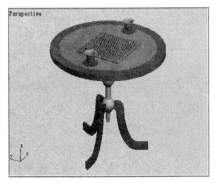

图 4-1-38　桌子

✓ 种子：用于控制同一物种的不同表示方法的创建，设置枝杈和树叶的位置、形状以及角度的随机数，以呈现出不同的效果。

6. 创新作业

创建如图 4-1-38 所示的桌子。

（1）创建圆环，添加挤出修改器挤出一定的厚度，制作出桌面外圈的造型。

（2）利用圆弧创建 90° 圆心角扇形的形状并使用挤出修改器将其挤出与圆环一样的厚度，再对扇形进行阵列制作出桌面的造型。

（3）利用线和车削修改器创建出桌子支撑架，桌子支撑架与桌面的中心对齐。

（4）利用线、轮廓和倒角修改器命令制作成桌子腿模型，并将桌子腿阵列出其他两条。

（5）利用线和车削修改器创建茶杯和碟子。

（6）利用长方体、线、球体制作出棋盘放置在桌面上。

4.2　任务二：室内模型的制作以及材质的编辑——建筑材质的运用

1. 任务描述

在制作过程中会发现，随着布光与材质调节的逐步深入，效果也会变得越来越生动。通过不断调节材质的各个参数，以获得更加细腻的效果。材质的制作万变不离其宗，调整上基本上相同。灯光是效果图中模拟自然光照效果最重要的方式，掌握正确的灯光设置方法，就可以得到令人满意的照明效果。本任务主要完成室内其他模型的制作、材质的编辑、日光系统的创建和光能传递，具体效果如图 4-2-77 所示。

2. 任务分析

利用线绘制一个曲线作为放样截面，创建一条直线作为放样路径，利用复合对象中的放样按钮制作窗帘；利用"可编辑多边形"中的多边形子层级，对墙面进行切割，并挤出选中的墙面制作出墙体装饰面；利用扩展基本体中的"切角长方体"、"FFD 4×4×4"修改器、"可编辑样条线"和"挤出"修改器制作沙发和茶几，并将沙发复制多次放到会议室合适的位置；创建长方体，添加"编辑网格"修改器，在"编辑网格"修改器堆栈中选择多边形子层级，将长方体中间的面挤出制作画框；利用圆环和圆柱体制作筒灯模型。基于完成的室内模型，创建物体材质并赋予该物体；创建日光系统和进行光能传递。

3. 方法与步骤

> **提示：**
> ① 制作窗帘模型；② 制作墙体装饰面；③ 制作沙发模型；④ 制作茶几、画框及筒灯的模型；⑤ 材质的编辑；⑥ 创建日光系统和进行光能传递。

1）制作窗帘模型

（1）单击"创建"——→"线"按钮，在顶视图中绘制一个波浪状曲线图形作为放样截面，在前视图中创建一条直线作为放样路径，如图4-2-1所示。

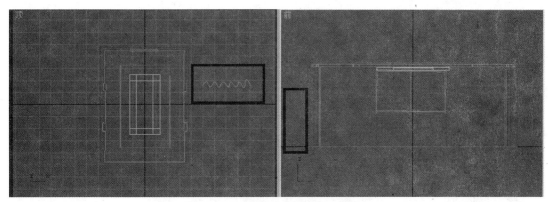

图4-2-1 创建放样截面和放样路径

提问：在画线的时候，如果我中途断掉了，以后又想接着原来的顶点继续延伸这条线，这时如何捕捉到上次的那个顶点，才能保证没有缝隙？

回答：启动捕捉命令且选择捕捉顶点类型，则可将两个点确定在同一位置，要将相同位置的两个点合并成一个顶点，需启动焊接命令，分两次画的线就可成为完整的样条曲线。

（2）选择直线对象，单击"创建"——→"几何体"——→"复合对象"选项，单击"放样"按钮，在顶视图中拾取放样截面，制作出窗帘，效果如图4-2-2所示。

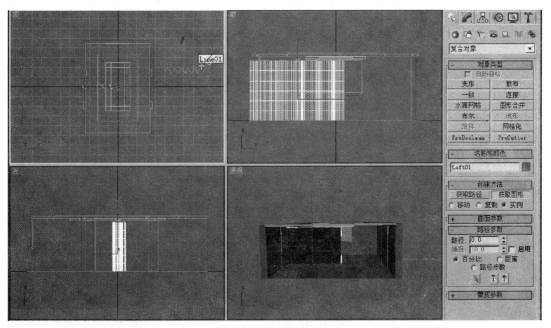

图4-2-2 "放样"制作窗帘

(3)对放样对象进行复制,将复制的对象调整至窗户对象的另一侧,并将其沿X轴方向缩小,改变窗帘宽度的大小，如图 4-2-3 所示。

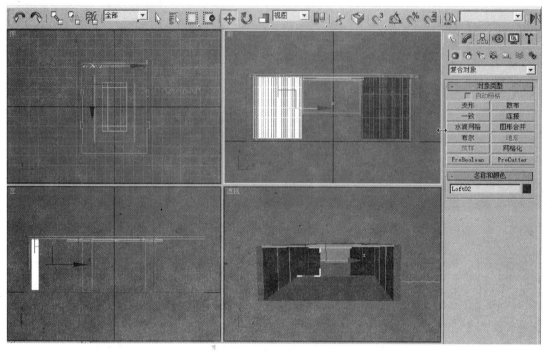

图 4-2-3 复制并调整对象

2）制作墙体装饰面

（1）选择墙体对象，进入修改器堆栈中的"多边形"子对象层级，对墙面进行切割，如图 4-2-4 所示。

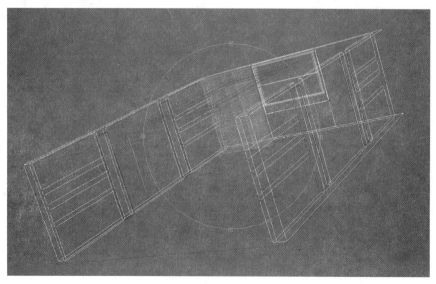

图 4-2-4 切割墙面

（2）选择刚切割出来的面，单击"挤出"按钮右侧的按钮，在打开的"挤出多边形"对话框中，设置"挤出高度"为 -30mm，如图 4-2-5 所示。

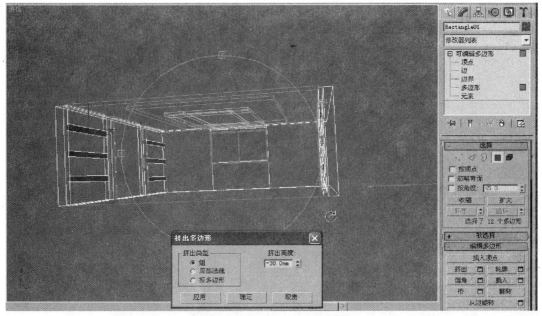

图 4-2-5　设置挤出参数

（3）在顶视图中创建一个长方体，在参数卷展栏中设置"长度"为 200mm，"宽度"为 1800mm，"高度"为 40mm，"圆角"为 15mm，"长度分段"为 1，"宽度分段"为 1，"高度分段"为 1，作为房间吊顶中间部分的装饰条，然后对其复制出另外的三个装饰条，并将这些对象调整至如图 4-2-6 所示的位置。

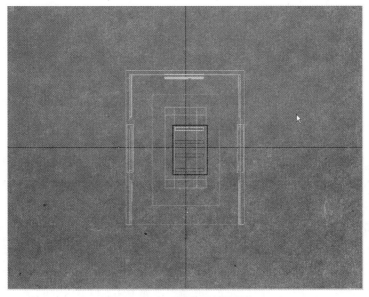

图 4-2-6　创建顶面装饰条

（4）在场景中创建一个长方体，在参数卷展栏中设置"长度"为2660mm，"宽度"为400mm，"高度"为40mm，然后复制出其他三个长方体，并将这些对象调整至合适位置，作为墙面的装饰条对象，效果如图4-2-7所示。

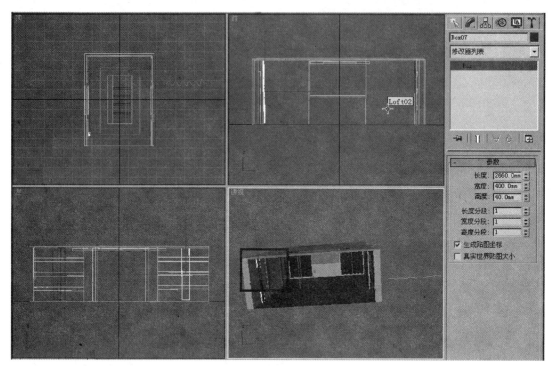

图4-2-7   创建装饰条

提问：我的坐标轴原来是红绿蓝色的，怎么变成了灰色？

回答：需要按快捷键【X】激活动态坐标。

3）制作沙发模型

（1）选择"几何体"━━━"扩展基本体"，单击"切角长方体"按钮，在顶视图中创建一个切角长方体作为沙发的底座，在参数卷展栏中设置"长度"为600mm，"宽度"为650mm，"高度"为120mm，"圆角"为15mm，如图4-2-8所示。

（2）在前视图中创建一个如图4-2-9所示的切角长方体作为沙发的扶手，在参数卷展栏中设置"长度"为600mm，"宽度"为1200mm，"高度"为500mm，"圆角"为15mm。

（3）把场景中其他的模型选择并隐藏起来，选择沙发扶手，复制出另一侧的扶手，调整位置至如图4-2-10所示。

（4）在顶视图中创建一个切角长方体作为沙发坐垫，在参数卷展栏中设置"长度"为450mm，"宽度"为600mm，"高度"为120mm，"圆角"为15mm，"长度分段"为5，"宽度分段"为5，"高度分段"为1，"圆角分段"为3，并调整至如图4-2-11所示的位置。

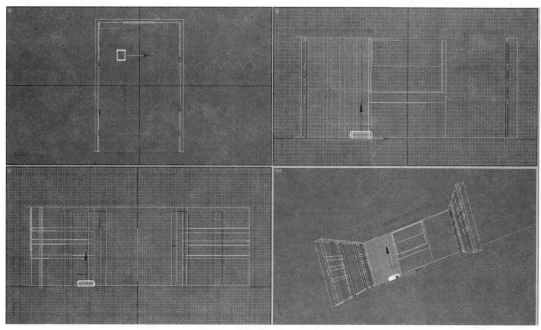

图 4-2-8 创建切角长方体

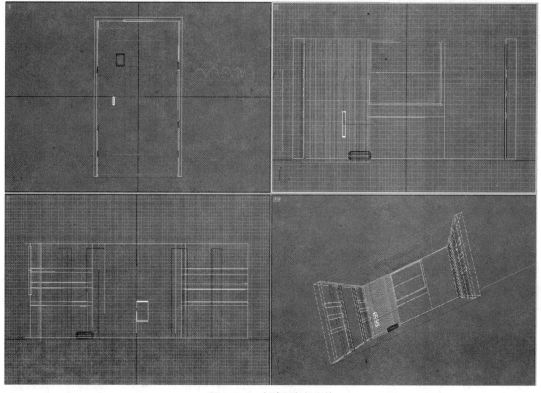

图 4-2-9 创建切角长方体

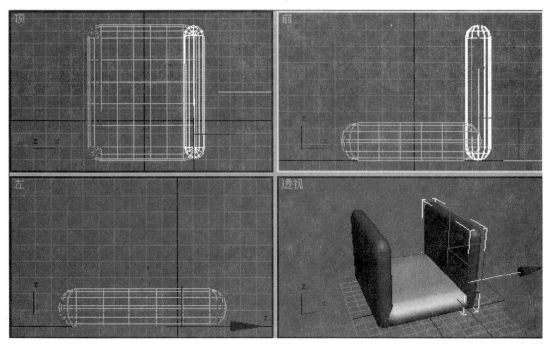

图 4-2-10   复制并调整长方体

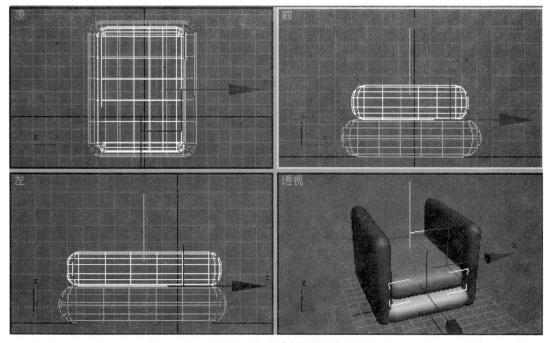

图 4-2-11   创建切角长方体

（5）打开"修改"面板，在"修改器列表"中选择"FFD 4×4×4"修改器，选择"控制点"层级，在前视图中选择如图 4-2-12 所示的控制点，沿着 Y 轴将其向上拖拽至合适位置。

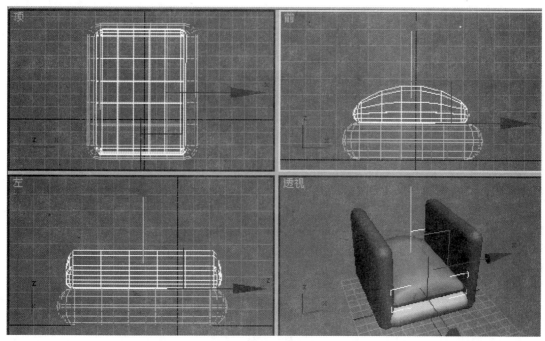

图 4-2-12 拖拽控制点

（6）在顶视图中创建一个切角长方体作为沙发靠背，在参数卷展栏中设置长度为 120mm，宽度为 600mm，高度为 600mm，圆角为 15mm，长度分段为 1，宽度分段为 5，高度分段为 5，圆角分段数为 3，如图 4-2-13 所示。

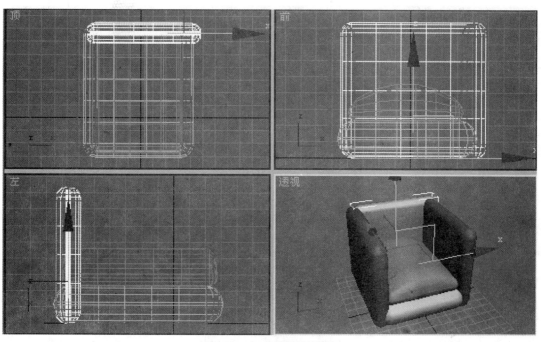

图 4-2-13 创建切角长方体

（7）在"修改器列表"中选择"FFD 4×4×4"修改器，用与第（5）步相同的方法，调整靠背的形状，如图 4-2-14 所示。

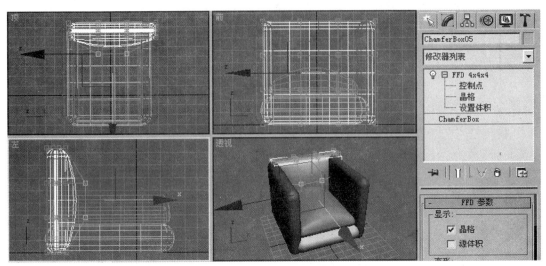

图 4-2-14　调整切角长方体形状

（8）在顶视图中创建一个切角长方体，在参数卷展栏中设置长度为 60mm，宽度为 60mm，高度为 150mm，圆角为 5mm，长度分段为 5，宽度分段为 1，高度分段为 1，圆角分段为 1，并将其复制 3 次，然后将这些对象调整至如图 4-2-15 所示的位置，作为沙发腿。

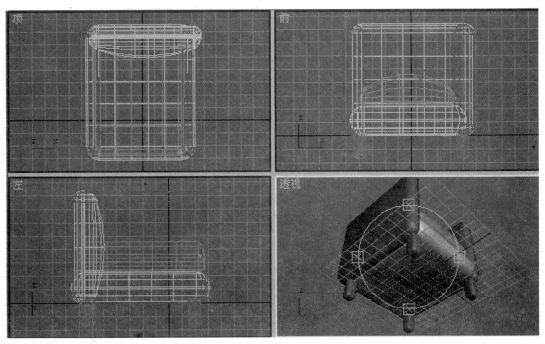

图 4-2-15　创建沙发腿

（9）将沙发对象复制一次，删除多余的切角长方体，并对底座切角长方体的长度进行修改，组合成一个双人沙发模型，如图4-2-16所示。

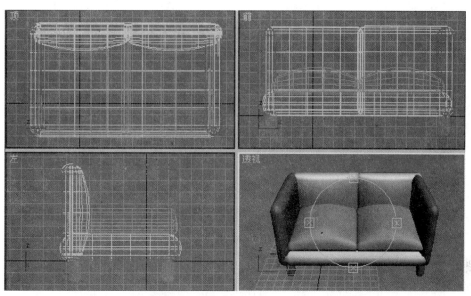

图4-2-16 复制并组合成双人沙发

（10）对单人沙发和双人沙发对象进行旋转和镜像复制，并将其位置在顶视图和前视图分别调整至如图4-2-17所示的位置。

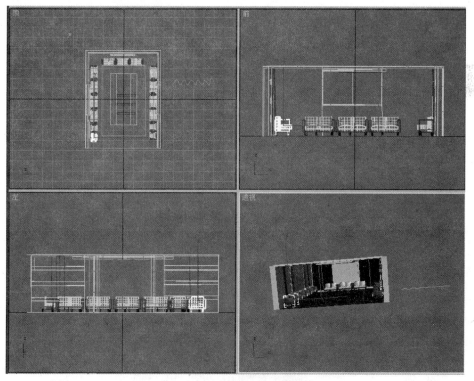

图4-2-17 复制并调整沙发位置

4）制作茶几、画框及筒灯的模型

（1）在顶视图中创建一个矩形，在参数卷展栏中设置长度为1717mm，宽度为1092mm，单击鼠标右键，将其转换为"可编辑样条线"，使用"轮廓"命令将其修改为双线框形状。在"修改器列表"中选择"挤出"修改器，设置其"数量"为50mm，如图4-2-18所示。

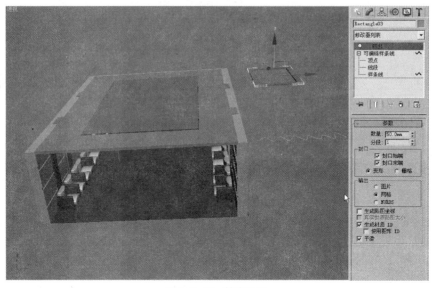

图 4-2-18　挤出设置

（2）在顶视图中创建一个长方体作为桌面，创建四个相同尺寸的长方体作为桌腿，然后对桌子对象进行多次复制，并调整至如图4-2-19所示的位置。

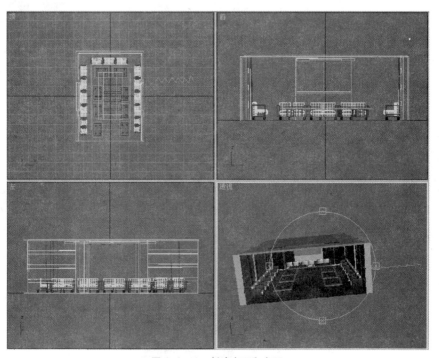

图 4-2-19　创建桌面和桌腿

（3）在左视图中创建一个长方体作为画框，在"修改器列表"中选择"编辑网格"修改器，选择 "多边形"层级，在透视图中选择长方体的中间面，设置"挤出"为 -20mm，如图 4-2-20 所示，并将画框复制移至墙体右侧中间位置。

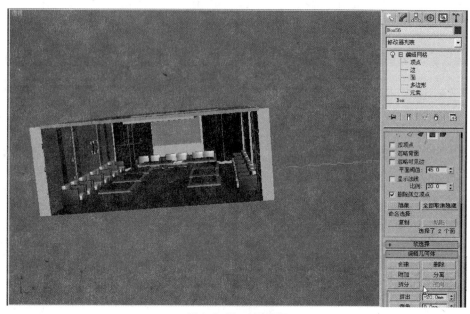

图 4-2-20 创建画框

（4）在场景中创建一个圆环和一个圆柱体，将其组合成筒灯模型，然后对其进行多次复制并分布在天花板上，如图 4-2-21 所示。

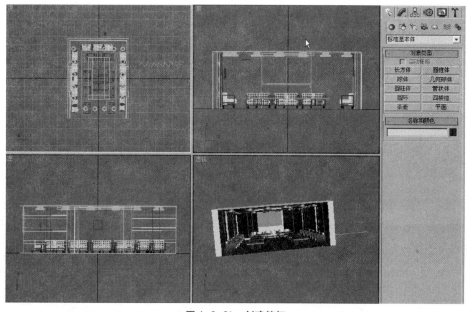

图 4-2-21 创建筒灯

5）材质的编辑

（1）按【M】键打开"材质编辑器"窗口，选择一个材质样本球，将其命名为"天花板"，如图 4-2-22 所示；单击此材质样本名称右侧的 Standard 按钮。在弹出的"材质 / 贴图浏览器"对话框中，选择"建筑"选项并将其打开，如图 4-2-23 所示。

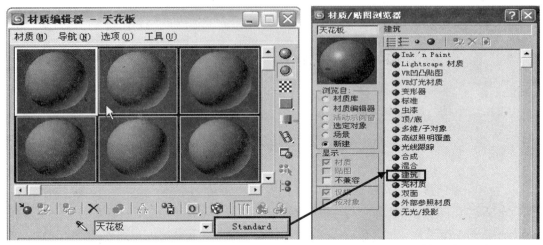

图 4-2-22　创建"天花板"材质　　　　　　图 4-2-23　选择"建筑"选项

提问：在建模过程中要给模型对象起名字，为什么还要给材质命名？

回答：为材质命名是一个好的习惯，尤其是当编辑的材质比较多时更是如此。因为在建模过程中有时要将多个场景合并在一起，这时场景中的对象比较多，相应的材质也比较多，所以要尽量将材质命名以示区分。

（2）单击漫反射右侧的色块，设置其颜色参数如图 4-2-24 所示。然后设置此材质的其他各项参数，如图 4-2-25 所示；将该材质赋予天花板对象。

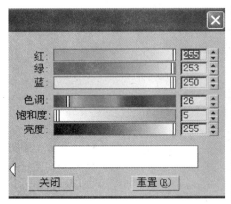

图 4-2-24　设置颜色参数

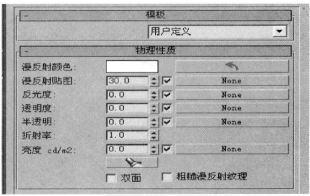

图 4-2-25　设置材质参数

（3）选择下一个材质样本球，将其命名为"吊顶装饰条"，将此材质转换为建筑材质，设置漫反射颜色参数如图 4-2-26 所示，调整其他参数如图 4-2-27 所示，将该材质赋予顶面装饰条对象。

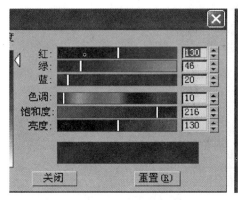
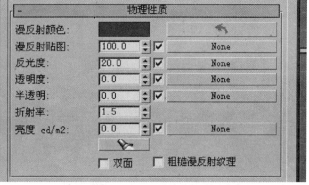

图 4-2-26 设置颜色参数　　　　　图 4-2-27 调整材质参数

（4）选择下一个材质样本球，将其命名为"墙体"。单击 Standard 按钮，在打开的"材质/贴图浏览器"对话框中，双击"多维/子对象"选项，在"多维子/对象基本参数"卷展栏中单击 设置数量 按钮，在弹出的"设置材质数量"对话框中，将"材质数量"设为 3，如图 4-2-28 所示。

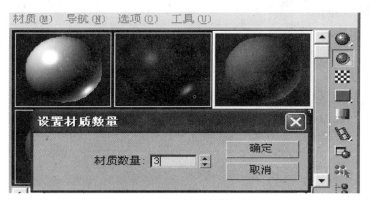

图 4-2-28 设置材质数量

（5）选择 ID 号为 1 的子材质，将其转换为建筑材质。单击漫反射右侧的色块，设置其颜色参数如图 4-2-29 所示，并设置此材质的其他各项参数如图 4-2-30 所示。

（6）选择 ID 号为 2 的子材质，将其转换为建筑材质。单击漫反射右侧的色块，设置其颜色参数如图 4-2-31 所示，设置此材质的其他各项参数如图 4-2-32 所示。

（7）选择 ID 号为 3 的子材质，将其转换为建筑材质。单击漫反射右侧的色块，设置其颜色参数如图 4-2-33 所示，设置此材质的其他各项参数如图 4-2-34 所示，然后将该材质球的材质赋予墙体对象。

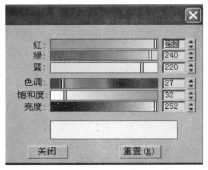

图 4-2-29 设置颜色参数

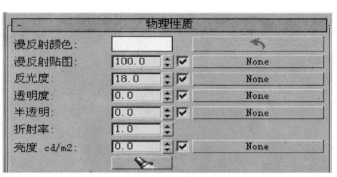

图 4-2-30 设置材质参数

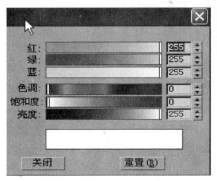

图 4-2-31 设置颜色参数

图 4-2-32 设置材质参数

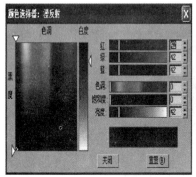

图 4-2-33 设置颜色参数

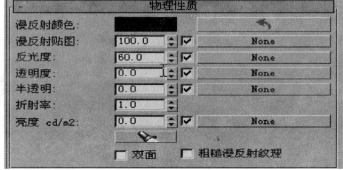

图 4-2-34 设置材质参数

（8）在透视图中选择墙体对象，在修改器堆栈中选择"多边形"层级，选择如图 4-2-35 所示的面，将其 ID 号设置为 1。

（9）在透视图中选择放置窗帘的那面墙，如图 4-2-36 所示的面，将其 ID 号设置为 2，如图 4-2-36 所示。

（10）在透视图中选择左右墙体上凹下的面，如图 4-2-37 所示的面，将其 ID 号设置为 3，如图 4-2-37 所示。

（11）选择下一个材质样本球，将其命名为"墙体装饰条"，将该材质转换为建筑材质。单击漫反射右侧的色块，设置其颜色参数如图 4-2-38 所示，设置此材质的其他各项参数如图 4-2-39

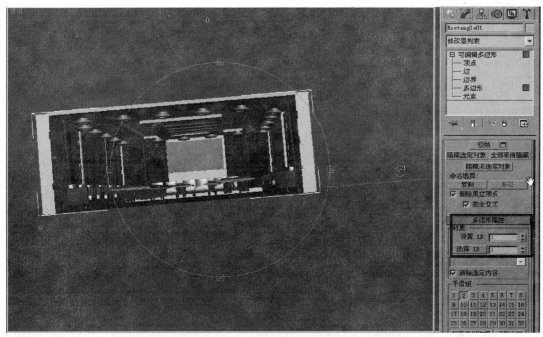

图 4-2-35 选择相应的面并设置 ID 号

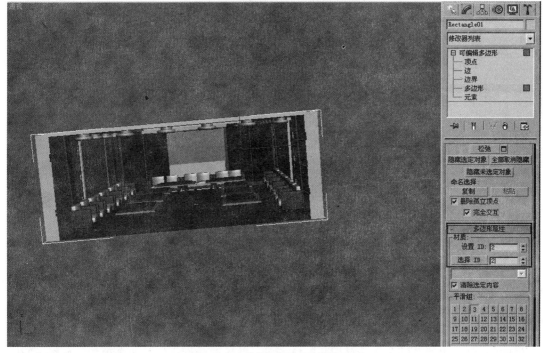

图 4-2-36 选择相应的面并设置 ID 号

所示，然后将该材质赋予墙体处的装饰条对象。

（12）选择下一个材质样本球，将其命名为"窗帘"，将此材质转换为建筑材质。在模板列表框中选择"纺织品"，单击漫反射右侧的色块，设置其颜色参数如图 4-2-40 所示，并设置此

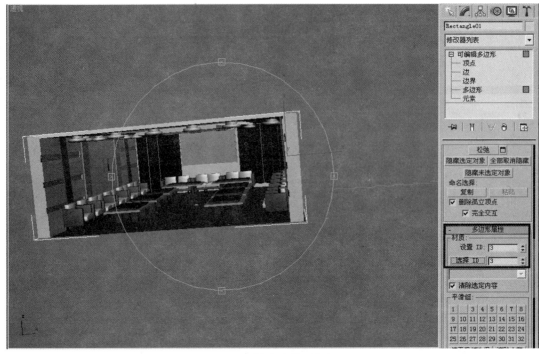

图 4-2-37　选择相应的面并设置 ID

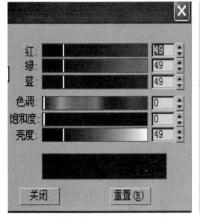

图 4-2-38　设置颜色参数

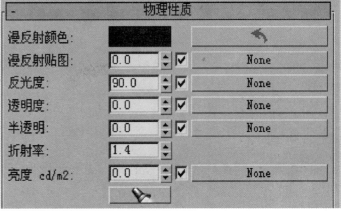

图 4-2-39　设置材质参数

材质的其他各项参数如图 4-2-41 所示，然后将该材质赋予窗帘对象。

（13）选择下一个材质样本球，将其命名为"沙发 1"，并将其转换为建筑材质。单击漫反射右侧的色块，设置其颜色参数如图 4-2-42 所示，并设置此材质的其他各项参数如图 4-2-43 所示，然后将该材质赋予沙发底座和扶手对象。

（14）选择下一个材质样本球，将其命名为"沙发 2"，并将其转换为建筑材质。在模板中设置材质类型为"纺织品"，单击漫反射右侧的色块，设置其颜色参数，如图 4-2-44 所示，设置此材质的其他各项参数如图 4-2-45 所示，然后将该材质赋予沙发靠背和坐垫对象。

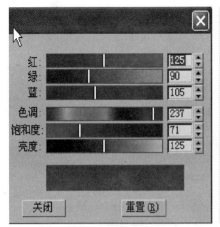

图 4-2-40 设置颜色参数

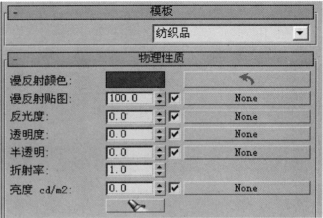

图 4-2-41 设置材质参数

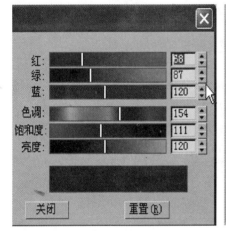

图 4-2-42 设置颜色参数

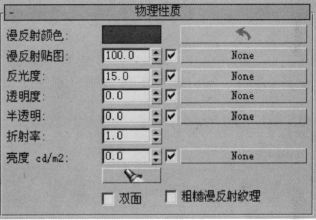

图 4-2-43 设置材质参数

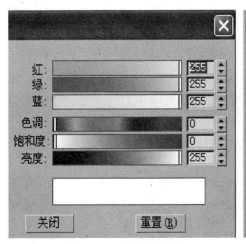

图 4-2-44 设置颜色参数

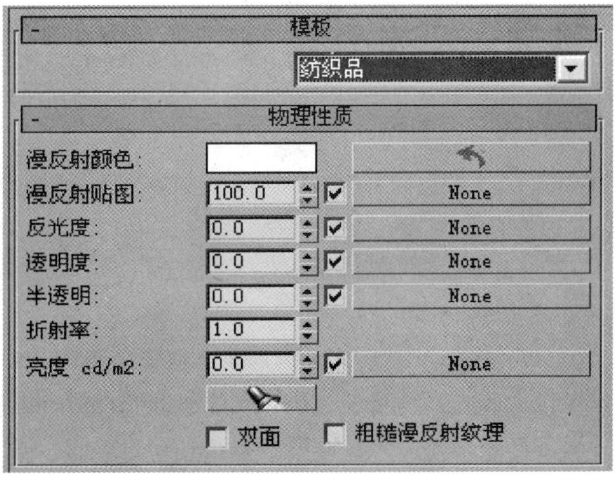

图 4-2-45 设置材质参数

（15）选择下一个材质样本球，将其命名为"沙发腿"，并将其转换为建筑材质。在模板中设置材质类型为"金属—擦亮的"，单击漫反射右侧的色块，设置其颜色参数，如图4-2-46所示；并设置此材质的其他各项参数，如图4-2-47所示，然后将该材质赋予沙发腿对象。

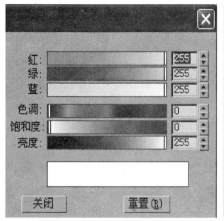

图 4-2-46　设置颜色参数   图 4-2-47　设置颜色参数

（16）选择下一个材质样本球，将其命名为"茶几腿"，并将其转换为建筑材质。在模块列表框中选择"油漆光泽的木材"，单击漫反射右侧的色块，设置其颜色参数，如图4-2-48所示；并设置此材质的其他各项参数，如图4-2-49所示，然后将该材质赋予茶几腿对象。

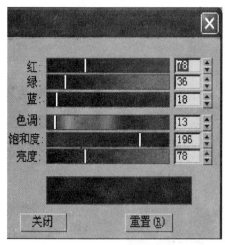
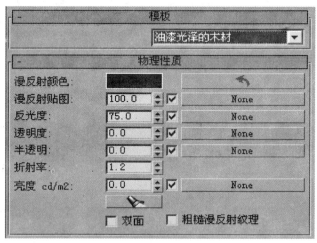

图 4-2-48　设置材质参数   图 4-2-49　设置颜色参数

（17）选择下一个材质样本球，将其命名为"桌面"，并将其转化为建筑材质。单击漫反射贴图右侧的"None"按钮，在弹出的"材质／贴图浏览器"对话框中，选择"位图"选项并将其打开，如图4-2-50所示；在打开的"选择位图图像文件"对话框中，选择本书配套素材中第4章 \Maps 目录下的"大理石 .jpg"图像文件作为贴图，如图4-2-51所示。

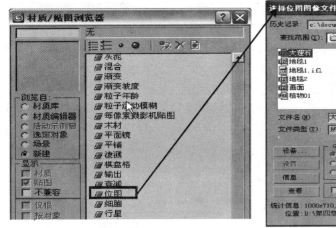
图4-2-50　选择"位图"选项

图4-2-51　选择贴图图像文件

（18）在模块列表框中选择"石材"，设置此材质的其他各项参数如图4-2-52所示，然后将该材质赋予茶几桌面对象。

（19）选择下一个材质样本球，将其命名为"地毯"，并将其转化为多维/子对象材质，设置"材质数量"为2，如图4-2-53所示。

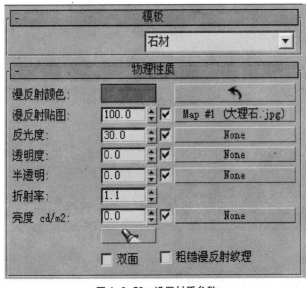
图4-2-52　设置材质参数

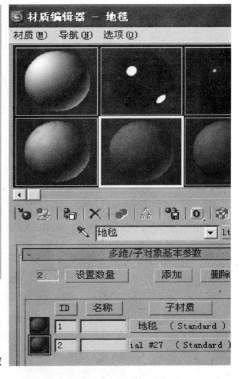

图4-2-53　设置材质参数

（20）单击ID号为1的材质右侧的长条形按钮，将其转换为建筑材质，选择本书配套素材中第4章\Maps目录下的"地毯1.jpg"图像文件作为贴图，设置其他参数如图4-2-54所示。

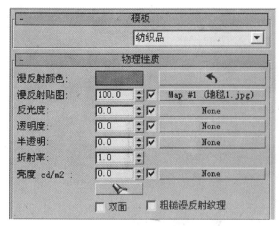

图 4-2-54　设置参数

图 4-2-55　选择贴图图像文件

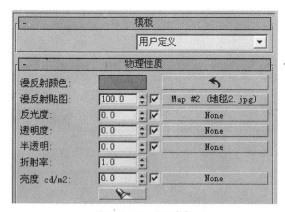

图 4-2-56　设置参数

（21）单击 ID 号为 2 的材质右侧的长条形按钮，将其转换为建筑材质，选择本书配套素材中第 4 章 \Maps 目录下的"地毯 2.jpg"图像文件作为贴图，如图 4-2-55 所示，设置其他参数如图 4-2-56 所示，将该材质球的材质赋予地毯对象。

（22）选择地面对象，将其转换为可编辑网格，选择如图 4-2-57 所示的面，并设置其 ID 号为 1。

（23）选择如图 4-2-58 所示的面，将其 ID 号设置为 2。

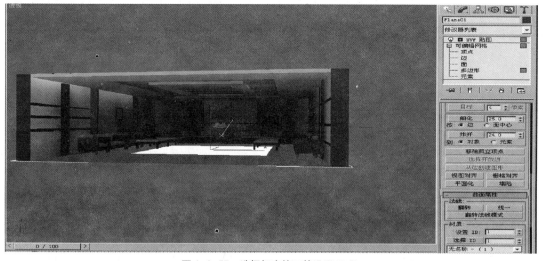

图 4-2-57　选择相应的面并设置 ID 号

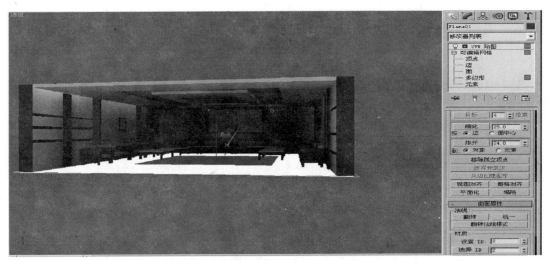

图 4-2-58　选择相应的面并设置 ID 号

(24) 在透视图中选择画框对象，在修改器堆栈中选择"可编辑网格"命令的"多边形"层级，选择如图 4-2-59 所示的面，将其 ID 号设置为 1。

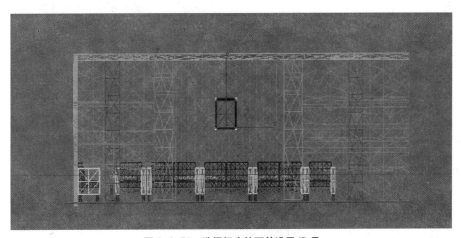

图 4-2-59　选择相应的面并设置 ID 号

(25) 选择如图 4-2-60 所示的面，将其 ID 号设置为 2。

(26) 选择下一个材质样本球，将其命名为"画"，并将其转换为多维 / 子对象，设置"材质数量"为 2。单击 ID 号为 1 的材质右侧的长条形按钮，将其转换为建筑材质，单击漫反射右侧的色块，设置其颜色参数如图 4-2-61 所示，然后设置其他参数如图 4-2-62 所示。

图 4-2-60　选择相应的面并设置 ID 号

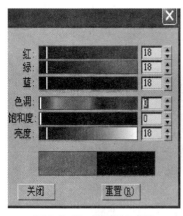

图 4-2-61　设置颜色参数

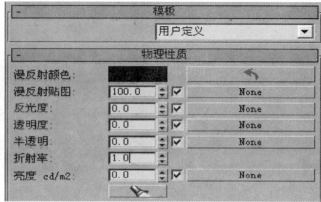

图 4-2-62　设置材质参数

（27）将 ID 号为 2 的材质转换为建筑材质，选择本书配套素材第四章 \Maps 目录下的"画面 .jpg"图像文件作为贴图如图 4-2-63 所示，设置其他参数如图 4-2-64 所示。

图 4-2-63　选择贴图图像文件

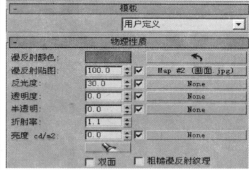

图 4-2-64　设置材质参数

（28）选择下一个材质样本球，将其命名为"玻璃"，并将其转换为建筑材质。在模块列表框中选择"玻璃—半透明"，单击漫反射右侧的色块，设置其颜色参数如图 4-2-65 所示，并设置此材质的其他各项参数如图 4-2-66 所示，然后将该材质赋予窗户玻璃对象。

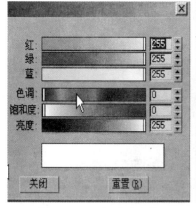

图 4-2-65　设置颜色参数

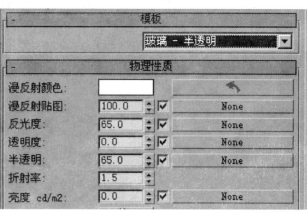

图 4-2-66　设置材质参数

(29) 用上述相同的方法，为窗户框设置材质。最终材质效果如图 4-2-67 所示。

图 4-2-67　材质效果

6) 创建日光系统和进行光能传递

(1) 单击"创建"—→"摄影机"—→"目标"按钮，在视图中创建一架目标摄影机。激活透视图，按【C】键切换至摄影机视图，然后对其参数进行如图 4-2-68 所示的调整。

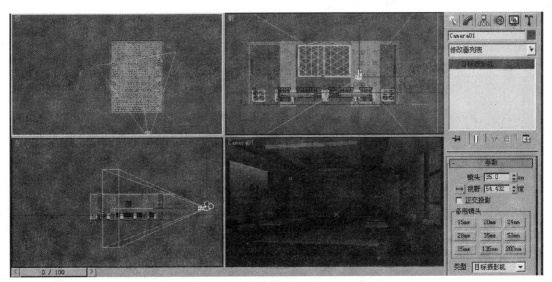

图 4-2-68　创建目标摄影机并调整参数

（2）单击"创建"——→"系统"——→"日光"按钮，在视图中创建日光系统，并将其调整至合适的位置，模拟太阳光从窗外射入室内，如图4-2-69所示。

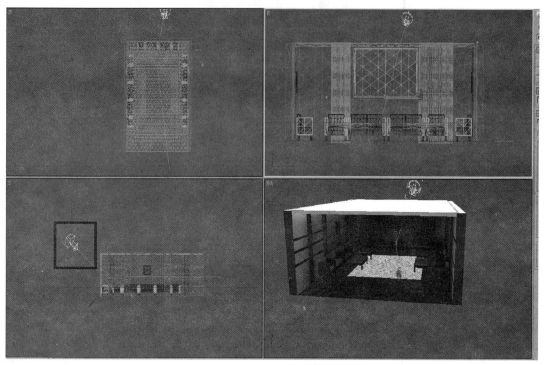

图4-2-69　创建日光系统

（3）在视图中选择创建的日光系统，打开"修改"面板，设置其参数如图4-2-70所示。

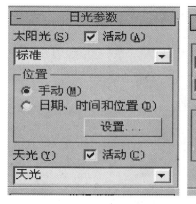
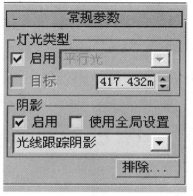
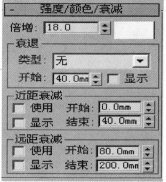

图4-2-70　设置日光参数

（4）单击"渲染"——→"高级照明"——→"光能传递"命令，打开"渲染场景：默认扫描线渲染器"窗口，在"高级照明"选项卡中设置参数如图4-2-71所示。

提问：光线跟踪与光能传递的区别？

回答：光线跟踪主要是做类似反射折射这类的模拟，比如表现金属和玻璃，一般都是计算光线的传播路线，所以叫光线跟踪。光能传递是表现泛光、散射等高级的大自然光线现象，同样是类似计算光线，但是光线所接触的地方都会因为光线的颜色而被影响，比如白纸上的红色球体，那么白纸上会有些发红，这就是光能传递。

（5）展开"光能传递网格参数"卷展栏和"渲染参数"卷展栏，设置相应参数如图4-2-72所示。

（6）单击"开始"按钮进行光能传递计算，完成后的模型效果如图4-2-73所示。

（7）单击"光能传递处理参数"卷展栏中的"设置"按钮，在打开的"环境和效果"窗口中，设置参数如图4-2-74所示，然后单击"背景"选项区的颜色色块，设置背景色参数如图4-2-75所示。

（8）在"公用"选项卡中的"公用参数"卷展栏中，设置输出大小，如图4-2-76所示。

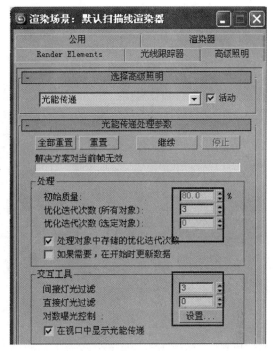

图4-2-71 设置参数

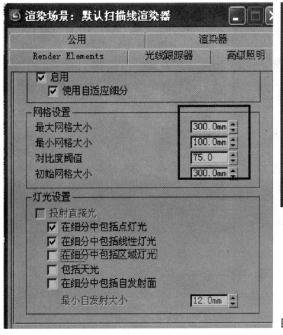

(a)

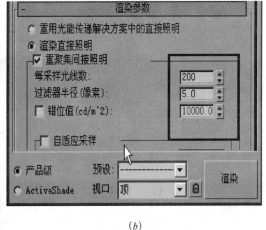

(b)

图4-2-72 设置参数

(a) 网格设置；(b) 渲染参数

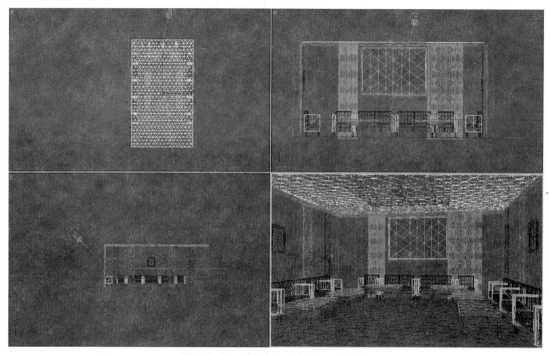

图 4-2-73　进行光能传递计算后的效果

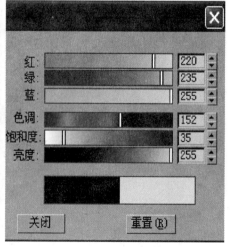

图 4-2-74　设置参数　　　　　　　图 4-2-75　设置背景色参数

（9）将场景渲染输出，并将其保存下来，效果如图 4-2-77 所示。

4. 相关知识与技能

1）材质编辑器介绍

单击"渲染"——→"材质编辑器"命令或单击主工具栏中的材质编辑器 ▒ 按钮或按下【M】键，就可以打开材质编辑器对话框，如图 4-2-78 所示。

（1）示例窗。"示例窗"位于材质编辑器对话框的最上部。它的作用是显示材质效果的窗口，默认状态下都是以黑色边框显示，当前正在编辑的材质称为激活材质，且具有白色边框。窗口中默认显示出 6 个示例球，用鼠标在"示例窗"上右击，在调出的快捷菜单中可以选择示例窗格的数目，图 4-2-79 所示。

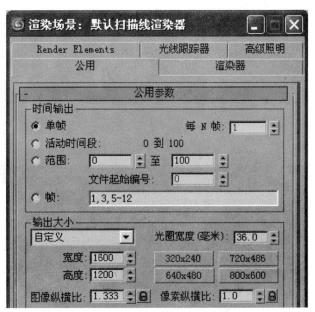

图 4-2-76 设置输出大小

图 4-2-77 渲染效果

（2）常用工具栏按钮。"示例窗"下面和右侧各有一个工具栏。工具栏内有多个按钮，集合了改变各种材质和贴图的命令。

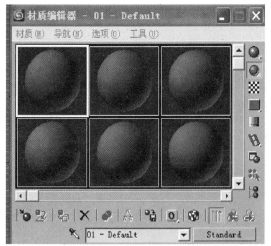

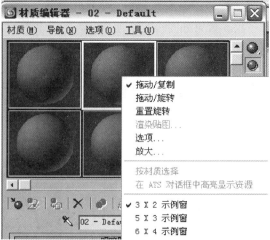

图 4-2-78　材质编辑器对话框　　　　　　　图 4-2-79　材质示例窗

✓ 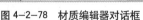 "样本类型"：单击该按钮，可以改变示例窗中用来显示材质对象的类型。有 3 种方式可供选择，分别为●球体、●立方体和●圆柱体。

✓ ● "背光"：设置在样本球后是否显示背光效果。

✓ ▓ "背景"：单击该按钮，便于观察透明材质，其背景显示为棋盘格。

✓ ▦ "采样平铺"：改变贴图在示例球上的平铺次数，对效果图中的三维物体不起作用。

✓ ⬚ "按材质选择"：可以通过该按钮选择场景中赋予当前材质球材质的对象。

✓ ⬚ "获取材质"：单击该按钮可打开"材质 / 贴图浏览器"对话框。

✓ ⬚ "赋材质到选中对象"：将当前材质球中的材质赋给场景中选择对象。

✓ ✕ "置当前材质球为缺省材质"：使当前材质球回到原来从来没有编辑过的默认状态。

✓ ⬚ "复制材质"： 材质球为同步材质时可用，将同步材质复制为非同步材质。

✓ ⬚ "在视图中显示贴图"：使贴图在场景中赋有当前材质的对象中显示出来。

✓ ⬚ "返回到父级材质"：单击该按钮，回到当前材质的上一级材质。可以把多个层级的材质比做父与子的关系，最顶层为父，其他的都为子。

✓ ⬚ "进到同层级的另一个层级"：可以方便在同一层级"材质"中进行切换。

✓ ⬚ "从对象中获取材质"：可以将场景中对象的"材质"重新取回到示例窗中。

✓ 01 - Default▾ "材质名称框"：显示"材质"和"贴图"的名称。将默认的名称选中以后，可以输入新的名称。

2）标准材质参数控制区介绍

（1）"明暗器基本参数"卷展栏，该卷展栏可用于选择标准材质的明暗器类型。明暗器下拉列表框中有 8 种材质明暗器，具体介绍见如下所述。

①各向异性：该选项可以在模型表面产生椭圆高光，用于模拟具有反光的材料，如头发、玻璃和刮削后的金属表面等。

② Blinn（胶性）：默认的材质明暗属性，主要用于柔软物质，如地毯、织物、床单、窗帘等，是使用最多的一个属性。

③金属：专门用来模拟金属的一种属性模式，一般在制作金属材质时选择该属性模式。

④多层：可以产生椭圆型高光，可以生成复杂的高光效果，使用该属性可以创造出生动的材质效果。

⑤ Oren-Nayar-Blinn（明暗处理）：适合用来制作水果材质。

⑥ Phong（塑料）：以光滑的方式进行表面渲染，适合用来制作塑料等质感的材质。

⑦ Strauss（金属加强）：用来制作金属性质，与"金属"相近，但比"金属"要简单。

⑧半透明明暗器：同"Blinn"相似，与灯光配合适用可以制作灯光透射效果。

（2）Blinn 基本参数卷展栏。

✓ 环境光：指物体阴影部分的颜色。

✓ 漫反射：指物体本身的颜色。

✓ 高光反射：指物体高光部分（反光最强的部分）的颜色。

✓ 自发光：可以使对象自身发光，自发光的对象不受外部光线的影响。如果选择"颜色"复选框，则可以通过单击右面的色块来改变光线的颜色。如果不选择"颜色"复选框时可以通过设置它右面的数值来调整发光强度，这时光线的颜色就是物体自身的"漫反射"颜色。用户可以通过单击右面的灰色小按钮，打开贴图浏览器来为自发光设置贴图。

✓ 不透明度：设置材质不透明度。

✓ 高光级别：数值越大，高光部分的亮度就越大。

✓ 光泽度：数值越大，高光部分的亮点就越小，表示对象的反光能力越强。

✓ 柔化：数值越大，高光处的亮度就显得越柔。

3）建筑材质介绍

建筑材质设置简单、方便使用，因而得到广大设计爱好者的喜爱。

建筑材质的"模板"卷展栏为材质提供了不同的模板，每个模板都为"物理性质"卷展栏提供了相应的预设参数，各种材质的特点如下。

✓ 瓷砖—光滑的：用于表现瓷砖上的釉料的材质。

✓ 纺织品：用于表现纤维、织布等软质材质。

✓ 玻璃—清晰：用于表现清晰的玻璃材质。

✓ 玻璃—半透明：用于表现半透明的玻璃材质。

✓ 理想的漫反射：用于表现自然的白色材质。

✓ 石材：用于表现砖石、墙壁等材质。

✓ 金属：用于表现各类金属材质。

✓ 金属—刷过的：用于表现磨光的金属材质。

✓ 金属—平的：用于表现平坦的金属材质，这类金属具有很少的光泽。

✓ 金属—擦亮的：用于表现抛光的金属材质，这类金属具有较多的光泽。

✓ 镜像：用于表现具有镜面特性的材质。

✓ 粗的木材：用于表现普通平坦的油漆材质，这类材质无光泽。

✓ 油漆光泽的木材：用于表现光滑的油漆材质，这类材质具有较多的光泽。

✓ 纸：用于表现纸张类型的材质。

✓ 纸—半透明：用于表现具有透明性的纸张材质。

✓ 塑料：用于表现塑料类型的材质。

4）建筑材质的使用方法

使用建筑材质能够方便地模拟各类建材，适合使用光能传递渲染。现以本例中的窗帘为例，创建材质方法如下。

（1）单击材质样本球名称右侧的"Standard"按钮如图 4-2-80 所示，在弹出的"材质/贴图浏览器"对话框中，选择"建筑"选项并将其打开，如图 4-2-81 所示。

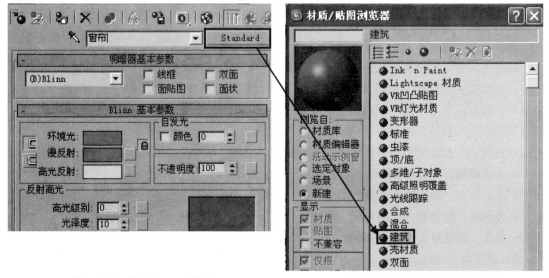

图 4-2-80　单击 Standard 按钮   图 4-2-81　选择"建筑"选项

（2）在"模板"卷展栏中根据模型选择需要的材质类型，然后在"物理性质"卷展栏中设置相应的参数，如图 4-2-82 所示。

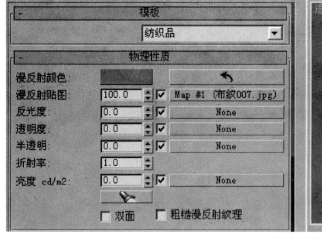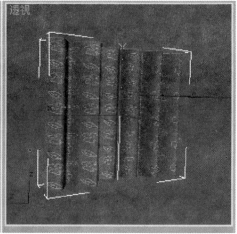

图 4-2-82　设置"建筑"材质参数

5. 拓展与技巧

1) "Arch & Design（mi）"材质

3ds Max 9.0 提供了两种建筑材质，分别是"建筑"和"Arch & Design（mi）"材质。"Arch & Design（mi）"材质是 mental ray 渲染器专用的建筑设计材质，两种材质在使用上大致相同。建筑材质设置简单、方便实用，因而得到广大设计爱好者的喜爱。下面介绍"Arch & Design(mi)"材质建筑材质的使用。

在使用"Arch & Design（mi）"材质时，需先将渲染器由"默认扫描线渲染器"更改为"mental ray 渲染器"。Arch & Design 材质的参数卷展栏，如图 4-2-83 所示。

（1）"模板"卷展栏。

✓ 选择模板：下拉列表框中有 26 种建筑材质可供用户选择，包括陶瓷、玻璃、金属等材质。

（2）"主要材质参数"卷展栏。

① "漫反射"选项组分为如下几种。

✓ 漫反射级别：控制漫反射组件的亮度，范围为 0.0~1.0。默认设置为 1.0。

✓ 粗糙度：控制漫反射组件混合到环境光组件的速度。

✓ 颜色：显示与设置漫反射的颜色。

② "反射"选项组分为如下几种。

✓ 反射率：反射率的整体级别，范围为 0.0~1.0。默认设置为 0.6。

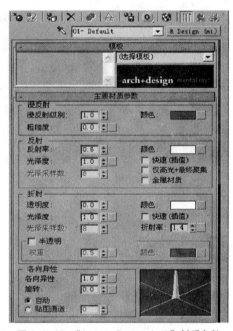

图 4-2-83 "Arch & Design（mi）"材质参数

✓ 光泽度：定义曲面的光泽度。

✓ 颜色：反射光的总体颜色。默认设置为白色。

✓ 快速（插值）：得到的光泽反射较快、较平滑，但不精确。

✓ 仅高光 + 最终聚焦：选择该复选框后，mental ray 渲染器不跟踪实际的反射光线，相反，只会显示高光和通过使用"最终聚焦"模拟的软反射。

③ "折射"选项组分为如下几种。

✓ 透明度：定义折射级别。

✓ 光泽度：定义折射 / 透明度的锐度，范围从 1.0（完全清晰的透明度）到 0.0（极度漫反射或模糊透明度）。

✓ 颜色：定义折射的颜色，并可以创建"有色玻璃"。

✓ 光泽采样数：定义 mental ray 渲染器发出的采样（光线）的最大数目，以产生光泽折射。

2) "Arch & Design（mi）"材质的运用

（1）启动 3ds Max 9.0，单击"创建"──→"几何体"──→"标准基本体"──→"圆锥体"按钮，在顶部视图中绘制圆台 Cone01。

（2）选中 Cone01，单击"修改"命令面板，展开"参数"卷展栏，修改相关尺寸，效果如图 4-2-84 所示。"边数"值的增加可以让圆锥体表面更加光滑;增加"高度分段"、"端面分段"值是为了在对物体表面光滑处理时得到更好的效果。

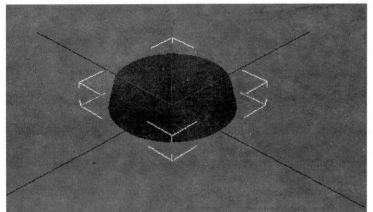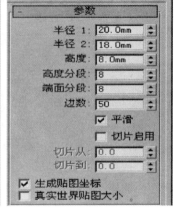

图 4-2-84　修改圆锥体参数

(3) 单击"几何体"——→"标准基本体"——→"圆柱体"按钮,在顶部视图中绘制一圆柱体 Cylinder01,如图 4-2-85 所示。圆柱的底部应当略小于圆锥的底部,这样通过下面的布尔运算就能得到一个底部封闭的复合体。

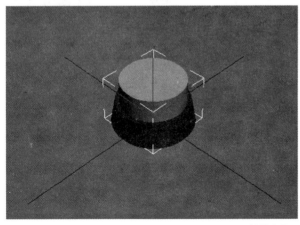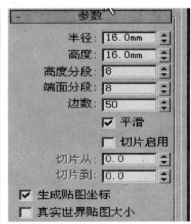

图 4-2-85　圆柱体参数设置

(4) 选择 Cone01,单击"几何体"——→"复合对象"——→"布尔"命令,打开布尔操作参数面板,单击"拾取操作对象 B"按钮,将鼠标指针移到 Cylinder01 上,单击鼠标左键,二者相交的部分均被减去,得到复合对象 Cone01,如图 4-2-86 所示。

(5) 选中 Cone01,选择"修改器列表"中的"网格平滑"选项,打开"细分量"卷展栏,将"迭代次数"值定为 2,修改后的效果如图 4-2-87 所示。

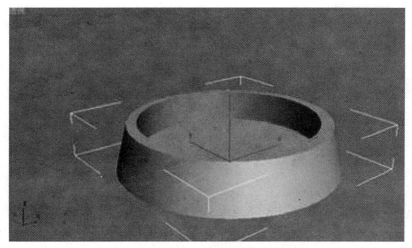

图 4-2-86 布尔运算的效果

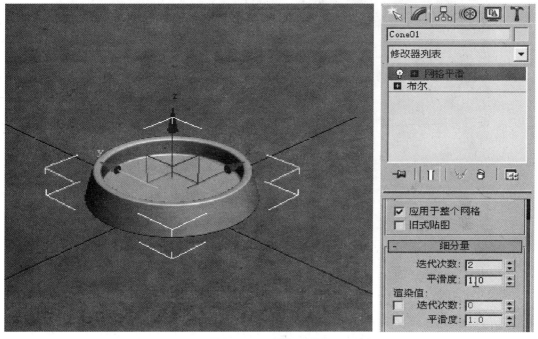

图 4-2-87 网格平滑设置

（6）单击"几何体"——→"标准基本体"——→"圆柱体"按钮，在视图中绘制圆柱体 Cylinder02，并按住【Shift】键不放，用拖拽的方法对其复制出两个 Cylinder，如图 4-2-88 所示。

（7）按照前面的布尔运算方法，对 Cone01 与 3 个 Cylinder 进行操作，得到了效果如图 4-2-89 所示的结果。

（8）单击工具栏中的 按钮，打开渲染场景对话框，在"公用"选项卡中，将渲染器"默认扫描线渲染器"更改为"mental ray 渲染器"，如图 4-2-90 所示。

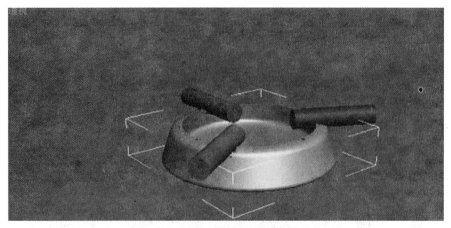

图 4-2-88　创建圆柱体并复制

图 4-2-89　布尔运算效果

（9）打开"材质编辑器"对话框，选择一个材质示例球，将其命名为"烟灰缸"，单击"Standard"按钮，在打开的对话框中双击"多维/子对象"，设置"材质数量"为2，如图 4-2-91 所示。

（10）单击 ID 1 右侧的长按钮，选择"Arch & Design（mi）"选项，在"模板类型"中选择"上光陶瓷"，设置"漫反射"颜色为"白色"，如图 4-2-92 所示。

（11）单击 ID 2 右侧的长按钮，选择"Arch & Design（mi）"选项，在"模板类型"中选择"上光陶瓷"，设置"反射"颜色为"黄色"，具体颜色值为"红：0.8"，"绿：0.8"，"蓝：0.3"，并设置"反射"其他参数，如图 4-2-93 所示。

（12）选择烟灰缸内部的底面设置材质 ID 为 2，其余部分材质 ID 为 1，并将材质赋予对象。

（13）烟灰缸效果图制作完毕，如图 4-2-94 所示。

6．创新作业

根据前面所学的内容制作一个茶座的场景，效果如图 4-2-95 所示。

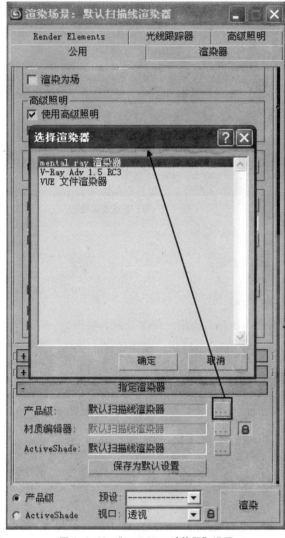

图 4-2-90　"mental ray 渲染器"设置

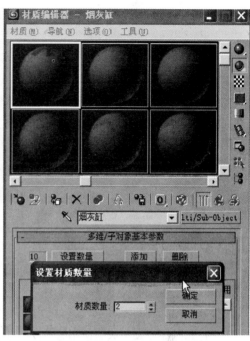

图 4-2-91　"多维／子对象"材质设置

图 4-2-92　设置 ID 1 材质参数

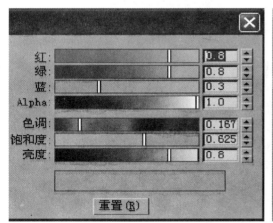

图 4-2-93　设置 ID 2 材质参数

图4-2-94   烟灰缸效果图

图4-2-95   茶座效果图

（1）用倒角立方体制作桌面、桌腿、椅子面和椅子腿。

（2）圆柱体制作椅子靠背。

（3）利用标准基本件中的茶壶制作茶壶和茶碗模型。

（4）在制作过程中灵活使用隐藏和冻结、物体的选择与群组、物体的对齐操作等。

（5）分别使用"建筑材质"和"Arch & Design（mi）"材质，赋予椅子、桌子、茶壶适合的材质。

项目实训   制作书房

1.项目背景

书房是用于学习或工作的地方，房间的气氛应该表现得宁静、庄重。书房的颜色不宜太活跃，在色彩搭配上应该以素色为主并配以深色，体现出一种书香气息。在装饰布置上，可以采用字画来做装饰。书房的光线一定要明亮，这是与卧室正好相反的地方。在进行效果表现时，应该特别注意这些细节的处理，如图4-2-96所示。

图4-2-96   书房效果图

2.项目要求

本项目首先在3ds Max 9.0中创建书房的空间结构，然后用合并外部文件的方法，将已有的家具模型添加到场景中，从而大大减轻了建模的工作量。本案例采用室内灯光与室外光结合的方法，对场景进行照明处理，从而使光线效果更加理想。在后期的处理中侧重于装饰品的添加与处理，使最终效果更为逼真。

3.项目提示

（1）通过对长方体进行法线翻转确定墙体框架结构。

（2）通过对二维图形的编辑制作吊顶的形状。

（3）将模型合并到书房中。

（4）金属和木纹材质的参数调整。

4．项目评价

本项目的效果在整体表现上较为漂亮，尤其是材质的表现上，整个画面显得干净、整洁，这是该项目的特点所在。地面的反射模糊效果以及书柜藏书效果的表现都很逼真。

阅读材料

几种常见的会议室平面组合。如图 4-2-97～图 4-2-103 所示。

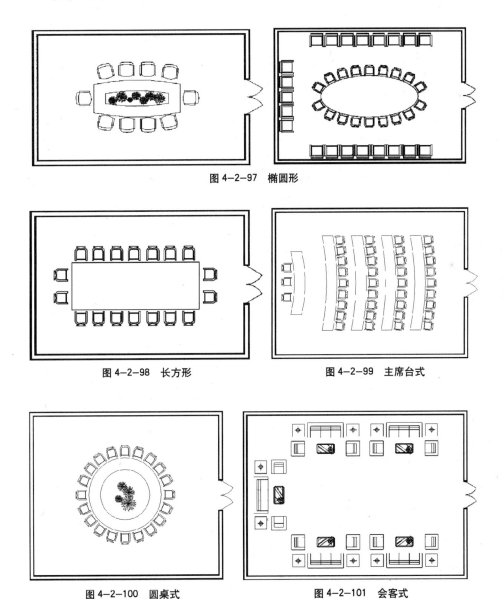

图 4-2-97　椭圆形

图 4-2-98　长方形　　　　图 4-2-99　主席台式

图 4-2-100　圆桌式　　　　图 4-2-101　会客式

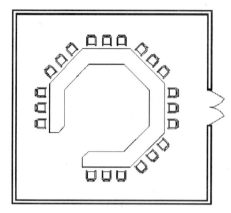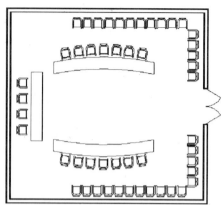

图 4-2-102 组合式

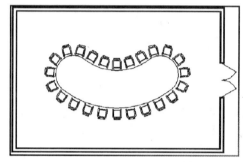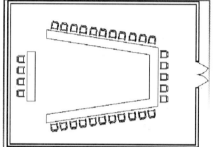

图 4-2-103 自由式

复习思考题

(1) 什么是材质？

(2) 使用"布尔"命令，需要具备什么条件？

(3) 材质和贴图有什么区别？

(4) 材质中"漫反射"的颜色和贴图起什么作用？

(5) 简述材质中"贴图"中部分贴图参数的作用？

(6) 如何使用建筑材质？

(7) 在材质编辑器中同时可以编辑多少种材质？

(8) 如何将材质指定给场景中的几何体？

(9) 为什么在 3ds Max 9.0 的材质编辑器中找不到"Arch & Design（mi）"材质？

(10) 当材质编辑器中的材质球数目不够了，怎么办？

第5章　客厅设计与制作

客厅又称为起居室，是家庭团聚、闲谈、休息、视听及会客的地方，客厅的摆设、颜色都能反映主人的性格、特点、眼光、个性等。现在比较流行的是现代简约风格客厅，其色彩大多以白色为主，并注意细节化，这些都赋予了居室空间以新生命与情趣。这种风格既能满足人们的生活方式和需求功能，又能体现出人们的自身品位、文化背景、修养内涵。

本章内容中，将客厅的制作分为两个任务来完成。在 5.1 节中，完成场景模型的创建；在 5.2 节中，完成室内材质和照明效果。

学习目标：

- 掌握使用"可编辑多边形"修改器的方法创建场景以及模型；
- 掌握将模型导入到场景的方法；
- 掌握编辑设置常用材质的方法；
- 掌握灯光与摄像机的创建方法。

5.1　任务一：场景模型的创建

1. 任务描述

客厅在人们的日常生活中使用是最为频繁的，它的功能集聚放松、游戏、娱乐、进餐等。作为整间屋子的中心，客厅更值得人们关注。因此，客厅往往被主人列为重中之重，精心设计、精选材料，以充分体现主人的品位和意境。本任务完成的客厅效果如图 5-1-1 所示。

2. 任务分析

创建长方体并将其翻转得到客厅的空间结构；编辑样条线制作出吊顶；编辑多边形制作出窗户、电视柜；合并电视机、沙发、灯等模型，使用旋转、

图 5-1-1　客厅模型效果图

缩放和移动工具将整个场景调整完毕；创建摄像机观察场景中的对象。

3. 方法与步骤

> **提示：**
> ①设置客厅场景；②制作踢脚线；③制作窗框；④制作吊顶；⑤制作落地窗；⑥创建客厅其他模型；⑦建立摄像机。

1）设置客厅场景

（1）在透视图中创建长方体，命名为"客厅"，设置"长度"为4000mm，"宽度"为6000mm，"高度"为3000mm，"长度分段"为3，"宽度分段"为1，"高度分段"为3，如图5-1-2所示。

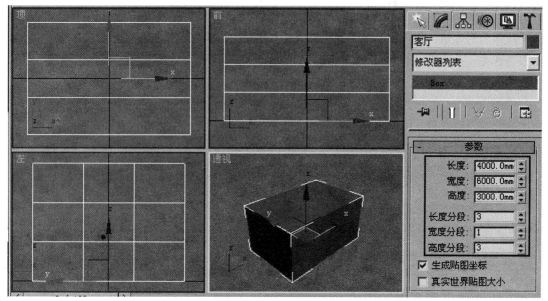

图5-1-2 创建客厅模型

（2）右击长方体对象，在弹出的快捷菜单中执行"转换为可编辑多边形"命令，如图5-1-3所示。

（3）选择修改器堆栈中的"多边形"子对象层级。选择所有多边形面，单击"编辑多边形"卷展栏中的"翻转"命令，并按【F4】键以边面方式显示对象，如图5-1-4所示。

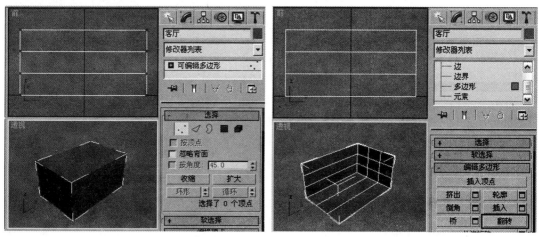

图5-1-3 转换为可编辑多边形　　　　　图5-1-4 翻转多边形

提问："法线"修改器和编辑多边形修改器里的"翻转"命令有什么不同？

回答："法线"修改器一般是为了将模型的所有面统一翻转过来，或统一翻转到一个方向，在模型没有应用编辑网格或编辑多边形修改器时，才应用。例如：对曲线图形应用了车削修改器之后，将曲线编辑成为一个三维模型，但此时三维模型可能会因法线向内不能正常显示，这时可以应用"法线"修改器，得到正确的模型。

但如果物体被应用了编辑网格或编辑多边形修改器时，就没有必要使用"法线"修改器了。因为"编辑多边形"卷展栏中提供了"翻转"工具按钮，选择一个需要翻转法线的面，点击"翻转"工具按钮，就可以把这个面的法线翻转过来。

（4）选择修改器堆栈中的"顶点"子对象层级，在左视图中调整顶点的位置，如图 5-1-5 所示，在客厅的一侧墙体上制作出窗口的位置及尺寸。窗户的参数："长度"为 2400mm，"宽度"为 3000mm。

提问：这个窗户是如何确定具体尺寸呢？

回答：首先画一个矩形，"长度"为 2400mm，"宽度"为 3000mm，将这个矩形作为参考图移动到窗户的位置，再调整顶点到这个矩形的四个角，从而完成具体参数设置。

（5）选择修改器堆栈中的"多边形"子对象层级，在透视图中删除如图 5-1-6 所示的多边形，留出落地窗的位置。

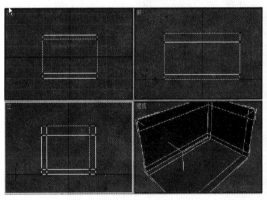

图 5-1-5　调整各点位置

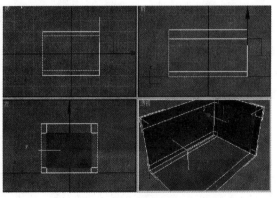

图 5-1-6　删除落地窗的位置的多边形

（6）由于地面的材质与墙体的材质不同，为了方便后面材质的编辑，这里应先将地面分离出来。选择长方体中作为地面的多边形，在"编辑几何体"卷展栏中单击"分离"按钮，在弹出的"分离"对话框中将分离的对象重命名为"地面"，如图 5-1-7 所示。

2）制作踢脚线

（1）在顶视图中创建一个矩形，命名为"踢脚线"，设置"长度"为 4000mm，"宽度"为 6000mm。右键单击"踢脚线"，在弹出的快捷菜单中选择"转换为可编辑样条线"命令，选择修改器堆栈中的"线段"子对象层级，选择如图 5-1-8 所示的线段并将其删除。

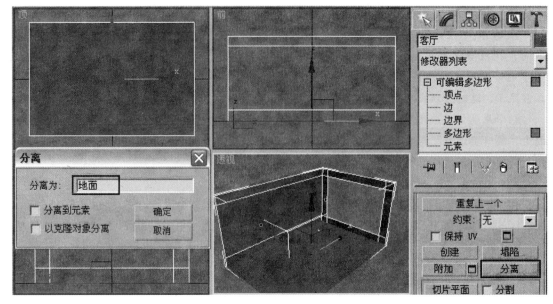

图 5-1-7　分离地面

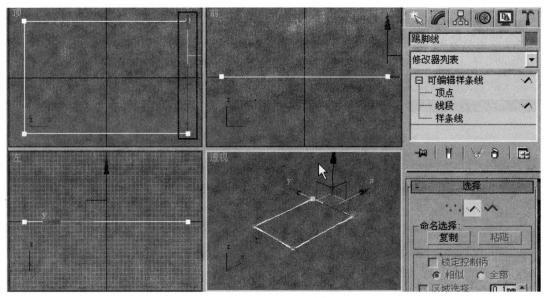

图 5-1-8　删除多余线段

　　📢提问：什么是踢脚线？

　　🛠回答：踢脚线，顾名思义就是脚踢得着的墙面区域，所以较易受到冲击。踢脚线可以更好地使墙体和地面之间结合牢固，减少墙体变形，避免外力碰撞造成破坏。另外，踢脚线也比较容易擦洗，如果拖地溅上脏水，擦洗非常方便。所以在室内装修过程中，踢脚线是必不可少的项目之一。

（2）选择"踢脚线"，单击工具栏上"对齐"按钮，在弹出的"对齐当前选择"对话框中设置如图5-1-9所示的参数，"对齐位置（屏幕）"选中"X位置"、"Y位置"、"Z位置"，将"当前对象"和"目标对象"都选中"中心"，即可将"踢脚线"对齐到客厅模型中。

　　提问：对齐的快捷键是什么？
　　回答：【ALT+A】。

（3）选择修改器堆栈中的"样条线"子对象层级，输入"轮廓"值为5mm，制作出踢脚线的厚度，如图5-1-10所示。

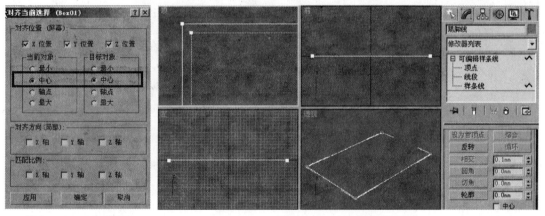

图5-1-9　对齐对话框　　　　　　图5-1-10　制作踢脚线的厚度

（4）在"修改器列表"中选择"挤出"修改器，设置"数量"为20mm，制作出踢脚线的高度，如图5-1-11所示。

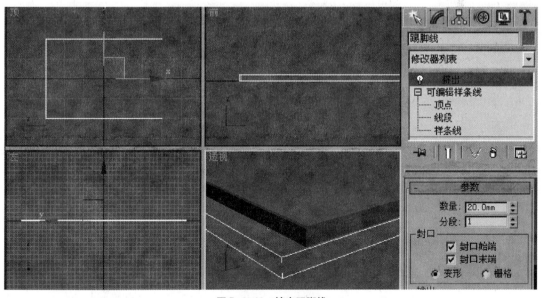

图5-1-11　挤出踢脚线

3）制作窗框

（1）在左视图中创建一个矩形，命名为"窗框"，设置"长度"为2400mm，"宽度"为3000mm，调整"窗框"的位置与落地窗对齐，如图5-1-12所示。

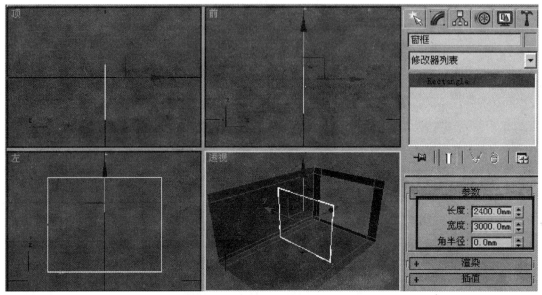

图5-1-12　创建矩形

（2）右键单击"窗框"，在弹出的快捷菜单中执行"转换为可编辑样条线"命令，选择修改器堆栈中的"线段"子对象层级，选中靠近地面的线段并将它删除，如图5-1-13所示。

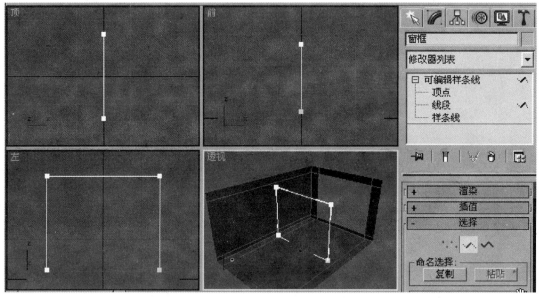

图5-1-13　删除靠近地面的边

（3）选择修改器堆栈中的"样条线"子对象层级，在"几何体"卷展栏中的"轮廓"值内输入"-30mm"，外侧的矩形边缘线必须大于窗户的边缘线，如图5-1-14所示。

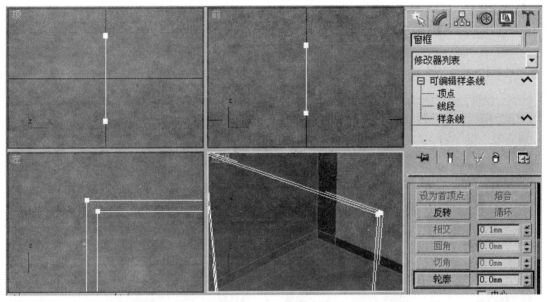

图5-1-14 编辑样条线

（4）在"修改器列表"中选择"挤出"修改器，设置"数量"为100mm，并把"窗框"移动到落地窗的位置，如图5-1-15所示。

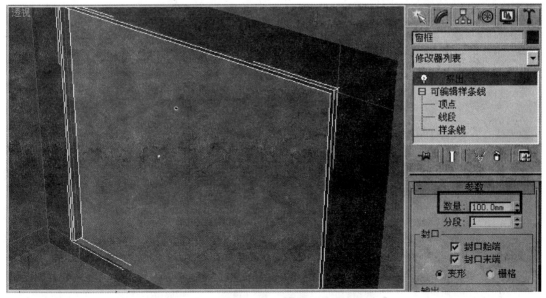

图5-1-15 挤出窗框

4）制作吊顶

（1）在顶视图中创建一个矩形，命名为"吊顶"，设置"长度"为 5000mm，"宽度"为 7000mm。右键单击"吊顶"，在弹出的快捷菜单中执行"转换为可编辑样条线"命令，选择修改器堆栈中的"样条线"子对象层级选项，在"几何体"卷展栏中的"轮廓"值内输入 1000mm，如图 5-1-16 所示。

（2）在"修改器列表"中选择"挤出"修改器，设置"数量"为 100mm，并调整位置到屋顶，如图 5-1-17 所示。

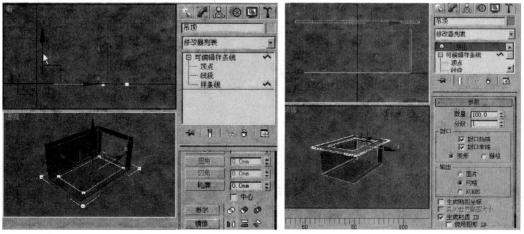

图 5-1-16   编辑样条线   图 5-1-17   挤出吊顶

（3）选择修改器堆栈中的"顶点"子对象层级，选择靠近窗户的两个外点，向左移动，留出窗帘的位置。如图 5-1-18 所示。

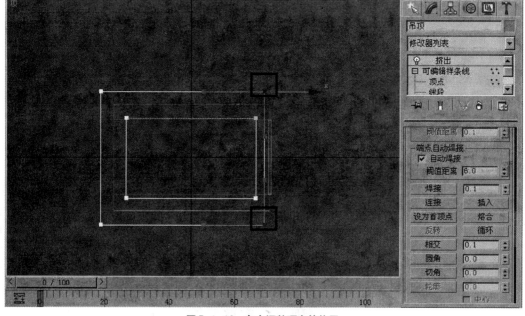

图 5-1-18   向左调整顶点的位置

5）制作落地窗

（1）在左视图中创建一个矩形，命名为"落地窗"，设置"长度"为2400mm，"宽度"为750mm，如图5-1-19所示。

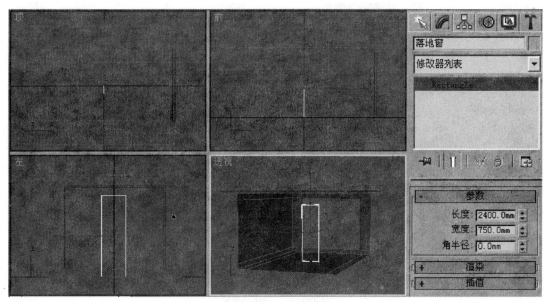

图 5-1-19　创建矩形

（2）右键单击"落地窗"，在弹出的快捷菜单中执行"转换为可编辑样条线"命令，选择修改器堆栈中的"样条线"子对象层级选项，在"几何体"卷展栏中的"轮廓"值内输入50mm，如图5-1-20所示。

图 5-1-20　编辑样条线

（3）在"修改器列表"中选择"挤出"修改器，设置"数量"为50mm，如图5-1-21所示。

图 5-1-21　挤出落地窗

（4）单击"创建"——→"几何体"——→"长方体"命令，在左视图中建立一个长方体，"长度"为2300mm，"宽度"为690mm，"高度"为0mm，命名为玻璃，对齐于落地窗，如图5-1-22所示。

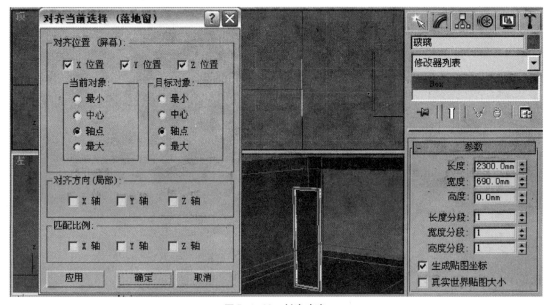

图 5-1-22　创建玻璃

（5）将做好的落地窗和玻璃组合成窗户，移动到窗框的合适位置，在左视图中按住【Shift】键的同时沿 X 轴正方向移动窗户，在弹出的"克隆选项"对话框中选择"复制"，"副本数"为 3，完成对窗户的移动复制，如图 5-1-23 所示。

（6）调整窗户的位置，将它们交叉放置，如图 5-1-24 所示。

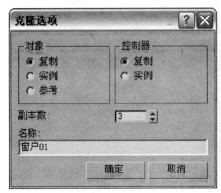

图 5-1-23 复制窗户

图 5-1-24 交叉放置这些窗户

6）创建客厅其他模型

（1）在前视图中创建一个长方体，命名为"电视背景墙"，"长度"为 2800mm，"宽度"为 4000mm，"高度"为 50mm，如图 5-1-25 所示。

图 5-1-25 创建电视背景墙

（2）在前视图中创建一个长方体，命名为"电视柜"，"长度"为 250mm，"宽度"为 3500mm，"高度"为 500mm，"长度分段"为 3，"宽度分段"为 3，"高度分段"为 1，如图 5-1-26 所示。

（3）右键单击"电视柜"，在弹出的快捷菜单中执行"转换为可编辑多边形"命令，选择修改器堆栈中的"顶点"子对象层级，在前视图中框选中间的顶点向两侧移动，如图 5-1-27 所示。

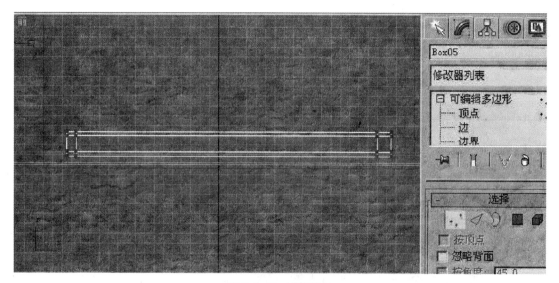

图 5-1-26　创建电视柜

图 5-1-27　调整顶点

（4）选择修改器堆栈中的"多边形"子对象层级，选择柜子前面的多边形，单击"可编辑多边形"卷展栏中"挤出"按钮右侧的█按钮，在打开的"挤出多边形"对话框中，设置"挤出高度"为 -20mm，如图 5-1-28 所示。

🐟提问：3ds Max 中用编辑多边形中"挤出"时会挤出多次是怎么回事？

🐟回答：挤出是输入数值直接点确定就好了，如果先单击"应用"按钮再单击"确定"按钮，就会挤出两次。

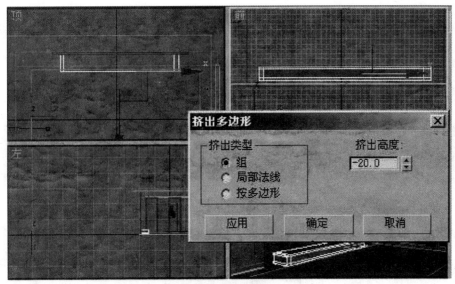

图 5-1-28 挤出柜子面

（5）单击"编辑几何体"卷展栏中的"分离"按钮，分离出柜子面，如图 5-1-29 所示。

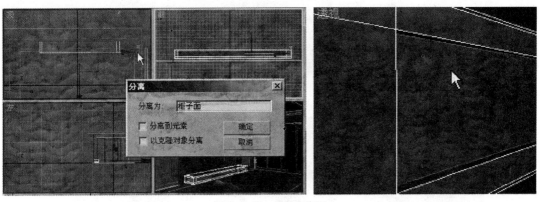

图 5-1-29 编辑电视柜

（6）在顶视图中创建一个长方体，命名为"地毯"，"长度"为 1500mm，"宽度"为 2500mm，"高度"为 5mm，"长度分段"为 3，"宽度分段"为 3，如图 5-1-30 所示。

（7）在顶视图中创建一个长方体，命名为"茶几"，"长度"为 600mm，"宽度"为 900mm，"高度"为 60mm，在"茶几"下边添加 4 条"茶几腿"，"长度"为 70mm，"宽度"为 70mm，"高度"为 500mm。如图 5-1-31 所示。

（8）执行"文件"——→"合并"命令，选择"tv.max"文件，单击"打开"按钮，在"合并 -tv.max"对话框中选择所有对象，如图 5-1-32 所示，单击确定按钮将对象合并到当前场景中。

（9）将合并到场景的电视机调整到如图 5-1-33 所示位置。

（10）重复刚才的做法，继续合并模型，将音响、沙发、窗帘、吊灯、落地灯、筒灯的模型依次调入场景中，并调整到如图 5-1-34 所示的位置。

图 5-1-30   创建地毯

图 5-1-31   创建茶几

图 5-1-32   合并对象

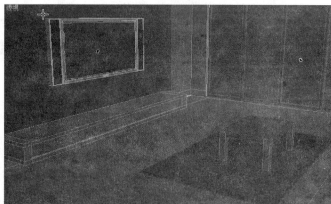

图 5-1-33   调整对象位置

图 5-1-34   调整对象位置后的最后效果

提问：有时候在网上看到很漂亮的 3ds Max 模型，可下载后却无法打开。电脑提示：缺失 .dll 文件，这是为什么？

回答：低版本的软件无法打开高版本的模型，但是反过来高版本的可以打开低版本的模型！所以我们选择何种版本的 3ds Max 很重要，不要一味地追求最高！

7）在视图中建立摄像机

调整摄像机位置，按【C】键将透视图转换为摄像机视图，如图 5-1-35 所示。

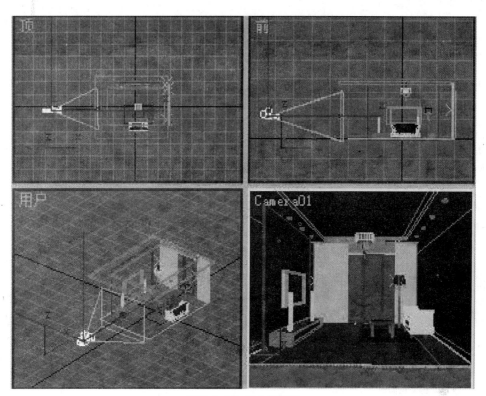

图 5-1-35 建立摄像机

提问：创建摄像机有什么快捷方式吗？

回答：激活透视图，按【Ctrl+C】组合键，如果当前场景中没有摄像机，则 3ds Max 会自动创建一个新摄像机，并将其视图与透视图相匹配，然后切换透视图至摄像机视图。

4．相关知识与技能

室内外效果图制作一般流程见如下所述。

1）系统单位设置

在制作效果图的时候，首先要在开始工作之前设置好系统单位，使用真实的单位建模。设置单位是针对于个人习惯而定的，通常情况下，建筑施工设计常用"毫米（mm）"作为标准的度量单位。

2）内部建模

室内建模方法有很多，可以采用很多建模方法，如整体建模法、堆叠建模法等。

使用整体建模法制作模型。可以参照 CAD 平面图形绘制出二维线条，利用"挤出"修改器生成墙体，而后用切割、挤出等工具制作出门窗等部分，在建模的过程中，使用捕捉工具可以使模型精确定位。内部的家具可以通过合并的方法，或者可以通过各种修改器建模家具。

堆叠建模法也是一种建模方法，通过用长方体的方法，将一个空间围合起来，然后用布尔运算的方法，挖出门窗，如果某些模型没有对齐或者有漏光的话，后期渲染的效果将不会很好。

3）场景材质制作

在室外效果图的绘制中，材质编辑是个非常重要的工作。正确的材质设置可以增加场景的真实感，并能简化建筑模型的复杂程度。材质的表现要与环境氛围相融合。

4）灯光与摄像机设置

正确布光对场景起着重要的作用，摄像机如果打得好的话，对整个效果图都是一个提高。

5）渲染输出

为了后期处理方便，在渲染输出时，除了正常渲染建筑物效果图以外，还可以再渲染一张材质通道图。这样可以提高工作效率，便于选取操作。

6）后期处理

图 5-1-36　摄影机面板

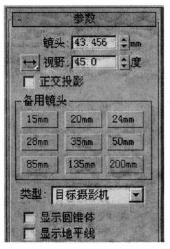

图 5-1-37　"参数"卷展栏

Photoshop 后期处理是室内效果图中很关键的一环，一幅高质量的效果图离不开后期的加工和修饰。

5．拓展与技巧

在 3ds Max 中，摄像机通常是一个场景中必不可少的组成部分，主要用来为场景提供一个合理的视觉角度，无论是静态图像还是动画，最后作品都要在摄像机视图中表现。光源和材质决定了画面的色调，摄像机就决定了画面的构图。虽然透视图也提供了类似摄像机视图的效果，但是不具备摄像机视图的应变能力，并且摄像机视图的视角更容易调节，更重要的是即使调整失败也能返回重设，而透视图则不能。

单击"创建"面板上的"摄像机"按钮，显示"摄像机"面板，如图 5-1-36 所示。3ds Max 中提供了两种类型的摄像机，分别是目标摄像机和自由摄像机。目标摄像机有目标点，具有目标子对象；而自由摄像机只有摄像机点，不具有目标点。

（1）摄像机基本参数。下面以目标摄像机为例，简单介绍摄像机的各类参数。

✓ "镜头"：设置摄像机的焦距长度，单位是毫米（mm），它的大小会影响视图中场景的大小与物体数量的多少。48mm 是标准人眼的焦距，短焦造成鱼眼镜头和夸张效果；长焦用于观测较远的对象，保证物体不变形。用户可直接输入镜头焦距数值，也可以在"备用镜头"选项组中选择焦距值，如图 5-1-37 所示。

✓ "视野"：该参数决定摄像机所能看到区域的宽度，用户可依据选择的视角方向，调节该方向上的弧度大小。与镜头的参数值是相关的，改变其数值后，镜头的数值也会随之改变。

✓ "正交投影"：选择该复选框后，摄像机视图看起来就像"用户"视图。禁用此项后，摄像机视图就像标准的透视图。

✓ "备用镜头"：提供了九种常用的镜头供快速选择。

✓ "显示圆锥体"：显示摄像机视野定义的锥形框（实际上是一个四棱锥）。锥形框出现在其他视图，但是不出现在摄像机视图中。

✓ "显示地平线"：是否在摄像机视图中显示一条深灰色的地平线。

✓ "显示"：显示在摄像机锥形框内近距、远距范围框，便于在视图上看到具体的范围。

✓ "近距范围"：设置环境影响的近距距离。

✓ "远距范围"：设置环境影响的远距距离。

✓ "手动剪切"：选择该复选框，可定义剪切平面。如果不选择，接近相机三个单位以内的物体将不显示。剪切参数如图 5-1-38 所示。

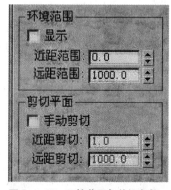

✓ "近距剪切"：设置近距剪切平面，比近距剪切平面近的对象不可见。

✓ "远距剪切"：设置远距剪切平面，比远距剪切平面远的对象不可见。

（2）摄像机视图控制工具。摄像机建立后，在透视图的窗口上右击，然后在弹出的快捷菜单中执行"视图"→"Camera01"命令，则透视图转为摄像机视图。也可以通过按【C】键，将当前视图转换为摄像机视图。窗口右下角视图控制区将

图 5-1-38 环境范围与剪切参数

显示为摄像机视图控制工具。

✓ ⚷ "推拉"：实际上就是改变摄像机和目标对象的距离，3ds Max 有三种推拉方法。

✓ ▽ "透视"：改变摄像机视图中的透视关系，但不改变摄像机视图中的画面内容。

✓ ◔ "侧滚"：摄像机以与目标点的连接为轴进行旋转，画面会倾斜。这种操作在效果图制作中应避免使用。

✓ ▷ "视野"：用它可以改变摄像机图面的视野（FOV）范围和透视，视野越大则透视越大，反之则越小。它与推拉的区别在于改变画面内容的同时，透视也随之发生变化。

✓ ✋ "平移"：改变摄像机和目标点的位置，会使视窗内容发生"平移"，改变摄像机视图画面内容。

✓ ◉ "环游"：摄像机环绕目标点做水平或垂直运动，在调整摄像机与目标对象间的角度时非常有用。

6. 创新作业

练习学到的场景制作方法，相关要求如下所述：

（1）将场景中模型替换，练习如何导入其他模型，并移动到合适的位置。

（2）做到主体突出，整体风格搭配合理。

5.2 任务二：材质、灯光与渲染——材质与灯光

1. 任务描述

如果说在 3ds Max 中有什么技术是深不见底的，这可能就是材质编辑了，它的作用就是"化腐朽为神奇"。因为即使你创建了完美的模型，也只是给观众提供了一个立体感觉，而视觉效果中很重要的色彩和质感，都是靠材质来表现的。灯光是构成场景的一个重要的组成部分，也是表现场景基调和烘托气氛的重要方式。本任务场景渲染的最终效果如图 5-2-1 所示。

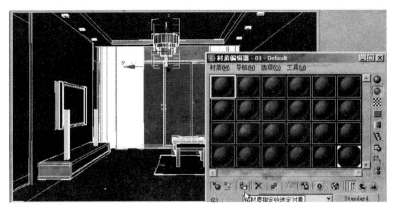

图 5-2-1　最终效果图

2. 任务分析

效果图采用一般照明与局部照明相结合的方式；场景里玻璃、金属、织物等材质都可以通过简单的设置轻松表现出来。

3. 方法与步骤

> **提示：**
> ①在场景中分别创建主光源和辅助光源并调节其参数；②为场景中的模型赋予合适的材质。

1）设置灯光

（1）按【Ctrl+A】组合键选择所有对象。按【M】键打开材质编辑器，单击"将材质指定给选定对象"按钮，将材质赋予所有对象。如图 5-2-2 所示。

图 5-2-2　设置默认材质

（2）首先设置主光源。选择"创建"——→"灯光"——→"标准"灯光，单击"泛光灯"按钮，在前视图中单击鼠标创建一盏泛光灯，调整位置如图 5-2-3 所示。

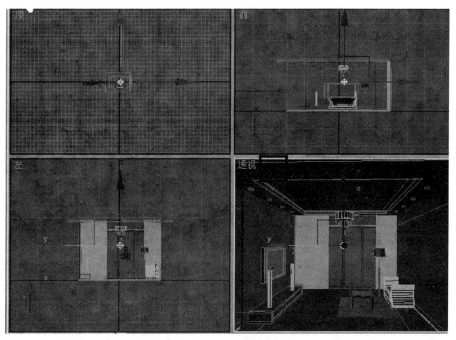

图 5-2-3 设置主光源

（3）在"常规参数"选项中，将"阴影"——→"启用"勾选，在"强度 / 颜色 / 衰减"选项中，将"倍增"设置为 0.9，参数设置如图 5-2-4 所示。

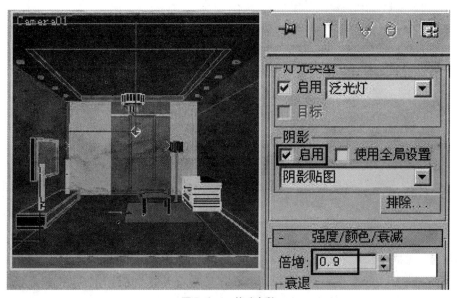

图 5-2-4 修改参数

（4）选中泛光灯，单击"排除"按钮，在弹出的"排除／包含"对话框中将吊灯排除，使它不照亮吊灯，如图 5-2-5 所示，这样天花板上就不会出现吊灯的投影。

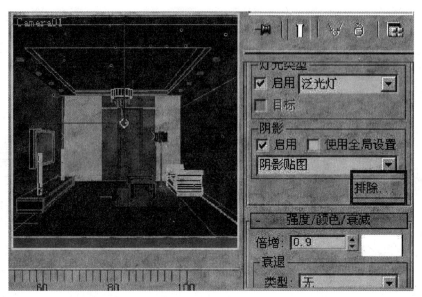

图 5-2-5   排除吊灯

（5）创建一盏泛光灯作为辅助光源，然后进行关联复制出另外两盏辅助光，调整灯光的位置，并修改具体参数如图 5-2-6 所示。

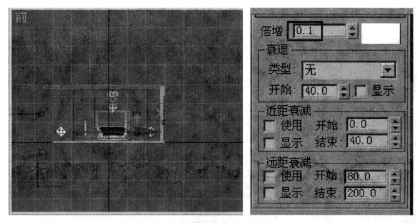

图 5-2-6   添加辅助光并修改参数

提问：关联复制是什么意思？

回答：关联复制就是复制时在克隆选项中选择"实例"的复制方法，当调整一个灯光参数的时候，其他克隆的灯光参数也会随着变化。

（6）创建一盏泛光灯放置在如图5-2-7所示的位置，将倍增改为0.7。

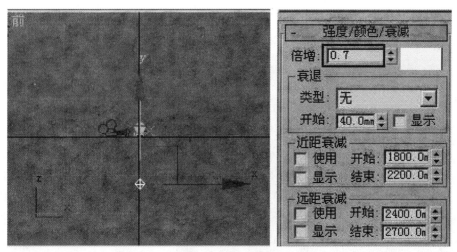

图5-2-7　添加泛光灯

（7）选择"创建"——"灯光"——"标准"灯光，单击"目标聚光灯"按钮，在前视图中创建一盏目标聚光灯，放置到如图5-2-8所示吊顶的"筒灯"处。

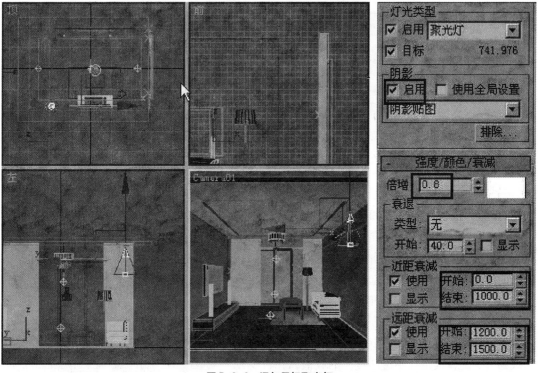

图5-2-8　添加目标聚光灯

(8）关联复制"目标聚光灯"，将吊顶的 8 处"筒灯"处都放置一盏"目标聚光灯"，具体效果如图 5-2-9 所示。

（9）按【F9】键对场景进行渲染，渲染后的效果如图 5-2-10 所示。

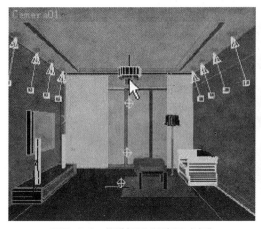
图 5-2-9 关联复制"目标聚光灯"

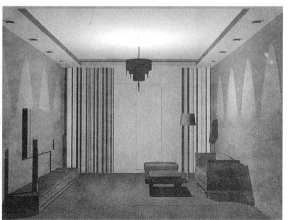
图 5-2-10 灯光效果

（10）执行"文件"──→"保存"命令，弹出"文件另存为"对话框，将文件以"客厅（照明）.max"为文件名进行保存。

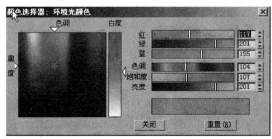
图 5-2-11 环境光颜色

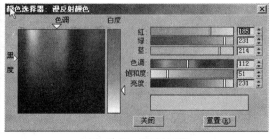
图 5-2-12 漫反射颜色

2）制作场景材质

（1）打开"客厅（照明）.max"，按【M】键打开材质编辑器，选择第 2 个空白材质球，命名为"窗户玻璃"，选择"明暗器基本参数"中的 Phong，单击"环境光"右侧的色块，在弹出的颜色选择器中选择如图 5-2-11 所示的颜色。解开"环境光"和"漫反射"之间的锁，单击"漫反射"右侧的色块，在弹出的颜色选择器中选择如图 5-2-12 所示的颜色。调节如图 5-2-13 所示的"高光级别"、"光泽度"、"不透明度"的数值，并将设置好的材质赋予窗户玻璃。

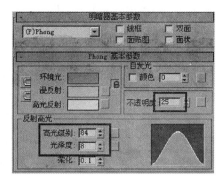
图 5-2-13 各项参数

（2）选择第 3 个空白材质球命名为"地毯"，单击"漫反射"右侧的按钮，在弹出的"材质 / 贴图浏览器"对话框中双击"位图"，选择配套素材中的"地毯 .jpg"，如图 5-2-14 所示。

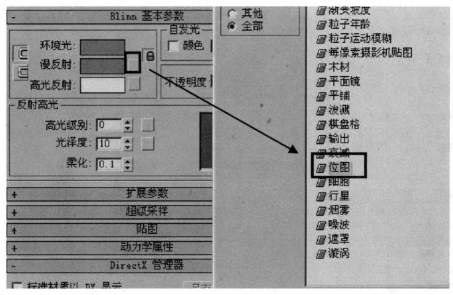

图 5-2-14　选择位图贴图

提问：镜面反射和漫反射有什么特点？

回答：镜面反射是入射光线是平行光线时，照射到光滑的镜面，又以平行光线方式反射出去。

漫反射是入射光线是平行光线时，照射到粗糙的物体，反射光线向各个方向反射出去。

（3）选择第 4 个空白材质球命名为"地板"，单击"漫反射"右侧的按钮，在弹出的"材质 / 贴图浏览器"对话框中双击"位图"，选择配套素材中的"地板 .jpg"文件。

（4）进入基层材质设置面板中。在"明暗器基本参数"卷展栏中的下拉列表框中将材质明暗器方式选择为"Blinn"，"高光级别"设为 20，"光泽度"设为 10，如图 5-2-15 所示。

（5）展开"贴图"卷展栏，在"凹凸"贴图通道内为它加入"噪波"贴图，如图5-2-16 所示。将"凹凸"贴图的强度值改为 15。

（6）单击"反射"贴图通道右侧的None 按钮，从打开的材质 / 贴图浏览器中选择"光线跟踪"贴图，将"反射"贴图的强度改为 6，如图 5-2-17 所示。

（7）在"坐标"卷展栏，将平铺改为"U：15"，"V：15"，如图 5-2-18 所示。

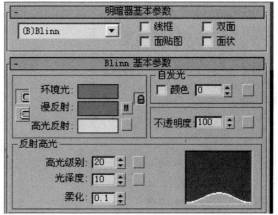

图 5-2-15　调整参数

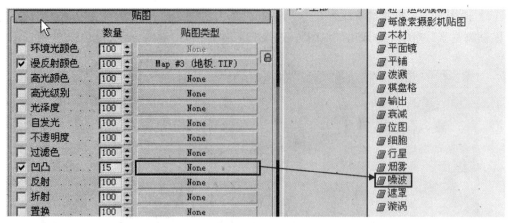

图 5-2-16　在凹凸贴图通道内加入"噪波"

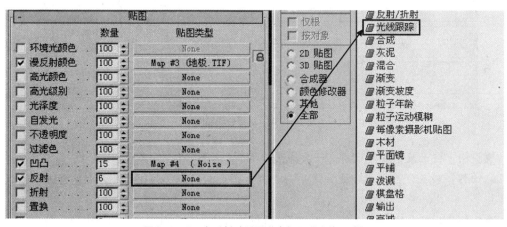

图 5-2-17　在反射贴图通道内加入"光线跟踪"

（8）将"天花板"从模型中分离出来，然后选择第 5 个空白材质球命名为"天花板"，在"明暗器基本参数"卷展栏中的下拉列表框中将材质明暗器方式选择为"Blinn"，"高光级别"设为 10，"光泽度"设为 30，"漫反射"的色彩值设为红绿蓝（250，238，175）。

（9）在"贴图"卷展栏中，单击"凹凸"贴图通道右侧的 None 按钮，在弹出的"材质 / 贴图浏览器"对话框中选择"噪波"贴图类型，并在"噪波参数"卷展栏中设置如图 5-2-19 所示的数值，并将材质赋予天花板。

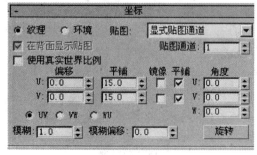

图 5-2-18　调整平铺值

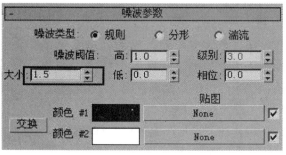

图 5-2-19　设置"噪波"材质基本参数

提问：噪波贴图在这里起到什么作用？

回答：将两种颜色根据噪波函数进行混合，制作一种"混乱"效果，常用于无序贴图的制作，在这里是使用噪波纹理创建出天花板无序的凹凸效果。

（10）选择第 6 个空白材质球命名为"窗帘"，在"明暗器基本参数"卷展栏中的下拉列表框中将材质明暗器方式选择为"Blinn"，"高光级别"设为40，"光泽度"设为50，"不透明度"设为90，如图 5-2-20 所示。展开"贴图"卷展栏，单击"漫反射"贴图通道指定"位图"贴图类型，在配套素材中选择如图 5-2-21 所示的图片，将材质赋予窗帘。

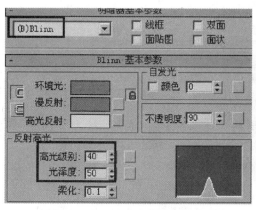

图 5-2-20　设置窗帘材质基本参数

图 5-2-21　位图贴图

（11）选择第 7 个空白材质球命名为"台灯支架"，在"明暗器基本参数"卷展栏中的下拉列表框中将材质明暗器方式选择为"金属"，"高光级别"设为 90，"光泽度"设为 70，将"漫反射"色彩值设为红绿蓝（196，211，159），将"环境光"的色彩值设为红绿蓝（69，79，47），参数如图 5-2-22 所示。

（12）展开"贴图"卷展栏，将"反射"贴图通道指定为"漩涡"贴图类型，参照图 5-2-23设置其参数，其中"基本"色彩值为红绿蓝（154，174，191），"漩涡"色彩值为红绿蓝（0，26，51），并将材质赋予台灯支架。

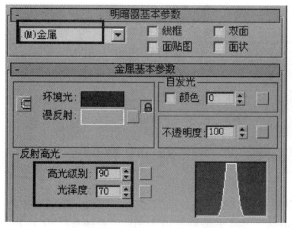

图 5-2-22　设置台灯支架材质参数

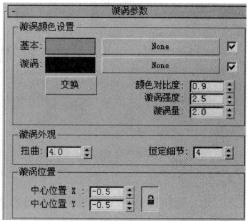

图 5-2-23　设置"漩涡"贴图参数

提问：漩涡噪波贴图在这里起到什么作用？

回答：漩涡纹理可以创建出两种颜色的螺旋混合效果，可以非常简单地制作出云层中龙卷风眼或者水面的漩涡效果，也可以产生像油画颜料调和的效果，在这里是使用漩涡纹理创建台灯支架金属的效果。

(13) 选择第 8 个空白材质球命名为"灯罩"，在"明暗器基本参数"卷展栏中的下拉列表框中将材质明暗器方式选择为"Blinn"，"高光级别"设为 10，"光泽度"设为 50，将"漫反射"色彩值设为红绿蓝（253，251，235），参数如图 5-2-24 所示。展开"扩展参数"卷展栏，参照图 5-2-25 所示设置其扩展参数，并将材质赋予灯罩。

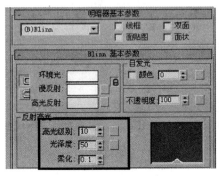

图 5-2-24 设置灯罩材质参数

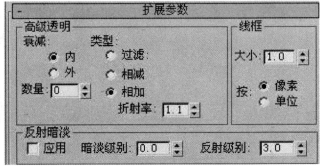

图 5-2-25 设置"扩展参数"卷展栏参数

(14) 选择第 9 个空白材质球命名为"墙面"，在"明暗器基本参数"卷展栏中的下拉列表框中将材质明暗器方式选择为"Blinn"，"高光级别"设为 10，"光泽度"设为 20，将"漫反射"色彩值设为红绿蓝（247，240，206），如图 5-2-26 所示。

(15) 展开"扩展参数"卷展栏，单击"凹凸"贴图通道右侧的 None 按钮，在弹出的"材质/贴图浏览器"对话框中选择"噪波"贴图类型，并参照图 5-2-27 设置其参数，并将材质赋予墙面。

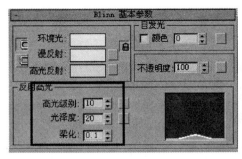

图 5-2-26 设置墙体材质基本参数

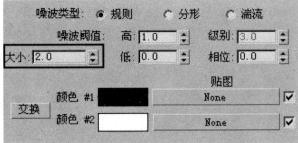

图 5-2-27 设置墙体材质基本参数

(16) 选择第 10 个空白材质球命名为"电视背景墙"，在"明暗器基本参数"卷展栏中的下拉列表框中将材质明暗器方式选择为"Blinn"，"高光级别"设为 10，"光泽度"设为 20，单击"漫反射"右侧的方形按钮，在"材质/贴图浏览器"对话框中双击"位图"，选择素材文件中的"壁纸.jpg"，调整好的材质如图 5-2-28 所示，并将材质赋予电视背景墙。

（17）选择第 11 个空白材质球命名为"沙发"，在"明暗器基本参数"卷展栏中的下拉列表框中将材质明暗器方式选择为"Phong"，"高光级别"设为 10，"光泽度"设为 10，如图 5-2-29 所示。展开"贴图"卷展栏，单击"漫反射"贴图通道右侧的 None 按钮，在"材质/贴图浏览器"对话框中双击"位图"，选择配套素材中的如图 5-2-30 所示的图片，单击"确定"按钮。

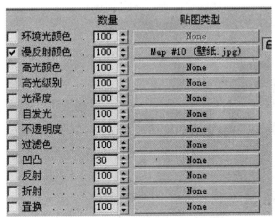

图 5-2-28　设置电视背景墙材质　　　　图 5-2-29　设置沙发材质

（18）返回上一层材质面板，为"凹凸"通道指定"位图"贴图类型，选择如图 5-2-31 所示。并将材质赋予两个沙发。

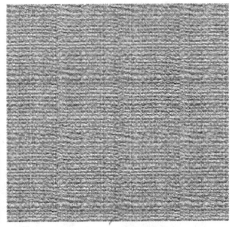

图 5-2-30　设置沙发材质　　　　　　图 5-2-31　设置"凹凸"通道

（19）选择第 12 个空白材质球，在"明暗器基本参数"卷展栏中的下拉列表框中将材质明暗器方式选择为"Blinn"，"高光级别"设为 40，"光泽度"设为 40，如图 5-2-32 所示。展开"贴图"卷展栏，单击"漫反射"贴图通道右侧的 None 按钮，在"材质/贴图浏览器"对话框中双击"位图"，选择素材文件中的如图 5-2-33 所示的图片，单击"确定"按钮。

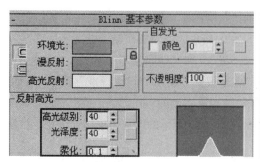

图 5-2-32   设置基层材质基本参数

图 5-2-33   使用的位图贴图

（20）选择第 13 个空白材质球，在"明暗器基本参数"卷展栏中的下拉列表框中将材质明暗器方式选择为"Blinn"，"高光级别"设为 200，"光泽度"设为 70，"漫反射"色彩值为红绿蓝（0，0，0），如图 5-2-34 所示。展开"贴图"卷展栏，单击"反射"贴图通道右侧的 None 按钮，在弹出的"材质 / 贴图浏览器"对话框中选择"光线跟踪"贴图类型，并参照图 5-2-35 在"光线跟踪器参数"卷展栏中设置其参数。

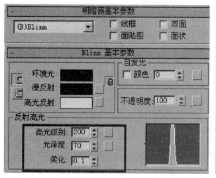

图 5-2-34   设置表层材质基本参数

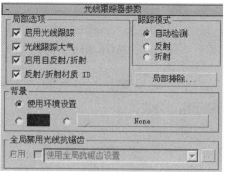

图 5-2-35   光线跟踪参数

（21）进入"衰减"卷展栏，参照如图 5-2-36 所示设置其衰减参数。

（22）单击第 14 个空白材质球命名为"电视柜"。单击"Standard"按钮，在弹出的对话框中选择"虫漆"材质，如图 5-2-37 所示。分别将第（19）步和第（20）步制作出的两个材质

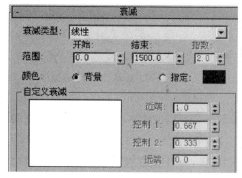

图 5-2-36   设置衰减参数

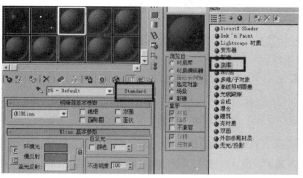

图 5-2-37   选择"虫漆"材质

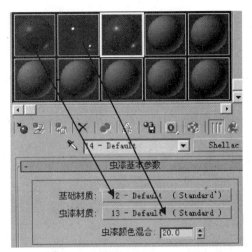

图5-2-38　设置"虫漆"材质参数

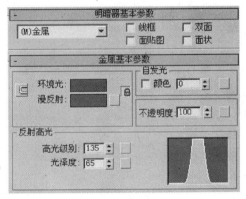

图5-2-39　设置音响材质基本参数

球拖拽到"基础材质"和"虫漆材质"右侧的长方条按钮上释放进行复制,然后将"虫漆颜色混合"参数设为20,如图5-2-38所示。

提问:什么是虫漆材质?

回答:虫漆材质是将一种材质加到另外一种材质上,这两种材质是通过"虫漆颜色混合"参数来控制它们的混合比例。现实中很多表面都可以用虫漆材质来表现,特别是那些有双层材质特点的,例如家装里常用的木地板。木地板在涂清漆之前,本身的木纹和打磨过的质地,就形成了一种材质,而涂上清漆之后,相当于在表面罩了一层高反射、光滑、透明的材质,让木地板的材质得到了改善,而由于表面清漆的透明性,木地板本身的质感依然能够体现。

(23)因为茶几和电视柜材质是相同的,所以将电视柜的材质再附给茶几。

(24)单击第15个空白材质球,命名为"音响"。在"明暗器基本参数"卷展栏中的下拉列表框中将材质明暗器方式选择为"金属","高光级别"设为135,"光泽度"设为65,并将"环境光"色彩值设为红绿蓝(84,92,107),将"漫反射"色彩值设为红绿蓝(97,92,104),如图5-2-39所示,并将材质赋予音响和电视的外边缘框。

(25)单击第16个空白材质球,命名为"筒灯"。在"明暗器基本参数"卷展栏中的下拉列表框中将材质明暗器方式选择为"Blinn","高光级别"设为0,"光泽度"设为10,将"环境光"与"漫反射"色彩值设为红绿蓝(255,255,255),并将材质赋予筒灯。

提问:如果材质编辑器中材质球用完了,还想继续做新的材质该怎么办呢?

回答:默认情况下材质编辑器只能显示24个材质球。但是可以重复利用,就是说能使用的材质球数量是没有上限的。当你发现材质球不够用时,可以任意找一个材质球,点击"重置贴图"✕按钮,在弹出的对话框中选择"仅影响编辑器示例窗中的材质／贴图",然后调节新的材质。如果还需要再调节之前的材质,只需要任选一个材质球,用吸管工具吸取场景中赋予了原先那个材质的物体。这样,原先的那个材质又显示在材质窗口中了。

(26)按【F9】键进行渲染,渲染效果如图5-2-1所示。单击渲染窗口中的"保存"按钮保存文件,文件名为"客厅ok.jpg"。

4．相关知识与技能

1）灯光的介绍

在默认状态下，3ds Max 9.0提供了两种灯光照亮场景——标准灯光和光度学灯光，如图5-2-40所示。如果用户创建了新的灯光，系统中的默认灯光就会自动关闭。

标准灯光是基于计算机模拟灯光对象，如家用或办公室灯、舞台和电影工作时使用的灯光设备和太阳光本身。不同种类的灯光对象可用不同的方法投射光线，模拟不同种类的光源。与光度学灯光不同，标准灯光不具有基于物理的强度值。

光度学灯光可以更精确地定义灯光，就像在真实世界一样。用户可以设置它们的分布、强度、色温和其他真实世界灯光的特性。目前在效果图设计中，光度学灯光使用频度要远高于标准灯光。

2）标准灯光

3ds Max 9.0中提供了以下八种标准灯光，如图5-2-40所示。

图5-2-40 灯光类型

✓泛光灯：泛光灯是一种可以向四面八方均匀照射的点光源，可用于照亮整个场景，易于建立和调节，但不宜建立过多，否则会使场景平淡而无层次感。在早期效果图的制作中，泛光灯是应用最广泛的一种光源。

✓目标聚光灯：产生一种类似于手电筒、舞台灯光等锥形区域。它由投射点、目标点两部分组成，用户可以单独调节这两个点的位置。它可以用来制作车灯、台灯、路灯等照射效果。

✓自由聚光灯：产生锥形照明区域，是一种没有目标点的光源，无法通过调节目标点和投射点的方法改变投射范围，但可以通过"选择并旋转"工具来改变投射方向，通常用于动画的制作。

✓目标平行光：是一种圆柱形的平行照射区域，其他功能与目标聚光灯基本相似。主要用于模拟阳光、探照灯、激光光束等效果。

✓自由平行光：是一种类似于自由聚光灯的平行光束，照射范围是圆柱形的，也是一种没有目标点的光源。

✓天光：是3ds Max中的一种高级灯光，适用于模拟真实的室内和室外光线。天光好比是一个圆球空间，把里面的物体从各个角度照亮，因此天光的建立对位置无特殊要求，当使用默认扫描线性渲染器时，需要与菜单"渲染/高级照明"下的"光跟踪器"或"光能传递"一起使用。在使用mental ray渲染器时也要结合其他配置才能使用，当在"渲染"卷展栏时打开"间接照明"选项卡中的"最终聚焦"设置时，天光才能产生效果。

✓mr区域泛光灯：当使用mental ray渲染器渲染场景时，mr区域泛光灯从球体或圆柱体发射光线，而不是从点光源发射光线。使用默认扫描线渲染器时，mr区域泛光灯像其他标准的泛光灯一样发射光线。其最大的特点是产生的阴影在光影附近的地方比较清晰，随着距离加大，阴影逐渐柔和并模糊。

✓mr区域聚光灯：当使用mental ray渲染器渲染场景时，mr区域聚光灯从矩形或碟形区域发射光线，而不是从点光源发射光线。使用默认扫描线渲染器时，区域泛光灯像其他标准的泛光灯一样发射光线。阴影产生方式与mr区域泛光灯相同。

3）标准灯光常用参数

由于所有灯光共用标准灯光的大多数参数，下面以目标聚光灯为例介绍灯光常用的参数。

（1）"常规参数"卷展栏（见图5-2-41）。

① "灯光类型"选项组如下。

✓ "启用"：打开或关闭灯光。

② "阴影"选项组如下。

✓ "阴影"：设置灯光是否产生阴影以及使用哪种方式产生阴影。

图5-2-41　"常规参数"

✓ "启用"：控制灯光是否产生阴影。

✓ "使用全局设置"：选择此复选框，把阴影参数设置应用到场景中所有投射阴影的灯光上。

✓ "阴影类型"：确定阴影投射的方式，有高级光线追踪、区域阴影、mental ray 阴影贴图、光线追踪阴影、阴影贴图。

✓ "排除"：将物体排除在本灯光照射范围之外。选择对话框中的"包含"复选框，可以把物体包含在本灯光照射之内。

（2）"强度 / 颜色 / 衰减"卷展栏（见图5-2-42）。

✓ "倍增"：对灯光的照射强度进行倍增控制，其默认值为1。如果将倍增设为2，灯光的强度将增加一倍；如果该值为负值，将产生吸光的效果。

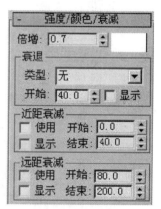

图5-2-42　"强度 / 颜色 / 衰减"卷展栏

✓ "颜色块"：用来调整灯光的颜色，默认为白色，用户可通过颜色选择器改变颜色。

① "衰减"选项组如下。

✓ "类型"：设置灯光衰退类型，有无、倒数、平方反比三种类型可供选择。

✓ "开始"：是指衰减的开始点，取决于是否使用了衰减。如果不使用衰减，则从光源处开始衰退；使用近距衰退，则从近距结束位置开始衰退。

② "近距衰减"选项组如下。

✓ "使用"：启用灯光的近距衰减。

✓ "开始"：设置光线开始出现的位置。

✓ "结束"：光线强度达到最大时的位置。

✓ "显示"：在视图中显示近距衰减范围的设置。

③ "远距衰减"选项组如下。

✓ "使用"：启用灯光的远距衰减。

✓ "开始"：设置光线开始变弱的位置。

✓ "结束"：光线强度减为0时的位置。

✓ "显示"：在视图中显示远距衰减范围的设置。

（3）"高级效果"卷展栏（见图5-2-43）。

✓ "对比度"：调整物体的漫反射区域和高光区域之间的对比度。

✓ "柔化漫反射边"：柔滑曲面的漫反射部分与环境光部分之间的边缘。

✓ "漫反射 / 高光反射 / 仅环境光"：允许灯光对漫反射区、高光区和环境色单独照射。

✓ "贴图"：选择该复选框，可以通过"贴图"按钮投射选定的贴图。

(4) "阴影参数"卷展栏（见图5-2-44）。

✓ "颜色"：设置阴影的颜色，默认设置为黑色。

✓ "密度"：调整阴影的密度。增加密度值可以增加阴影的密度（暗度）。

✓ "贴图"：为阴影指定贴图。选择该复选框，贴图的颜色将于阴影色混合。

(5) "聚光灯参数"卷展栏（见图5-2-45）。

✓ "泛光化"：选择该复选框，可使聚光灯兼有泛光灯的功能，向四周照射光线，同时保留聚光灯特性。

✓ "聚光区 / 光束"设置光线照射范围，默认值为43。

✓ "衰减区 / 区域"调节灯光的衰减区域，默认值为45。

✓ "圆 / 矩形"：设置是圆形灯光还是矩形灯光。

✓ "纵横比"：设置矩形长宽比例。

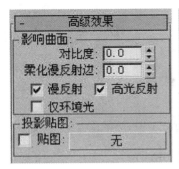

图5-2-43 "高级效果"卷展栏

图5-2-44 "阴影参数"卷展栏

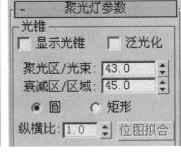

图5-2-45 "聚光灯"卷展栏

5. 拓展与技巧

光度学灯光是一种用于模拟真实灯光并可以精确地控制亮度的灯光类型。通过选择不同的灯光颜色并载入光域网文件（*.IES 灯光文件），可以模拟出逼真的照明效果。

在灯光类型下拉列表中选择光度学灯光选项，将展现光度学灯光的八种灯光类型：目标点光源、自由点光源、目标线光源、自由线光源、目标面光源、自由面光源、IES 阳光和 IES 天光，如图 5-2- 46 所示。

目标线光源是光度学灯光系统中较常用的一种。这里以目标线光源为例，对光度学灯光类型的灯光参数设置进行讲解。

图 5-2-46 "光度学"面板

目标线光源中与泛灯光、目标聚光灯拥有着相似的参数控制选项，但目标线光源在"强度 / 颜色 / 分布"卷展栏中的控制选项，与泛灯光、目标聚光灯差别很大，如图 5-2- 47 所示。

图 5-2-47　"强度／颜色／分布"
面板

"分布"：该选项用于控制灯光的分布方式，在选项右方的下拉列表中，包含了漫反射和 Web 两个选项。当选择 Web 选项时，在命令面板中会增加一项用于设置光域网文件的"Web 参数"卷展栏，如图 5-2-48 所示。

单击"Web 文件"右侧的"＜无＞"按钮，开启"打开光域网"对话框，在该对话框中可以选择光域网文件，如图 5-2-49 所示。选择一种与场景匹配的光域网文件，能够模拟真实的灯光效果。

6. 创新作业

练习灯光的使用方法，灯光效果如图 5-2-50 所示。要求如下。

（1）合理选择灯光的类型。

（2）准确调整灯光参数。

（3）做到主体突出。

图 5-2-48　Web 参数面板

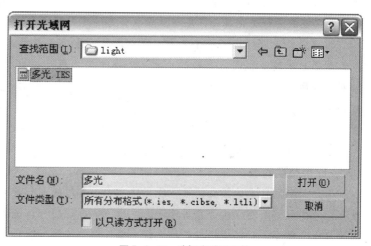

图 5-2-49　选择光域网文件

图 5-2-50　布光效果

项目实训　卫生间效果图制作

1. 项目背景

卫生间是室内效果图设计的组成部分之一，要制作出一幅好的效果图，必须注重灯光、材质的设置与运用。模型做得再好，如果灯光和材质设置不到位，也不能体现卫生间的功能。下面要制作一个卫生间的效果图，最终效果如图 5-2-51 所示。

2. 项目要求

（1）完成卫生间、水龙头、洗脸盆、牙刷等场景模型的制作。

（2）合理设置灯光，分析场景并合理布置光源。

（3）参照效果图制作材质，例如墙体材质使用"多维／子对象"，水龙头使用不锈钢材质。

3．项目提示

（1）使用"编辑多边形"修改器完成卫生间、水龙头、洗脸盆、牙刷等模型的制作。

（2）合理设置主光源和辅助光源。

（3）完成常用材质的编辑与设置。

（4）正确使用渲染器制作真实场景效果。

4．项目评价

本项目要求：能熟练设置场景材质，包括金属材质、瓷砖材质、毛巾材质等；能正确设置灯光与摄像机，完成光域网的设置。

图5-2-51　卫生间效果图

阅读材料

客厅一般可划分为会客区、用餐区、学习区等。会客区应适当靠外一些，用餐区接近厨房，学习区只占客厅的一个角落。在满足客厅多功能需要的同时，应注意整个客厅的协调统一；各个功能区域的局部美化装饰，应注意服从整体的视觉美感。

客厅的色彩设计应有一个基调。采用什么色彩作为基调，应体现主人的爱好。一般的居室色调都采用较淡雅或偏冷些的色调。向南的居室有充足的日照，可采用偏冷的色调，朝北居室可以用偏暖的色调。色调主要是通过地面、墙面、顶面来体现的，而装饰品、家具等只起调剂、补充的作用。总之，要做到舒适方便、热情亲切、丰富充实，使人有温馨、祥和的感受。

客厅设计是家庭设计的重点，客厅设计原则见如下所述。

1．风格要明确

客厅是家庭住宅的核心区域，现代住宅中，客厅的面积最大，空间也是开放性的，地位也最高，它的风格基调往往是家居格调的主脉，把握着整个居室的风格。因此，确定好客厅的装修风格十分重要。可以根据自己的喜好选择如传统风格，现代、混搭风格，中式风格或西式风格等。客厅的风格可以通过多种手法来实现，包括吊顶设计、灯光设计以及后期的配饰，其中色彩的不同运用更适合表现客厅的不同风格，突出空间感。

2．个性要鲜明

客厅设计是主人的审美品位和生活情趣的反映，因此客厅必须有自己的特色。不同的客厅装修中，每一个细小的差别往往都能折射出主人不同的人生观及修养、品位，因此设计客厅时要用心，要独具匠心。个性可以通过装修材料、装修手段的选择及家具的摆放来表现，但更多的是通过配饰等"软装饰"来表现，如工艺品、字画、坐垫、布艺、小饰品等，这些更能展示出主人的修养。

3．分区要合理

客厅要实用，就必须根据自己的需要来进行合理的功能分区。如果家人看电视的时间较长，那么就可以以电视为客厅中心，来确定沙发的位置和走向；如果不常看电视，客人又多，则完全可以会客区作为客厅的中心。

4. 重点要突出

客厅有顶面、地面及四面墙壁，因为视角的关系，墙面理所当然地成为重点。但四面墙也不能平均用力，应确立一面主题墙。主题墙是指客厅中最引人注目的一面墙，一般是放置电视、音响的那面墙。在主题墙上，可以运用各种装饰材料做一些造型，以突出整个客厅的装饰风格。主题墙是客厅装修的"点睛之笔"，有了这个重点，其他三面墙就可以简单一些，"四白落地"即可，如果都做成主题墙，就会给人以杂乱无章的感觉。顶面与地面是两个水平面。顶面在人的上方，顶面处理对整修空间起决定性作用，对空间的影响要比地面显著。地面通常是最先引人注意的部分，其色彩、质地和图案能直接影响室内观感。

客厅的照明也分两种，客厅分为大型会客厅与家居客厅，大型会客厅是以混合布灯为主，体现出豪华、精美的民族风格，在此不予详细的介绍。我们以家居客厅灯饰作为说明，供读者参考。客厅是家庭成员活动的中心区，亦是接待亲朋宾客的场所，灯光照明不能马虎、凑合，要精心设计布置。

一般采用一般照明与局部照明相结合的方式，即一盏主灯，再配其他多种辅助灯饰。如：壁灯、筒灯、射灯等。就主灯饰而言，若客厅层高在3000mm左右，宜用中档豪华型吊灯；层高在2500mm以下的，宜用中档装饰性吸顶灯或不用主灯；如果层高超过3500mm以上的客厅，可选用档次高、规格尺寸稍大一点的吊灯或吸顶灯。

另外，选用独立的台灯或落地灯放在沙发的一端，让不直接的灯光散射于整个起坐区，用于交谈或浏览书报。也可在墙壁适当位置安放造型别致的壁灯，能使壁上生辉。若有壁画、陈列柜等，可设置隐形射灯加以点缀。在电视旁放一盏光线柔和的台灯或落地灯，或在电视机背面设置一盏微型低照度白炽灯，以减弱厅内明暗反差，也有利于保护视力。客厅中的灯具，其造型、色彩都应与客厅整体布局一致。灯饰的布光要明快，气氛要浓厚，给客人有"宾至如归"的感觉。

复习思考题

(1) 3ds Max 9.0 中，灯光的类型有哪些？

(2) 如何在场景中设置阴影？

(3) 如何使用光域网文件模拟真实灯光？

(4) 目标聚光灯和自由聚光灯的区别是什么？

(5) 使用摄像机为效果图的制作提供了哪些便利？

(6) 灯光在复制的时候为什么使用关联复制？

第6章　卧室设计与制作

人的一生会有 1/3 的时间是在卧室里度过。卧室作为人们休息的环境，应考虑如何将其设计得更温馨、舒适。在室内色彩设计上应使用暖色调，烘托出温馨的氛围；室内地板宜采用木地板，能够使人感觉更加舒适。由于卧室是用于休息的场所，所以光线上一定要柔和。

学习目标：

- 掌握在 Lightscape 中编辑材质的方法；
- 掌握在 Lightscape 中创建日光效果的方法；
- 掌握用 Lightscape 进行光能传递并渲染图像的方法；
- 掌握在 Photoshop 中对图片进行后期处理的方法。

6.1　任务一：卧室建模以及Lightscape渲染处理

1. 任务描述

图 6-1-1　卧室效果图

卧室，又被称作卧房、睡房，分为主卧和次卧，是供人在其内睡觉和休息的房间。卧室布置的好坏，直接影响到人们的生活、工作和学习，卧室成为家庭装修的设计重点之一。因此，在设计时，人们首先注重实用，其次是装饰。好的卧室格局不仅要考虑物品的摆放、方位，整体色调的安排以及舒适性也都是不可忽视的环节。本案例中图 6-1-1 所示的效果在整体表现上比较优秀，尤其是在材质和光线的表现上，这两点是本案例的一个亮点所在。

2. 任务分析

本任务的制作流程是：先在 3ds Max 中进行模型的创建、简单的材质编辑以及场景灯光的创建，然后将场景文件输出为 LP 格式的文件，并在 Lightscape 中打开再进行详细的材质编辑与灯光的调节，最后进行光能传递与渲染图像。

3. 方法与步骤

> **提示：**
> ① 卧室墙体是通过创建一个长方体并添加"法线"修改器将其翻转制作出墙体框

架结构；②床头背景墙的造型是通过绘制二维图形并挤出创建而成；③合并床的模型；④在 3ds Max 9.0 中暂时为各对象指定材质，同时为相应的材质命名；⑤添加 3 盏目标点光源作为室内照明；⑥导出 LP 文件。

1) 创建卧室模型

(1) 单击"创建" —→ "长方体"按钮，在顶视图中创建一个长度为 5000mm、宽度为 5000mm、高度为 2800mm 的长方体，命名为"墙体"。

提问：为什么不使用多个长方体来创建房间？

回答：一说到创建房间很容易就想到使用多个长方体来组建墙体，这种方法看起来很方便，容易掌握，但是使用多个长方体组成墙体会增加整个场景的面片数，从而影响后面的光能传递和渲染速度；而且在光能传递时，墙体的表面容易出现黑斑现象，使画面显得不太洁净。

(2) 单击"修改"面板，在"修改器列表"中选择"法线"修改器，在"参数"卷展栏中选中"翻转法线"复选框，如图 6-1-2 所示。

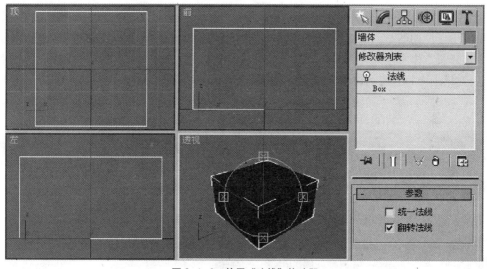

图 6-1-2 使用"法线"修改器

提问：为什么要对长方体对象进行法线翻转？"法线"是什么意思？

回答：通过对长方体对象进行法线翻转，创建出室内的空间。通过选择视图控制区的"缩放" 🔍 工具，可以进入到室内。3ds Max（也包括其他的三维软件）中，模型的表面都有正反之分。在模型的每一个网格三角面的正面，引出一条垂线，叫做面的法线。改变法线的方向，也就翻转了表面。对于立体表面而言，它是有正负的规定：一般来说，由立体的内部指向外部的是正向，反过来的是负法线方向。充分理解面的这一特性和有关法线的操作，是学习建模的基础。

（3）在"修改器列表"中选择"编辑网格"修改器，再选择该命令的"多边形"层级，然后在顶视图中选择长方体左边的面，将其删除，作为卧室的窗户。同时，为了方便观察模型，可将房顶以及正对床的墙面选择并隐藏，效果如图 6-1-3 所示。

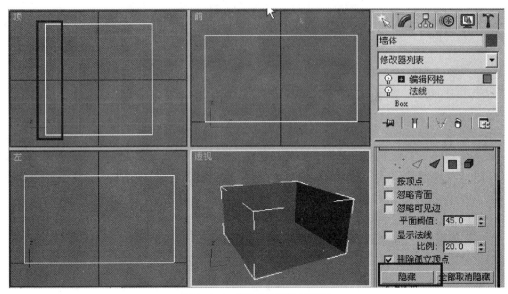

图 6-1-3   删除和隐藏选择的面

（4）由于地面的材质与墙体的材质不同，为了方便后面材质的编辑，这里应先将地面分离出来。选择长方体中作为地面的面，在"编辑几何体"卷展栏中单击"分离"按钮，在弹出的"分离"对话框中将分离的对象重命名为"地面"，如图 6-1-4 所示。

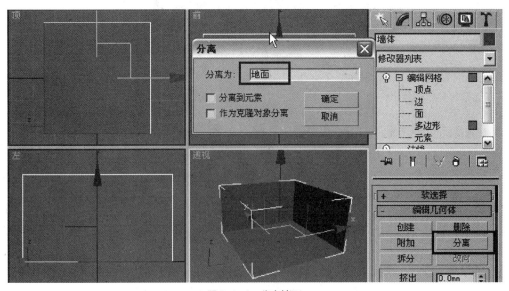

图 6-1-4   分离地面

（5）在阳台和卧室之间创建隔墙模型。单击"创建"——→"矩形"按钮，在左视图中创建一个矩形，长度为2800mm，宽度为5000mm，命名为"隔墙"。用"对齐工具"与墙体对齐，如图6-1-5所示。

（6）激活透视图，用鼠标右键单击矩形，在弹出的快捷菜单中选择"转换为："——→"转换为可编辑样条线"选项，如图6-1-6所示。

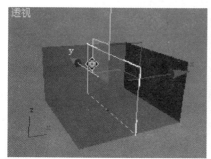

图6-1-5 创建矩形

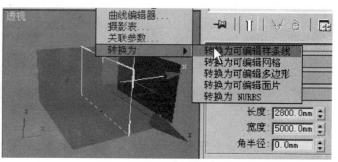

图6-1-6 转换为可编辑样条线

（7）选择修改器堆栈中"样条线"子对象层级，在"几何体"卷展栏中设置"轮廓"为500mm，生成双线形状，如图6-1-7所示。

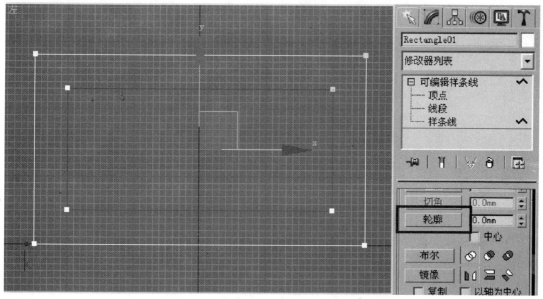

图6-1-7 设置轮廓

（8）选择修改器堆栈中的"线段"子对象层级，在左视图中选择内线框下方的线段并将其向下移动到适合位置，如图6-1-8所示。

（9）选择修改器堆栈中的"样条线"子对象层级，选择外框线条，展开"几何体"卷展栏，单击"差集"按钮 ，再单击"布尔"按钮拾取内框线条，完成布尔运算，如图6-1-9所示。

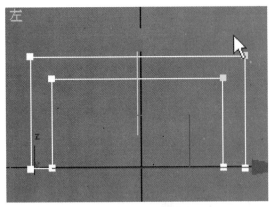
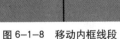

图 6-1-8　移动内框线段

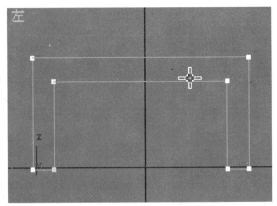

图 6-1-9　布尔操作

（10）选择修改器堆栈中的"线段"子对象层级，然后选择内框左右两边的线条，适当调整其位置，如图 6-1-10 所示。

（11）在"修改器列表"中选择"挤出"修改器，设置挤出数量为 200mm，然后将创建好的隔墙模型放置在距离阳台约 1200mm 的位置，如图 6-1-11 所示。

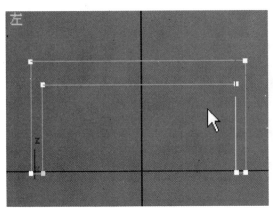

图 6-1-10　调整左右线条的位置

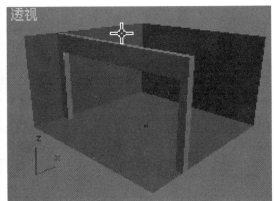

图 6-1-11　调整隔墙的位置

（12）激活前视图并将其最大化显示，然后在前视图中创建两个长度为 500mm、宽度为 800mm 的矩形，调整两个矩形之间的距离约 10mm，如图 6-1-12 所示。

（13）在前视图中创建一个长度均为 300mm、宽度均为 200mm 的矩形，将其移动至如图 6-1-13 所示的位置。

（14）将创建的矩形转换为可编辑样条线，然后在"几何体"卷展栏中单击"附加"按钮，拾取视图中的其余两个矩形，将三个矩形结合在一起。

（15）选择修改器堆栈中的"样条线"子对象层级，在视图中选择下方较大的矩形，然后在"几何体"卷展栏中单击布尔运算中的"差集"按钮，再单击"布尔"按钮拾取视图中的小矩形，完成布尔运算后的效果如图 6-1-14 所示。

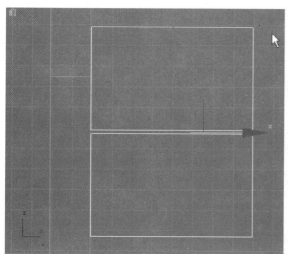

图6-1-12 创建矩形

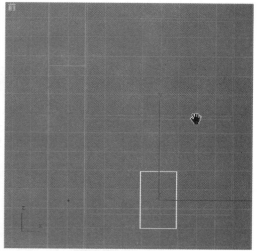

图6-1-13 创建矩形

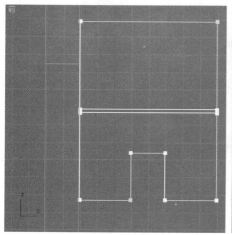

图6-1-14 布尔运算

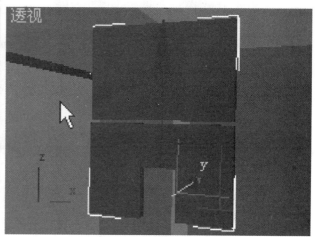

图6-1-15 进行挤出操作

（16）对布尔运算后的图形添加挤出修改器，设置挤出"数量"为60mm，命名为"装饰板"，如图6-1-15所示。

（17）按【M】键打开"材质编辑器"窗口，选择第1个材质样本球，将其命名为"黑胡桃"，单击漫反射后面的色块随意选择一种颜色，在视图中选择"装饰板"的模型，然后单击"材质编辑器"窗口中的 按钮，将该材质赋予选择的模型，如图6-1-16所示。

（18）在前视图中创建两个长度均为460mm、宽度为300mm的矩形，然后对其添加挤出修改器，设置挤出"数量"为60mm，命名为"铝塑板1"和"铝塑板2"，效果如图6-1-17所示。

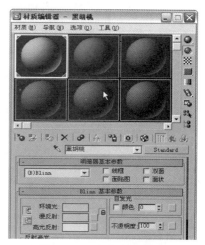

图6-1-16 创建黑胡桃材质

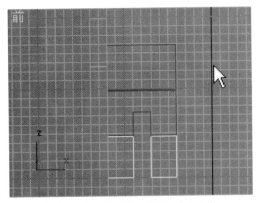

图 6-1-17 创建矩形并进行挤出操作

（19）打开"材质编辑器"窗口，选择第 2 个材质样本球，将其命名为"铝塑板"，单击漫反射后面的色块随意选择一种颜色，并将该材质赋予刚创建的模型。

（20）在前视图中选择装饰板的模型，单击工具栏中的 按钮，然后将选择的对象沿 Y 轴进行镜像复制，其参数设置如图 6-1-18 所示。

（21）在前视图中创建一个长度为 760mm、宽度为 40mm、高度为 40mm 的长方体，然后调整至如图 6-1-19 所示的位置，命名为"装饰条"，

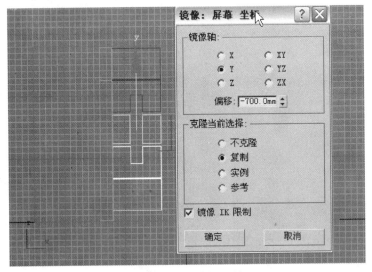

图 6-1-18 镜像复制对象

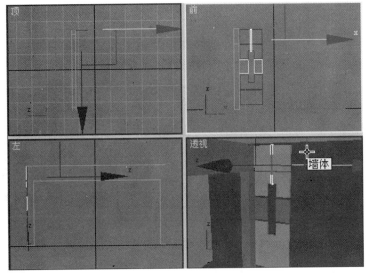

图 6-1-19 创建长方体并调整其位置

作为造型墙上的装饰条。

（22）在前视图中将装饰条向下复制一个。打开"材质编辑器"窗口，选择下一个材质样本球，将其命名为"亮金属"，单击漫反射后面的色块随意选择一种颜色，将该材质赋予装饰条对象。

（23）在前视图中选择已创建好的装饰墙模型，单击"组"→"成组"命令，在弹出的"组"对话框中，将组名设置为"装饰墙"，然后单击"确定"按钮，将选择的对象群组在一起，如图6-1-20所示。

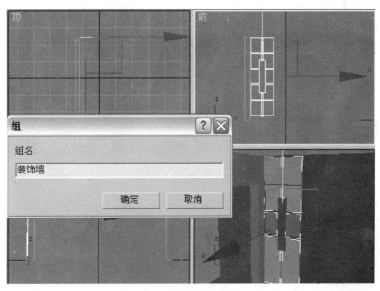

图6-1-20　群组对象

（24）在前视图中创建一个长度为2500mm、宽度为2200mm、高度为10mm的长方体，然后将其调整至装饰墙的右侧，命名为"装饰背景墙"，如图6-1-21所示。

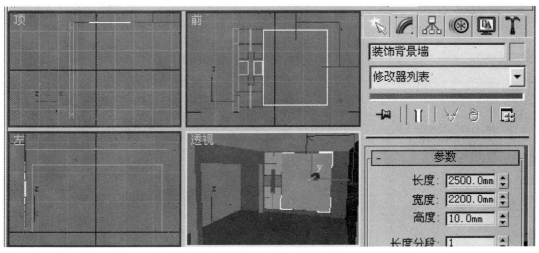

图6-1-21　创建长方体并调整其位置

（25）按住【shift】键的同时，在前视图中将装饰墙模型拖拽到装饰背景墙模型的右侧，释放鼠标，弹出"克隆选项"对话框，然后单击"确定"按钮对其进行复制，如图 6-1-22 所示。

图 6-1-22　复制对象

（26）创建一个长方体，命名为"灯槽"，移动到合适的位置，具体参数如图 6-1-23 所示。

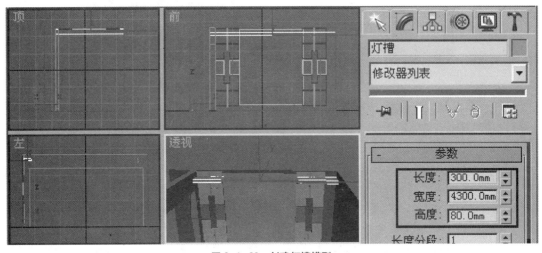

图 6-1-23　创建灯槽模型

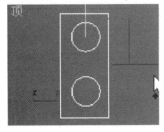

图 6-1-24　创建矩形和圆

（27）在顶视图中创建一个长度为 250mm、宽度为 120mm 的矩形和两个半径为 35mm 的圆，选择矩形，为其添加"编辑样条线"修改器，单击"附加"命令，在视图中选择圆，将三个图形附加在一起，如图 6-1-24 所示。

（28）对结合后的图形添加挤出修改器，设置挤出"数量"为 20mm，如图 6-1-25 所示。

（29）打开"材质编辑器"窗口，选择下一个未编辑的材质

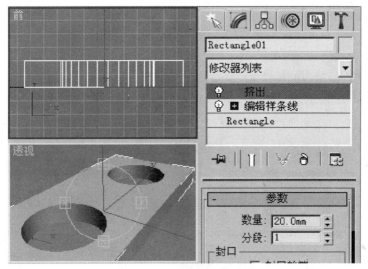

图 6-1-25　挤出操作

样本球，将其命名为"黑金属"，单击漫反射后面的色块随意选择一种颜色，然后赋予刚创建的对象。

　　(30) 单击"创建"——→"圆柱体"按钮，在顶视图中创建两个半径均为 35mm、高度均为 10mm 的圆柱体，命名为"筒灯"，如图 6-1-26 所示。

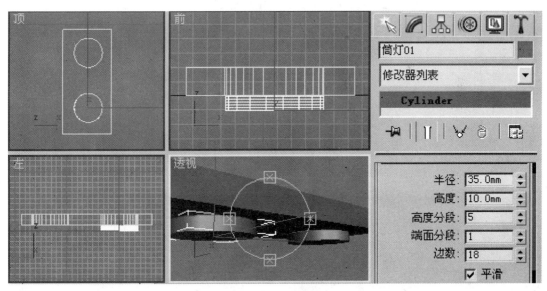

图 6-1-26　创建圆柱体

　　(31) 打开"材质编辑器"窗口，选择下一个未编辑的材质样本球，将其命名为"发光体"，单击漫反射后面的色块随意选择一种颜色，然后将其赋予刚创建的圆柱体。

　　(32) 将第 (27) 步到第 (31) 步创建的对象进行群组，组名为"双孔射灯"，并对其进行两次复制，然后将这三个对象移动至灯槽的合适位置，如图 6-1-27 所示。

（33）在创建阳台的落地窗模型时，为了便于进行相关操作，可以先将一些模型隐藏起来。选择场景中的墙体并单击鼠标右键，在弹出的快捷菜单中选择"隐藏未选定对象"选项，将除墙体之外的对象隐藏起来。

（34）用鼠标右键单击工具栏中的 按钮，在弹出的"栅格和捕捉设置"窗口中选择"顶点"复选框，如图 6-1-28 所示。

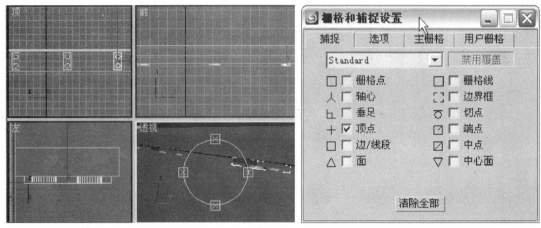

图 6-1-27　群组双孔射灯并复制　　　　图 6-1-28　捕捉设置

（35）将左视图最大化显示，通过顶点捕捉功能捕捉墙体的端点绘制一个矩形，如图 6-1-29 所示。

💭提问：为什么要使用捕捉工具？

👆回答：正确的运用 3ds Max 中的捕捉功能，可以快速、准确地创建模型，从而大大地提高工作效率。

（36）在左视图中创建 5 个长度均为 2700mm、宽度均为 950mm 的矩形，并调整其水平间距为 50mm，如图 6-1-30 所示。

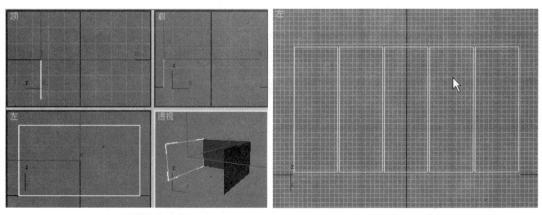

图 6-1-29　通过捕捉方式绘制矩形　　　　图 6-1-30　创建矩形

提问：如何控制两个矩形之间的间距为精确数值呢？

回答：可以使用阵列复制法，在 X 增量中添入 1000mm，自己考虑一下为什么填写这个数值，而不是 50mm。

（37）将前面创建的 6 个矩形结合在一起，并进行挤出操作，设置挤出"数量"为 20mm，并将其移动至阳台窗户处作为窗户边框，命名为"窗框"，如图 6-1-31 所示。

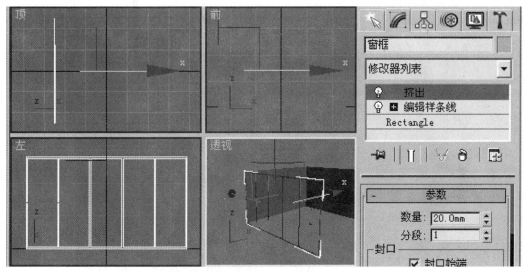

图 6-1-31 "挤出"窗框

（38）单击"创建"——"平面（Plane）"按钮，在左视图中创建一个长度为 2680mm、宽度为 4900mm 的平面，并将其作为玻璃模型移动至窗户边框内，命名为"玻璃"，如图 6-1-32 所示。可以对玻璃进行水平镜像处理，使之朝室内的面显示出来。

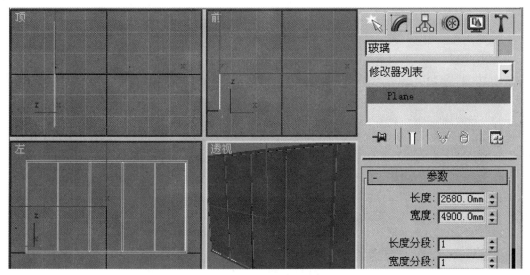

图 6-1-32 创建平面

提问：为什么这里创建平面表示玻璃，而不是创建长方体表示玻璃呢?

回答：在 3ds Max 中提供的"平面"模型，是一种只能在一个方向可见的模型。当不能完全显示平面模型的状态时，只需要对其面进行翻转即可。这里之所以可以运用平面模型作为玻璃对象，是由于这个位置玻璃的厚度不会显示出来，所以可以忽略其厚度，使用平面模型创建玻璃对象，可以减少模型的面片数。

(39) 在任意视图中单击鼠标右键，在弹出的快捷菜单中选择"全部取消隐藏"选项，将所有对象显示出来，如图 6-1-33 所示。

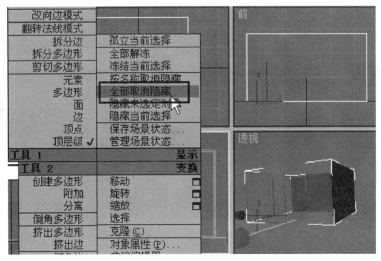

图 6-1-33   全部取消隐藏

(40) 单击"创建"——→"摄影机（Camera）"——→"目标"按钮，在顶视图中创建一架目标摄像机，并调整摄像机的高度和镜头参数，如图 6-1-34 所示。

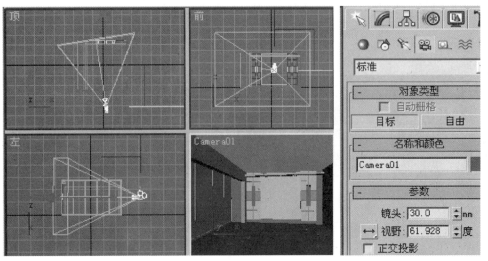

图 6-1-34   创建目标摄影机

提问：添加摄像机的功能是什么？

回答：3ds Max 中将摄影机的位置调整好后，再输出到 Lightscape 中时就不用再调整视图角度，因为在 Lightscape 中调整视图角度是件比较麻烦的事。

（41）单击"文件"——→"合并"命令，弹出"合并文件"对话框，如图 6-1-35 所示，选择本书配套素材中第 6 章 \Models 目录下的 bed.max 文件，单击"打开"按钮。

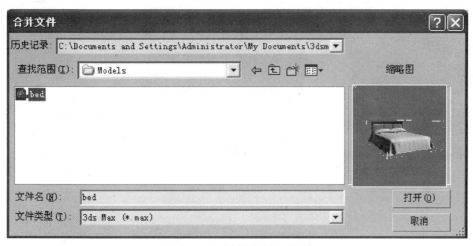

图 6-1-35 "合并文件"对话框

（42）在弹出的"合并 -bed.max"对话框中，选择合并的对象 bed，然后单击"确定"按钮，如图 6-1-36 所示。选择床的模型，在场景中移动到合适的位置，完成卧室内模型的创建。

提问：为什么要合并模型呢？

回答：合并整理好的素材模型到场景中，是做效果图的常用技巧。所以平时养成对素材模型搜索归类的习惯，这样可以在很大程度上提高工作效率。

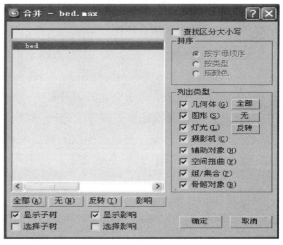

图 6-1-36 选择合并对象

（43）按【M】键弹出"材质编辑器"窗口，选择一个未编辑的材质样本球，将其命名为"白漆"，单击漫反射后面的色块随意选择一种颜色，然后将该材质赋予墙体和房顶对象。

（44）选择地面对象，打开"修改"面板，在"修改器列表"中的选择"UVW 贴图"选项，在"贴图"选项区中选中"长方体"单选按钮，然后设置其"长度"为 600mm、"宽度"为 1500mm、"高度"为 1mm，如图 6-1-37 所示。

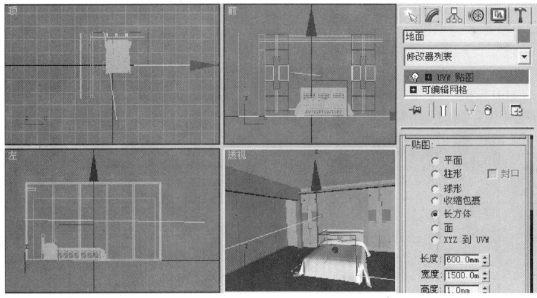

图6-1-37　设置相应的参数

🔒提问：添加UVW贴图有什么用途呢？

🔧回答：使用UVW贴图的作用有两个：第一，可以正确的显示贴图纹理；第二，可以指定一个贴图单位面积大小。

（45）在"材质编辑器"窗口中选择一个未编辑的材质样本球，将其命名为"木地板"，单击漫反射后面的色块随意选择一种颜色，然后将该材质赋予地面对象。

（46）选择名称为"亮金属"的材质球，将该材质赋予窗口边框对象。

（47）选择一个未编辑的材质样本球，将其命名为"玻璃"，单击漫反射后面的色块随意选择一种颜色，然后将其赋予窗户玻璃对象。

（48）在"材质编辑器"窗口中选择一个未编辑的材质样本球，单击"从对象拾取材质"按钮，选择"床"对象，然后将提取的材质重新命名，便于在Lightscape中编辑材质时进行辨认，如图6-1-38所示。

🔒提问：为什么要拾取床的材质？

🔧回答：合并进来的模型有些是已经被赋予材质的，所以往往在被合并后，对象会因为其材质不存在而需要重新编辑，这时可以将合并对象的材质提取出来，然后对其进行编辑。

（49）单击"创建"——"灯光"，在下拉列表框中选择"光度学"选项，单击"目标点光源"按钮，在前视图中创建一个目标光源，如图6-1-39所示。

🔒提问：场景中到底要添加多少数量的灯才合适呢？

🔧回答：场景中灯光的数量是没有具体规定的，要根据所创建的场景决定的，例如本案

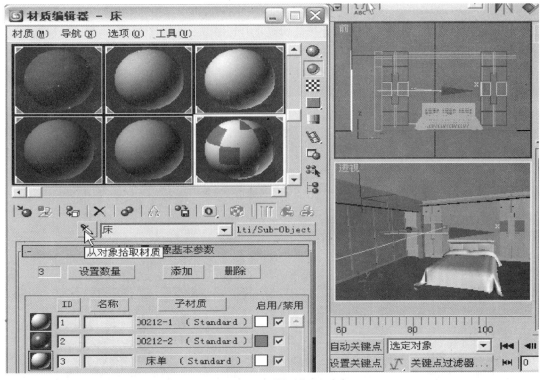

图 6-1-38　提取材质并重新命名

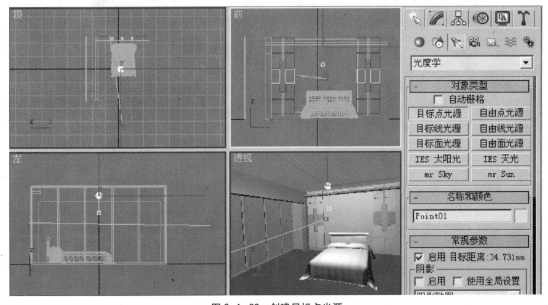

图 6-1-39　创建目标点光源

例的卧室，其反映的光线是主要以室外阳光照明为主、室内灯光照明为辅，所以在场景中只需要添加三盏灯进行照明即可。

（50）在工具栏中的"选择过滤器" 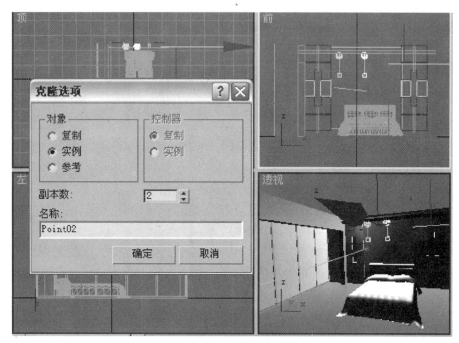下拉列表框中选择"灯光"类型，然后选择
创建的目标点光源，将其移动到灯槽处相应的双孔射灯下方。按住【Shift】键的同时拖动创建
的目标点光源到另一个双孔射灯对象下方，释放鼠标，在弹出的"克隆选项"对话框中，选
中"实例"单选按钮，设置"副本数"为 2，然后单击"确定"按钮，即可对选择的目标点
光源进行复制，如图 6-1-40 所示。

图 6-1-40　复制目标点光源

　　提问："选择过滤器"是什么工具？
　　回答：如果场景中的对象太多，例如有几何体、图形、灯光、摄像机等，在选择所需
要的对象时，往往会选中不需要的对象，此时通过在"选择过滤器"下拉列表框中指定选择的
类型，可以很容易的选择所需要的对象。

（51）单击"文件"──→"导出"命令，弹出"选择要导出的文件"对话框，在"保
存在："下拉列表框中选择保存文件的路径；在"文件名"文本框中输入导出文件的名称；
在"保存类型"下拉列表框中选择"Lightscape 准备（*.LP）"选项，如图 6-1-41 所示，
然后单击"保存"按钮。

　　提问：LP 是什么格式的文件？
　　回答：要在 Lightscape 中进行材质编辑、灯光处理以及渲染输出等操作，就需要在 3ds
Max 中将场景文件导出为 Lightscape 能够识别的文件格式。

（52）在弹出的"导入 Lightscape 准备文件"对话框中，设置"主单位"为"毫米"、

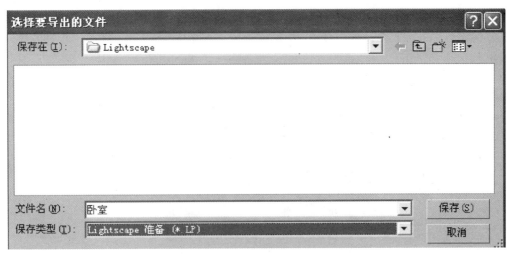

图 6-1-41 导出 LP 文件

"创建层"为"材质",取消选择"不保存纹理数据"复选框,然后单击"确定"按钮,即可将 3ds Max 文件输出为 LP 格式文件,如图 6-1-42 所示。

2)Lightscape 渲染处理

> 提示:
> ①在 Lightscape 中进一步设置具体的材质。②在 Lightscape 中设置日光效果。③光能传递渲染出效果图。

(1)启动 Lightscape 应用程序后,执行"文件"——→"打开"命令,在弹出的"打开"对话框中,选择需要打开的"卧室.LP"文件,如图 6-1-43 所示,然后单击"打开"按钮。

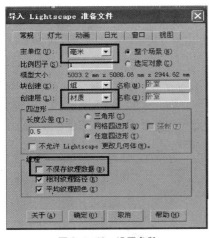

图 6-1-42 设置参数

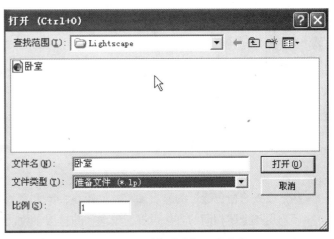

图 6-1-43 选择"卧室.LP"文件

提问：在 Lightscape 中对对象渲染处理的流程是什么？

回答：主要流程是：编辑材质——→光源调节——→面片网格参数调节——→光能传递——→渲染输出。

（2）为了更好地显示对象的形状，可以单击工具栏中⬚按钮，视图中的模型以线框的形状显示出来，如图 6-1-44 所示。

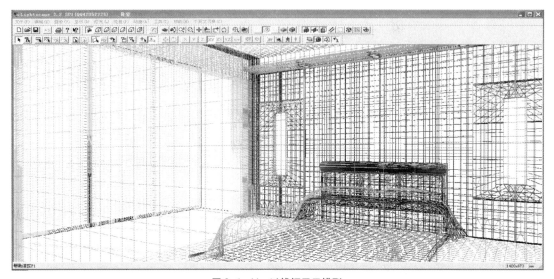

图 6-1-44　以线框显示模型

（3）单击工具栏中的🔘按钮，打开"材质面板"对话框，在其中双击"白色漆"选项，可以打开该材质的属性对话框，如图 6-1-45 所示。

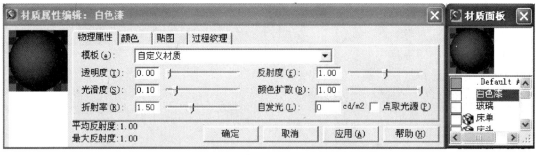

图 6-1-45　材质面板对话框和属性对话框

（4）设置"白色漆"的材质参数，如图 6-1-46 和图 6-1-47 所示。

（5）用与上述相同的方法设置"玻璃"的材质参数，如图 6-1-48 和图 6-1-49 所示。

（6）设置"床单"的材质参数，如图 6-1-50 所示。

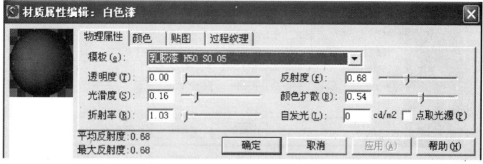

图 6-1-46　"白色漆"的材质参数（1）

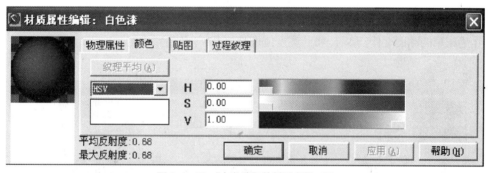

图 6-1-47　"白色漆"的材质参数（2）

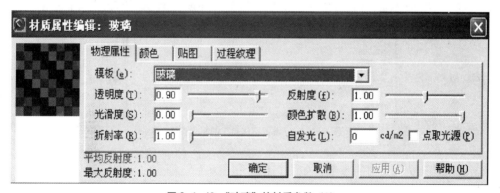

图 6-1-48　"玻璃"的材质参数（1）

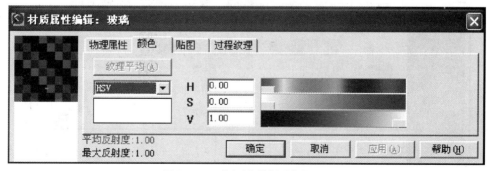

图 6-1-49　"玻璃"的材质参数（2）

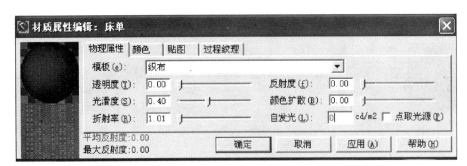

图 6-1-50 "床单"的材质参数

(7) 在"床单"材质的属性对话框中,选择"贴图"选项卡,然后单击"浏览"按钮,在弹出的"打开"对话框中,选择本书配套素材中第 6 章 \Maps 目录中的"布艺.jpg"文件并将其打开,作为床单的贴图文件,最后,将其亮度值调整为 0.66,单击"确定"按钮,如图 6-1-51 所示。

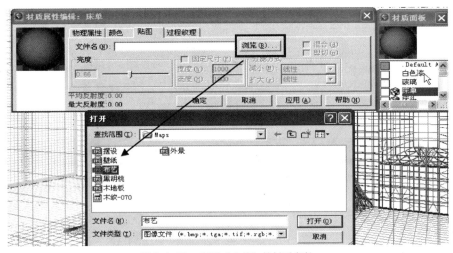

图 6-1-51 设置"床单"的材质参数

(8) 设置"床头"的材质参数,如图 6-1-52 和图 6-1-53 所示。

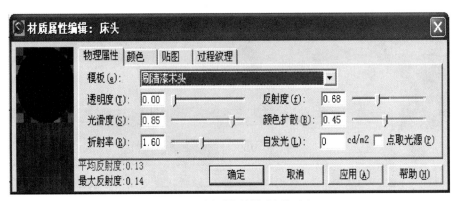

图 6-1-52 "床头"的材质参数(1)

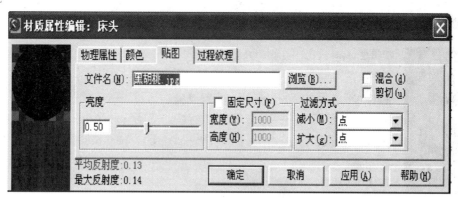

图 6-1-53 "床头"的材质参数（2）

（9）设置"发光体"的材质参数，如图 6-1-54 和图 6-1-55 所示。

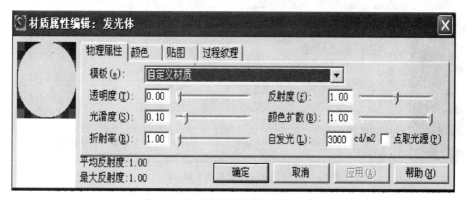

图 6-1-54 "发光体"的材质参数（1）

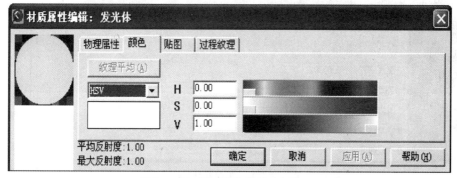

图 6-1-55 "发光体"的材质参数（2）

（10）设置"黑胡桃"的材质参数，如图 6-1-56、图 6-1-57 和图 6-1-58 所示。

提问："凹凸映射"是什么意思？

回答：启用"凹凸映射"选项，可以使具有反射材质的模型表面产生模糊反射效果，其宽度值一般设置为 0.00000001~0.0000001 之间比较合适。

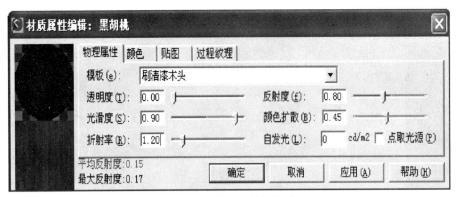

图 6-1-56 "黑胡桃"的材质参数 (1)

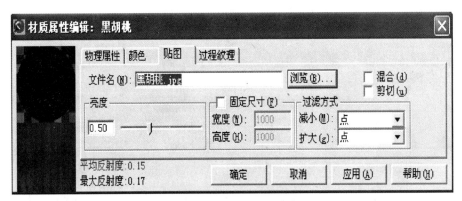

图 6-1-57 "黑胡桃"的材质参数 (2)

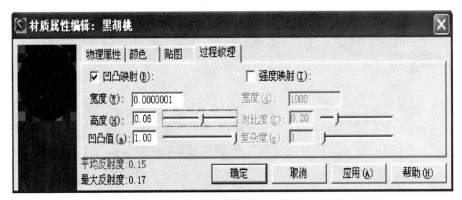

图 6-1-58 "黑胡桃"的材质参数 (3)

(11) 设置"黑金属"的材质参数，如图 6-1-59 和图 6-1-60 所示。

(12) 设置"亮金属"的材质参数，如图 6-1-61 和图 6-1-62 所示。

(13) 设置"铝塑板"的材质参数，如图 6-1-63、图 6-1-64 和图 6-1-65 所示。

(14) 设置"木地板"的材质参数，如图 6-1-66、图 6-1-67 和图 6-1-68 所示。

(15) 设置"墙纸"的材质参数，如图 6-1-69 和图 6-1-70 所示。

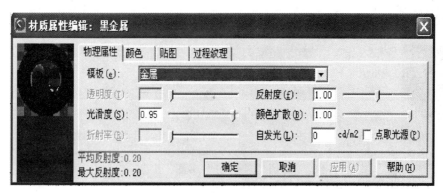

图 6-1-59 "黑金属"的材质参数（1）

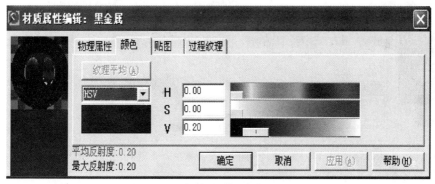

图 6-1-60 "黑金属"的材质参数（2）

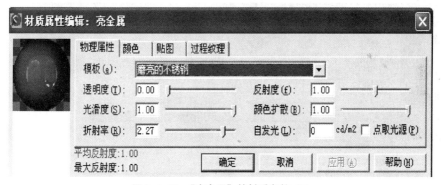

图 6-1-61 "亮金属"的材质参数（1）

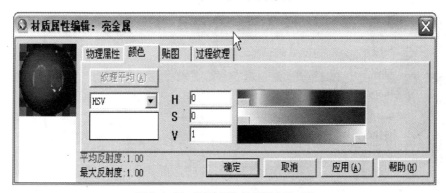

图 6-1-62 "亮金属"的材质参数（2）

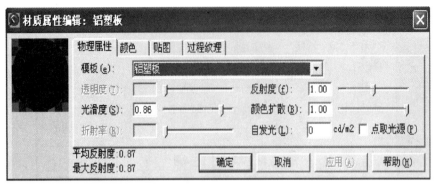

图 6-1-63 "铝塑板"的材质参数（1）

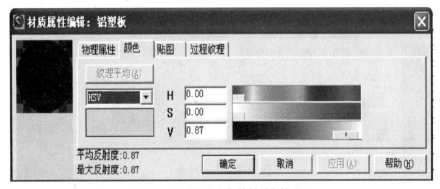

图 6-1-64 "铝塑板"的材质参数（2）

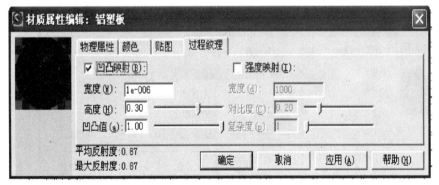

图 6-1-65 "铝塑板"的材质参数（3）

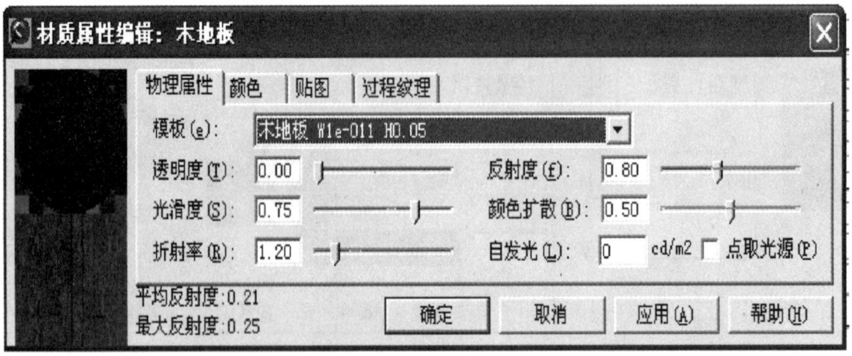

图 6-1-66 "木地板"的材质参数（1）

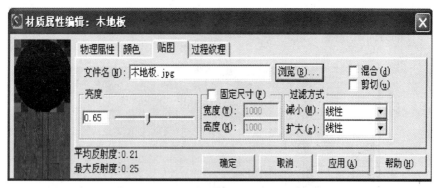

图 6-1-67 "木地板"的材质参数（2）

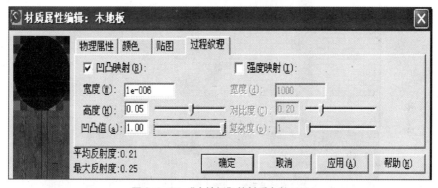

图 6-1-68 "木地板"的材质参数（3）

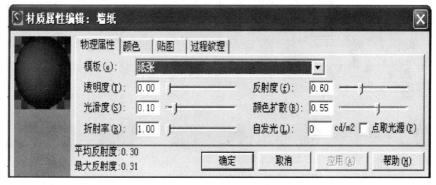

图 6-1-69 "墙纸"的材质参数（1）

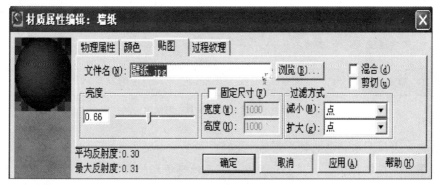

图 6-1-70 "墙纸"的材质参数（2）

（16）单击🔲按钮，将视图切换到顶视图显示模式，这样可以知道窗户所在的方向，为后面设置太阳光的方向做准备，如图 6-1-71 所示。

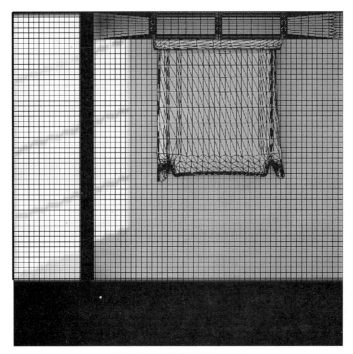

图 6-1-71　顶视图显示场景

（17）单击"灯光"──→"日光"命令，弹出"日光设置"对话框，选中对话框中的"太阳光和天空"选项卡，启用人工控制光照效果功能，设置"天空情况"为"多云"，如图 6-1-72 所示。

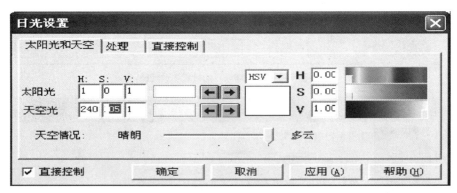

图 6-1-72　"日光设置"对话框

🐌提问：太阳光和天空光颜色需要修改么？

🐌回答：系统所提供的太阳光和天空光颜色能够达到较好的效果，通常情况下不需要修改这两种光照的颜色。如果因为特殊环境需要对这两种光照的颜色进行修改，可以直接在相应的 H、S、V 文本框中输入颜色参数值即可，也可以在右方的颜色调解器中调节好颜色后，单击"太阳光"或"天空光"选项右方的按钮，即可进行确定操作，如图 6-1-73 所示。

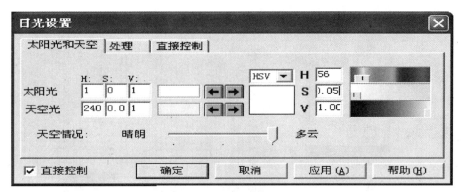

图 6-1-73 设置太阳光颜色

（18）选择"处理"选项卡，设置其中的参数如图 6-1-74 所示。

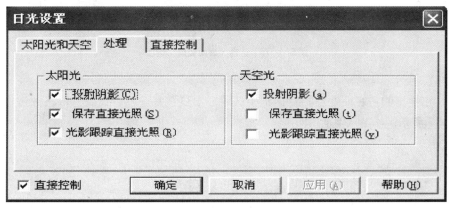

图 6-1-74 设置日光参数

（19）选择"直接控制"选项卡，设置太阳光的旋转角度、仰角和太阳光的强度，如图 6-1-75 所示。

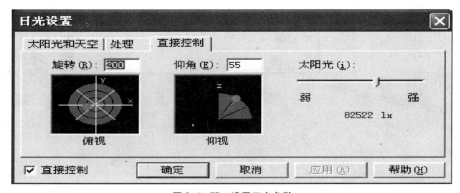

图 6-1-75 设置日光参数

（20）在工具栏中依次单击 、 、 按钮，选择窗户模型，然后单击鼠标右键，在弹出的快捷菜单中选择"表面处理"选项，如图 6-1-76 所示。

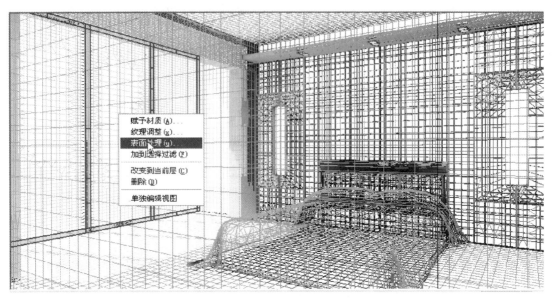

图 6-1-76　选择"表面处理"选项

（21）在弹出的"表面处理"对话框中选中"窗口"复选框，设置"网格分辨率"为 3，如图 6-1-77 所示，单击"确定"即可。

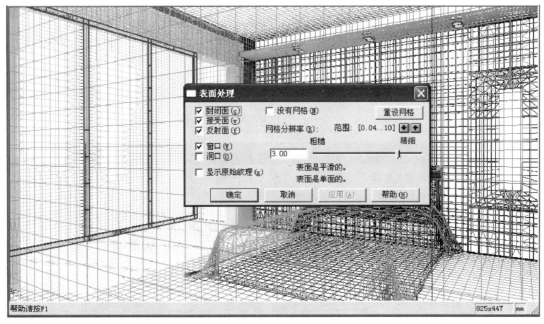

图 6-1-77　设置网格分辨率

提问：创建日光效果要注意哪些问题？

回答：在 Lightscape 中创建日光效果的原理是，通过指定场景中的窗口后，让阳光从室外照射进来。创建日光效果需要注意三个关键点：①进行日光设置；②启用"日光（太阳光＋天空光）"功能；③指定窗口或洞口。

（22）单击"处理"——→"参数"命令，在弹出的"处理参数"对话框中分别选中"日光（太阳光＋天空光）（D）"和"仅计算洞口和门窗的日光（O）"复选框，如图 6-1-78 所示。

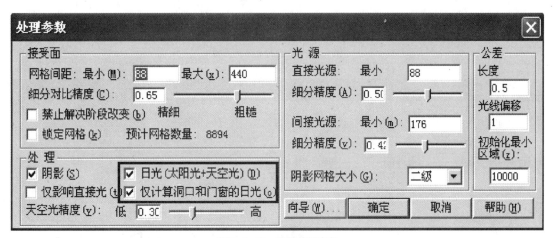

图 6-1-78　设置处理参数

（23）单击工具栏中的、按钮，进行初步光能传递计算，查看目前光照参数设置的效果，当光能传递达到 60% 左右时，单击工具栏中的按钮，停止光能传递计算，单击工具栏中的"实体显示"按钮，以载入材质纹理并以实体模式显示视图。

提问：如何把握灯光的调节？

回答：进行灯光的调节是一件比较难以控制的工作，对于同一种具有相同参数的灯光而言，在不同的场景中也会因为空间、材质的不同，以及室外光强度设置的不同而产生很大的差别。所以，场景中灯光参数的设置并不是一成不变的，应根据实际情况进行参数的调整。只有经过一段时间的练习操作，才能掌握灯光参数的调节规律。

（24）单击工具栏中的按钮，打开"光源面板"对话框，如图 6-1-79 所示。

（25）双击"Point03"选项，弹出"光源属性编辑"对话框，在"光分布"选项右侧的下拉列表框中选择"光域网"选项，如图 6-1-80 所示。

（26）单击"名称"文本框右方的浏览按钮，在弹出的"打开"对话框中，选择本书配套素材中第 6 章 \ 光域网目录下的 16.ies 文

图 6-1-79　光源面板对话框

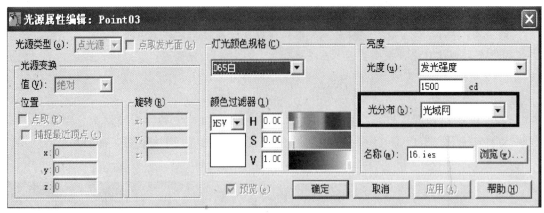

图 6-1-80 选择相应的选择

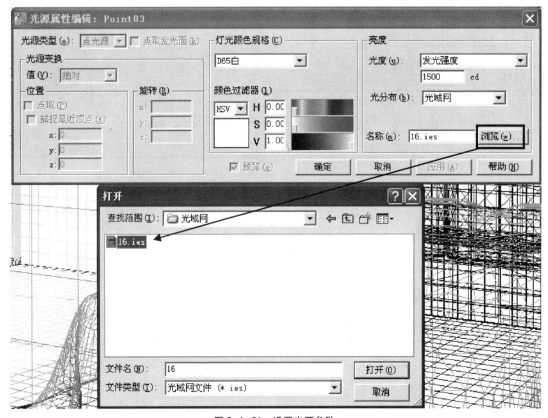

图 6-1-81 设置光源参数

件作为光域网对象，单击"打开"按钮将其打开后，设置"发光强度"为 1500cd，如图 6-1-81
所示。

（27）选择场景中的地面对象并单击鼠标右键，在弹出的快捷菜单中选择"表面处理"
选项，如图 6-1-82 所示。

（28）在弹出的"表面处理"对话框中，设置地面的"网格分辨率"为 6，如图 6-1-83
所示。

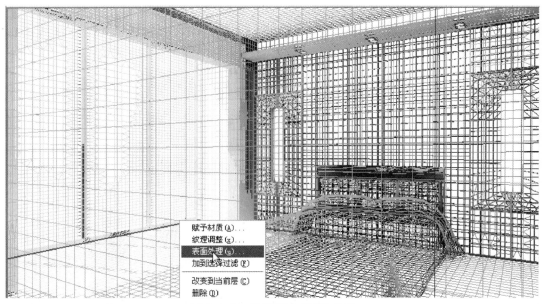

图 6-1-82 选择"表面处理"选项

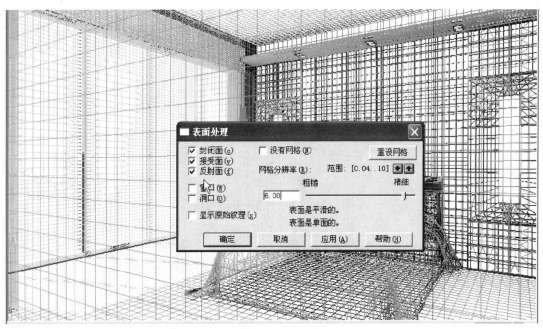

图 6-1-83 设置地面的网格分辨率

提问：网格分辨率和反锯齿设置的作用？

回答：网格分辨率和反锯齿设置，在美化效果方面有很重要的作用。增加对象的网格分辨率，可以细化对象表面，从而消除对象表面的锯齿现象；增加渲染反锯齿级别，可以消除整个效果图中的锯齿效果，从而使效果图更加清晰、细腻。

（29）用与上述相同的方法设置顶面的"网格分辨率"为 6，如图 6-1-84 所示。

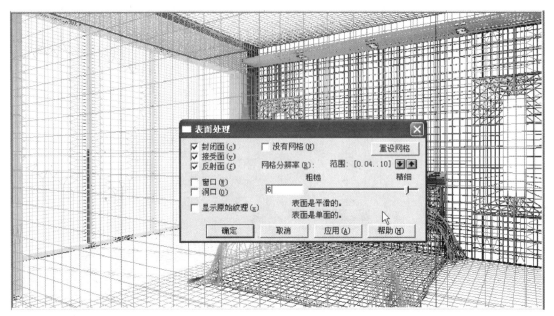

图 6-1-84　设置顶面的网格分辨率

（30）设置大面积墙体的"网格分辨率"为 5，如图 6-1-85 所示。

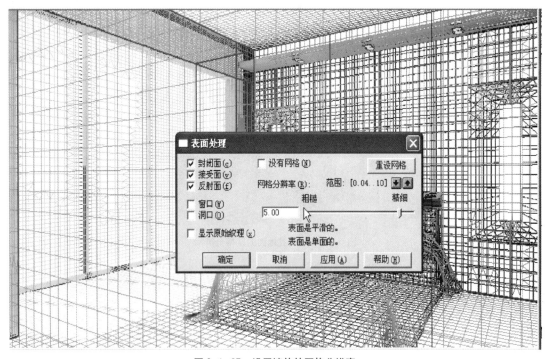

图 6-1-85　设置墙体的网格分辨率

（31）设置装饰背景墙的"网格分辨率"为 3，如图 6-1-86 所示。

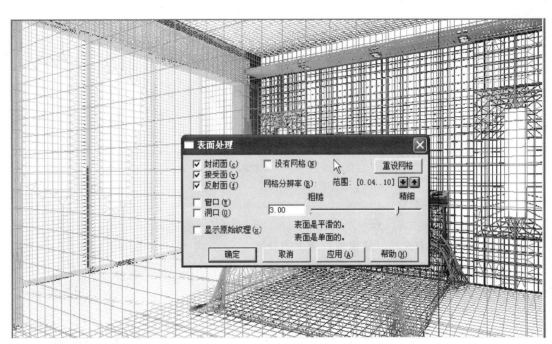

图 6-1-86　设置墙纸的网格分辨率

（32）单击 按钮进行光能传递计算：当光能传递计算达到 85% 左右时，单击 按钮（或者按【Shift+Esc】组合键）结束光能传递计算。

（33）单击工具栏中的 按钮，再单击 按钮框选整个画面，进行光影跟踪计算。

（34）单击"文件" —→ "属性"命令，在弹出的对话框"颜色"选项卡中设置"背景"颜色参数，如图 6-1-87 所示。

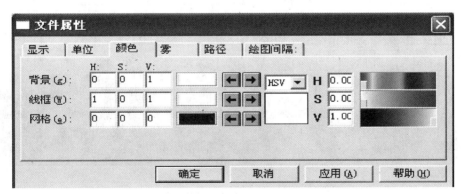

图 6-1-87　设置背景颜色参数

（35）单击"文件" —→ "渲染"命令，弹出"渲染"对话框，设置对话框中的参数如图 6-1-88 所示。单击"确定"按钮开始对场景进行渲染处理，渲染效果如图 6-1-89 所示。

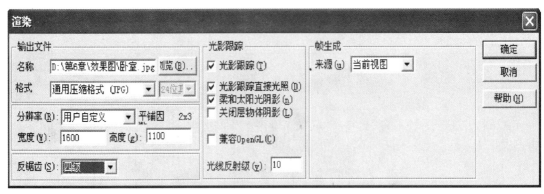

图 6-1-88　渲染设置

4．相关知识与技能

　　Lightscape 是一款非常优秀的光照渲染软件，它特有的光能传递计算方式和材质属性所产生的独特表现效果完全区别于其他渲染软件。Lightscape 是一种先进的光照模拟和可视化设计系统，用于对三维模型进行精确的光照模拟和灵活方便的可视化设计。Lightscape 是世界上唯一同时拥有光影跟踪技术、光能传递技术和全息技术的渲染软件；它能精确模拟漫反射光线在环境中的传递，获得直接和间接的漫反射光线；使用者不需要积累丰富实际经验就能得到真实自然的设计效果。

图 6-1-89　渲染结果

　　1）Lightscape 操作界面（如图 6-1-90 所示）

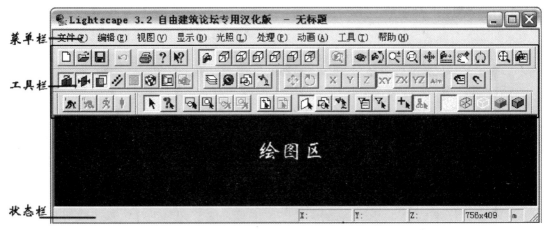

图 6-1-90　Lightscape 操作界面

　　2）Lightscape 主要工具介绍

　　（1）标准工具栏，如图 6-1-91 所示。

标准工具栏和绝大多数 Windows 应用程序一样，有常见的
新建、打开、存储、撤消、打印、帮助等功能项。帮助按钮有两个，
倒数第二个问号是索引帮助，最后一个问号是关联帮助。

图 6-1-91　标准工程栏

（2）观察模型工具栏，如图 6-1-92 所示。

视图投影模式：透视图、俯视图、仰视图、左视图、右视图、前视图及后视图。

动态视图控制：环绕、旋转、缩放、局部放大、平移、推进、卷动、倾斜、全图显示、
视图设置。

（3）显示控制工具栏，如图 6-1-93 所示。

显示模式：线框显示、彩色线框显示、消隐线框显示、实体显示、轮廓显示。

显示选项：双倍缓存、背面去除、混合、反锯齿、环境光、纹理显示、增强显示、局部光
影跟踪。

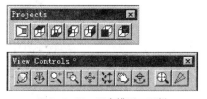

图 6-1-92　观察模型工具栏

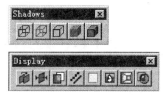

图 6-1-93　显示控制工具栏

（4）选择实体工具栏，如图 6-1-94 所示。

单个选择、查询、局部区域选择、全部区域选择、取消局部区域选择、取消全部区域选择、
全部选择、取消全部选择、选择表面、选择图块、选择光源、累加选择、选择顶级块。

（5）光能传递工具栏，如图 6-1-95 所示。

初始化、重新初始化、光能传递处理、中止光能传递。

（6）四大列表，如图 6-1-96 所示。

图 6-1-94　选择实体工具栏

图 6-1-95　光能传递
工具栏

图 6-1-96　四大
列表

图层列表、材料列表、图块列表、光源列表。

3）表面处理参数设置（如图 6-1-97 所示）

✓ 封闭面：物体表面是否投射阴影。

✓ 接受面：物体表面是否接受光能。

✓ 反射面：物体表面是否进行光的反射。

✓ 网格分辨率：物体进行细分的大小。

✓ 窗口、洞口：定义物体表面是否为窗口或是洞口。

✓ 没有网格：物体表面没有细分。

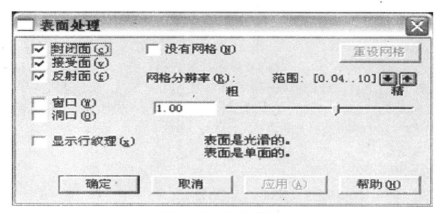

图 6-1-97   表面处理设置

4）灯光基础

最能影响家庭环境的装饰项目是照明，因为它在不同的程度上影响着我们的生活。不同形式的照明会左右物体或空间的形象、色调以及它们给人留下的印象。照明既能营造也能破坏室内环境的气氛。

但实际情况常常是：建筑风格与结构已设计完成并付诸建筑实施，这时人们才想到照明。这是一个很大的错误。照明同其他因素一样，需要从设计之初就予以考虑。尤其是住宅的主人至少也该了解照明设计的基本常识，以便在给住宅进行照明设计的时候拿出自己的意见。

（1）人工光参数设置，如图 6-1-98 所示。

✓ 光源类型：点光源、线光源、面光源。

✓ 点取发光面：为物体指定发光的面（点光源不可用）。

✓ 灯光颜色规格：灯光的类型（色温）。

✓ 颜色过滤器：灯光发出的颜色（可使用 HSV 或 RGB 调节）。

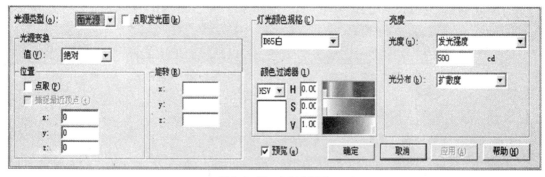

图 6-1-98   人工光设置

（2）自然光参数设置，如图 6-1-99 所示。

✓ 太阳光：设置太阳光颜色。

✓ 天空光：设置天空光颜色。

✓ 天空情况：设置天空阴晴状态。

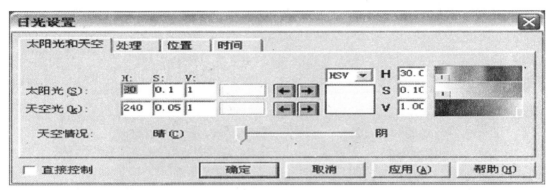

图 6-1-99 自然光设置

（3）直接控制参数设置，如图 6-1-100 所示。

✓ 旋转：设置阳光入射的方向（在顶视图中的方向）。

✓ 仰角：设置阳光入射的角度。

✓ 太阳光（i）：阳光的强弱。

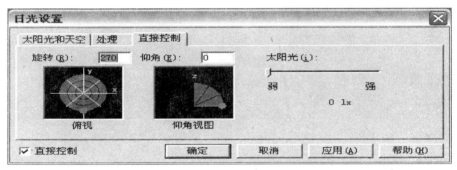

图 6-1-100 日光设置

（4）处理参数设置，如图 6-1-101 所示。

✓ 投射阴影：控制太阳光或天空光是否投射阴影。

✓ 保存直接光照：控制太阳光或天空光是否有效。

✓ 光影跟踪直接光照：控制太阳光或天空光是否使用光影跟踪。

图 6-1-101 日光设置

5．拓展与技巧

（1）使用"UVW 贴图"，既可以正确的显示贴图纹理，也可以指定一个贴图单位的面积大小，特别是对经过布尔运算后的对象和运用了网格编辑的对象，只有使用"UVW 贴图"才能正确显示贴图纹理，如图 6-1-102 所示。

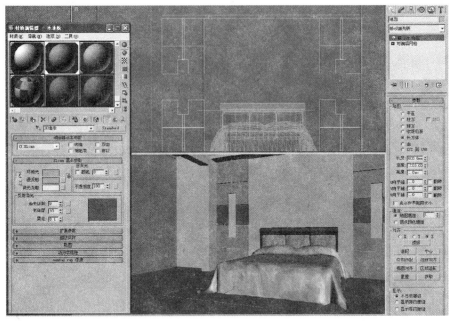

图 6-1-102　使用 UVW 贴图

（2）在使用模糊反射后，许多材质的效果会比没有使用模糊反射时的好。如图 6-1-103 所示是对地面材质进行模糊反射设置的效果。

（3）3ds Max 中创建模糊反射效果，是在"平面镜参数"卷展栏中进行相应参数的设置，如图 6-1-104 所示；而在 Lightscape 中则是通过对材质进行凹凸映射参数的设置，使对象产生模糊反射效果，如图 6-1-105 所示。

图 6-1-103　模糊反射设置的效果

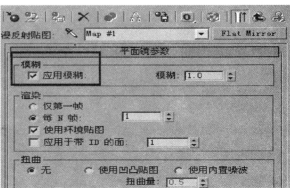

图 6-1-104　模糊设置

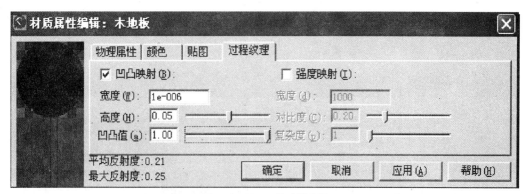

图 6-1-105　凹凸映射设置

（4）在 Lightscape 中设置网格参数。

设置网格参数的目的，是对各对象的每个面进行细分处理，通过对面进行细分处理，可以消除在物体表面出现的黑斑现象。虽然对面进行细分处理有一定的变化。但是如果将网格细分值设置得过高，则会使物体表面显得过于平淡而缺乏光线的变化。将网格细分值设置过高产生的另一个缺点，是在进行光能传递计算时，占用计算机的内存很大，会出现计算相当缓慢甚至死机的情况，所以建议大家将网格细分值设置在 3~5 之间为宜，对于面积较大的面，可以适当提高网格的细分值。

6. 创新作业

根据以上知识点创建一个简陋的卧室，如图 6-1-106 所示。

（1）利用长方体进行法线翻转确定墙体框架结构。

（2）导入素材：桌子、刀具、果篮、床、沙发和窗帘。

（3）在材质编辑器中简单设置材质。

（4）创建聚光灯和泛光灯，并设置合适的参数。

（5）输出 Lp 文件，在 Lightscape 中进一步材质设置并光能传递渲染效果图。

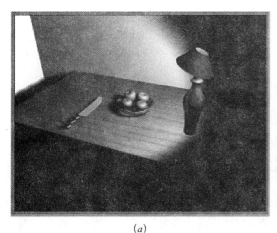

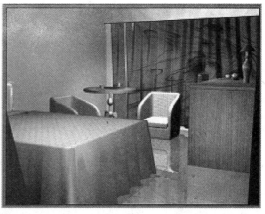

(a)　　　　　　　　　　　　　　　　　*(b)*

图 6-1-106　简陋的卧室

6.2　任务二：在Photoshop中制作特殊效果及配景

1.任务描述

一幅好的效果图与后期制作是密不可分的，需要制作者具有较高的美术修养和丰富的想象力。在调入各个配景的时候，都需要做适当的调整，以使它的色调及明暗关系符合整个画面的氛围与层次感的体现，最终效果图见图6-2-1所示。

2.任务分析

本任务中通过Photoshop完成卧室效果图的后期处理过程。Photoshop作为功能强大的图像处理软件，在一些建筑效果图的后期处理中发挥着极其重要的作用。因此可以说，对图片环境氛围的准确把握是做好后期处理的关键。

图 6-2-1　卧室效果图

3.方法与步骤

提示：
①制作灯带和光晕效果；②添加卧室饰品和植物；③制作室外背景。

（1）启动 Photoshop CS4 应用程序，打开第 6.1 节的任务一中渲染输出的"卧室 .jpg"文件，如图 6-2-2 所示。

提问：在 Photoshop 中进行后期处理的主要目的是什么？

回答：主要目的是去除渲染过程中产生的黑斑现象，进行效果图的色彩调节，对局部的明暗度进行调节，以及添加前期不容易制作的灯带、装饰品等，使最终的效果图更接近于现实的场景。

（2）单击工具箱中的 按钮，然后对卧室吊顶处的灯槽进行框选，如图 6-2-3 所示。

（3）设置前景色的各参数值，如图 6-2-4 所示，单击"好"按钮，然后单击 按钮，在选区中进行涂抹以制作灯带效果，如图 6-2-5 所示。

（4）单击工具箱中的 按钮，对吊顶处的一个射灯进行圈选；按【Ctrl+Alt+D】组合键，在弹出的"羽化选区"对话框中，设置"羽化半径"为 20 像素（如图 6-2-6 所示），单击"好"按钮即可羽化选区，然后单击"滤镜"——→"渲染"——→"镜头光晕"命令，弹出"镜头光晕"对话框，设置其中的参数（如图 6-2-7 所示），单击"好"即可。

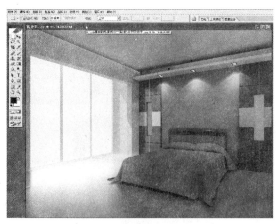

图 6-2-2　打开"卧室"文件

图 6-2-3　框选灯槽

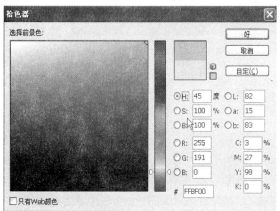

图 6-2-4　拾色器

图 6-2-5　灯带效果

图 6-2-6　"羽化选区"对话框

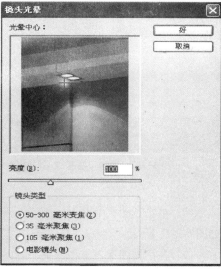

图 6-2-7　"镜头光晕"对话框

（5）用与上述相同的方法，为其余两个射灯添加镜头光晕效果，完成操作后的效果如图6-2-8所示。

图 6-2-8　光晕效果

（6）打开本书配套素材第 6 章 \Maps 目录的"摆设 .jpg"图像文件，并将其拖拽到卧室效果图中，如图 6-2-9 所示。

（7）单击工具箱中的 ✎ 按钮，选取摆设图像中周围的黑色区域，并将其删除。按【Ctrl+D】组合键取消选区，然后将其缩小并调整至如图 6-2-10 所示的位置。

图 6-2-9　拖拽"摆设 .jpg"图像文件

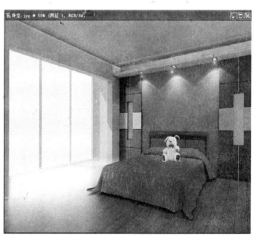

图 6-2-10　黑色区域删除

（8）单击"图层"面板底部的按钮，新建一个图层，并将新建的图层调整至图层 1 的下方，如图 6-2-11 所示。

（9）在摆设图像下方创建一个椭圆选区，并设置"羽化半径"为 5 像素，然后将前景色改为黑色，按【Alt+Delete】组合键为摆设对象创建阴影效果，如图 6-2-12 所示。

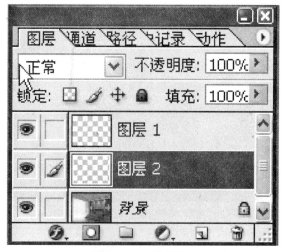

图 6-2-11　创建图层

图 6-2-12　阴影效果

（10）双击背景图层，在弹出的"新图层"对话框中将"名称"设置为"图层 0"（如图 6-2-13 所示），单击"好"按钮，即可更改背景图层。

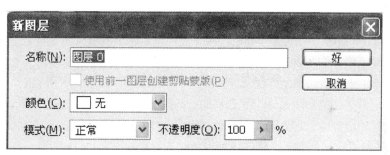

图 6-2-13　"新图层"对话框

（11）打开本书配套素材中第 6 章 \Maps 目录下的"外景 .jpg"图片，并将其拖拽至图层 0 的下方，如图 6-2-14 所示。

（12）单击工具箱中的多边形套索工具，选择窗户图形。然后单击"图层"——→"新建"——→"通过剪切的图层"命令，将窗户剪切出来生成新的图层，并调整窗户的"不透明度"为 18%。

（13）选择外景图层，然后单击"图像"——→"调整"——→"曝光度"命令，在弹出的"曝光度"对话框中设置外景的"曝光度"为 1，单击"确定"按钮。

（14）将本书配套素材中第 6 章 \Maps 目录下的"植物 .psd"素材图像添加到效果图中，并调整其位置，效果如图 6-2-15 所示。

4．相关知识与技能

1）Photoshop 简介

Photoshop 是由美国 Adobe 公司开发并推出的图像处理软件，广泛地应用于美术设计、彩

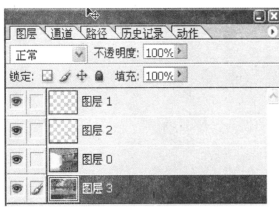

图 6-2-14　调整图层位置

图 6-2-15　配景后的卧室效果图

色印刷、排版、多媒体、动画制作和摄影等诸多领域。Photoshop 是一种功能极为强大的平面图像处理软件，除了图片各种格式的相互转换和各种色彩处理外，还提供了丰富的绘画工具，具有图层、通道、路径等强大的图像处理功能。

2）Photoshop 用于建筑效果图所具有的特点

（1）弥补三维设计软件在环境气氛和配景制作方面的不足。在渲染效果图中融入人物、汽车、云朵等陪衬物及相应的阴影，并对效果图的色彩、饱和度和透明度进行调整，以增加效果图的真实性、完整性。

（2）利用 Photoshop 中强大而丰富的滤镜工具对渲染输出的效果图进行处理，以产生油画、水彩、白描、蜡笔画等作品效果，提高建筑设计效果图的艺术表现力。

3）photoshop 处理效果图的方法

首先确定好要表达的环境是一个什么样的空间氛围。所谓氛围，就是环境本身给人的主观感受，也就是环境中能够引起人的情感产生共鸣的一些东西。以上这些落实到效果图处理就是用 photoshop 进行明暗、色调、光感等图面因素的控制。接下来要分析图，一般来说，就是看图的画面灰不灰，结构清不清晰，局部或整体色彩是否有问题，光感是否到位。然后确定调整的方法。此外，对图的理解分析不同，修改的效果也就是不同，主要是合理添加配景素材，真实体现建筑环境的同时，还要使图有足够的画面感。所以有配景的色彩也要统一，并分类成层，便于管理。

5．拓展与技巧

当对场景渲染输出时，背景默认是黑色。用户可以通过"环境和效果"对话框进行更改。执行"渲染"——→"环境"命令，打开"环境和效果"对话框，如图 6-2-16 所示。

（1）"公用参数"卷展栏。在该卷展栏中，

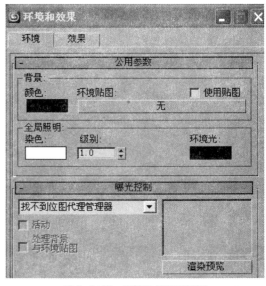

图 6-2-16　环境和效果对话框

用户可以设置场景的背景颜色和背景图像。

✓ "颜色"：指定场景背景颜色。启用"自动关键点"，更改非零帧的背景颜色，可以设置颜色效果。

✓ "环境贴图"：指定场景环境贴图，单击下方的"无"按钮，会打开"材质 / 贴图浏览器"对话框选择贴图，或将"材质编辑器"中的示例或贴图按钮上的贴图拖放到"环境贴图"按钮上。为了模拟真实环境，可以加入 HDRI 环境贴图来增强反射的逼真程度。同时，HDRI 贴图也可以作为一种特殊的光源照亮场景。

✓ "使用贴图"：选择该复选框，渲染输出时使用背景贴图而不使用背景颜色。

✓ "染色"：如果此颜色不是白色，则为场景中的所有灯光（环境光除外）染色。单击色样显示"颜色选择器"，可以选择色彩颜色，也可以为染色过程设置色彩颜色动画。

✓ "级别"：用于提高场景中所有灯光的亮度，该参数可以用来设置动画。

✓ "环境光"：指定环境光的颜色。该参数可以用来设置动画。

（2）"曝光控制"卷展栏。该卷展栏用于调整渲染的输出级别和颜色范围，就像调整胶片曝光一样。

✓ "找不到位图代理管理器"：可以选择要使用的曝光控制。渲染静止图像时使用自动曝光控制；主照明从标准灯光（而不是光度学灯光）发出或使用移动摄像机拍摄动画时，应使用对数曝光控制。

✓ "活动"：渲染输出时使用曝光控制。

✓ "处理背景与环境贴图"：选择复选框时，场景背景贴图和场景环境贴图受曝光控制的影响。

6．创新作业

（1）根据卧室效果图的实际情况添加其他装饰物或者花草的图层，并自行调整大小，比例要适合。

（2）在合适的位置上添加"人物"图层，使用变换工具制作人物的阴影，要注意阴影要符合光照的方向。

（3）改变灯带及其他灯光的颜色，营造出不同氛围的卧室效果。

项目实训　制作餐厅

1．项目背景

餐厅是家庭成员进行聚餐的场所，餐厅内光线通常需要足够明亮，特别是在摆放餐桌的地方，更不能显得过于昏暗。在很多家庭中，一般都会在餐厅内放置一台电视机。这样可以在用餐的同时欣赏到精彩的影视节目，餐厅效果图如图 6-2-17 所示。

2．项目要求

本项目要求在整体上表现协调，色彩鲜明、醒目。室内灯光分布合理，在餐厅正上方放置一盏主灯对餐厅进行单独照明，白色的餐桌和桌布，更能与周围环境相融合。在大面积的素色中辅以红色木纹进行点缀，使室内效果更漂亮。在整个房间灯光的分布上，主次得体、层次分明。

3．项目提示

（1）通过创建不规则的二维图形进行挤出的方式来实现房间的空间结构模型。

（2）创建吊顶、石膏线、踢脚线及其他装饰性模型。

（3）导入餐桌及吊灯的模型。

（4）在场景中创建相应的灯光对象，并安排好灯光的分布。

（5）在 Lightscape 中编辑不同类型的材质，合理调整各材质的参数。

（6）在 Photoshop 中完成配景的操作。

4．项目评价

本项目要求能熟练设置场景材质，包括金属材质、涂料材质、地毯材质等；能

图 6-2-17　餐厅效果图

正确设置灯光与摄像机，完成光域网的设置；能灵活运用 Photoshop 对图像明暗、色彩等进行调节，添加各种配景素材。

阅读材料

1．卧室设计原则与要点

现代住宅的发展，小家庭的组建以及人们心理上的需求，希望卧室具有私密性、蔽光性，配套洗浴，静谧舒适，与住宅内其他房间分隔开来。纯粹的卧室是睡眠和更衣的房间，但是更确切地说卧室是一个完全属于主人自己的房间，在这里读书、看报、看电视、写信、喝茶等，当你不愿被他人打扰时你就会躲进卧室里。所以，设计卧室时首先应考虑的是让你感到舒适和安静。

2．卧室具体设计

1）照明色调

为了能消除一天工作的辛劳，墙壁、家具以及灯光的颜色是暖色调的。卧室的灯光应当选用可调节的，因为有些人喜欢在昏暗的灯光下入睡，有些人则会在柔和的灯光下阅读。卧室的普通照明，在设计时要注意光线不要过强或发白，因为这种光线容易使房间显得呆板而没有生气，最好选用暖色光的灯具，这样会使卧室感觉较为温馨。总之，卧室的灯具不必多，有两、三种适当的就可以了。有些卧室在光源的设计上，仅仅在床头柜上布置两盏台灯，梳妆台上布置两盏小射灯，顶上零星补助几盏嵌入式灯，总共三种灯具，但创造出来的环境却是一流的。当然，巧妙地使用落地灯、壁灯甚至小型的吊灯，也可以较好地营造卧室的环境气氛。

2）内部摆设

卧室设计的核心是床和衣橱，其他的家具和摆设根据自己的习惯来添加。床是卧室中最主要的一部分，床和床单的选择很大程度上将影响整间卧室的设计，相对而言床单更能改变整个卧室的风格。四脚木床和席梦思是最常见的床。以床为中心的家具陈设应尽可能简洁，实用。

卧室面积不大时，床一般靠墙角布置；面积较大时，床可安排在房间的中间。床位不宜放在临窗部位，因为靠窗冬天较冷，夏天又太热，而且开关窗户不便。一般的习惯，床是安排在光线较暗的部位。大衣柜放置衣物和更换的床上用品。床头柜上放台灯、闹钟、电话、杯子等物品，使在被子里的主人伸手即可拿到。还有梳妆台或者五斗橱，放首饰、化妆品等比较贵重的物品，也可以放一些可折叠的衣物。其他的家具，比如书桌、书架、电视架，完全可以根据实际情况来添加。在很多人的眼里，卧室应该铺上地毯，让你在赤脚的时候仍然感觉到温暖和舒适。实际上，绝大多数的卧室都使用了与客厅相同的漆木地板，只是在床边上放了一块毛毯，代替地毯的作用。卧室的窗帘一般是落地的，并且质地较厚，早晨的阳光不会透过它照射在熟睡中的主人身上，也不会被大风吹起。

复习思考题

（1）在效果图处理过程中应注意哪些问题？

（2）Lightscape 渲染对象的过程是什么？

（3）用哪种方法可以快速完成室内模型的创建？

（4）简述在 Lightscape 如何设置材质？

（5）如何设置光域网？

（6）在 Lightscape 中创建日光效果要注意哪些问题？

（7）如何将 3ds Max 文件输出为 LP 格式文件？

（8）如何从场景中拾取材质？

（9）UVW 贴图的作用是什么？

（10）如何合并场景文件？

第7章　花园别墅设计与制作

在现代社会中，高档次的复式住宅或者花园别墅比起高层联体住宅楼来说有着更舒适的环境，内部构造不再单一，注重层次的变化和空间分布，在保持了个人相对独立空间的同时，也使得建筑造型有一定的艺术性。近些年来，别墅越来越多地出现在房地产广告中，尤其在北京、广州等地，私家别墅曾一度出现过热销的场面。随着别墅的商业需求，别墅类建筑的效果图也随之变成了商业需求。建筑效果图无疑是商家吸引客户目光的主要工具。

学习目标：

- 掌握别墅建模的基本方法；
- 掌握别墅材质和灯光的基本创建方法；
- 掌握 PhotoShop 后期处理的方法。

7.1　任务一：花园别墅模型的制作

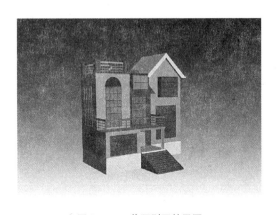

图 7-1-1　花园别墅效果图

1. 任务描述

建筑效果图是设计师向业主展示其作品的设计意图、空间环境、色彩效果与材质质感的一种重要手段。室外效果图主要是为了表现建筑物的整体效果，在制作过程时不必创建出模型的所有细节以及内部包含的模型，即在效果图中看不到的部分建模时可以不用创建。花园别墅主要包括主体、窗框、玻璃、大门、阳台、阁楼及其他装饰对象。本任务中完成的花园别墅模型效果图如图 7-1-1 所示。

2. 任务分析

别墅的立面造型比较复杂，而且层数较少，不存在标准层，所以适合于直接对各个立面造型直接进行建模，然后各立面之间进行拼合。在各立面进行建模时，使用"编辑样条线"工具对线条进行编辑和挤出，得到相应的立面造型。

栏杆和楼梯使用了软件自带现成的模型，既能大大地减少工作量又能较好地表现出最终效果。

3. 方法与步骤

1）左侧墙体模型

提示：

①编辑样条线和挤出的方法制作左侧墙体；②编辑网格命令制作出露台四角支柱，设置合适的参数制作出支柱间的栏杆；③用"弧"和"长方体"制作出左侧主窗户浮雕装饰及窗户。

（1）在左视图中创建一个大矩形，长度为10000mm，宽度为5000mm；再创建一个长度为3000mm和宽度为2500mm的小矩形，如图7-1-2所示。

（2）选择大矩形，在"修改器列表"中选择"编辑样条线"命令，单击"附加"按钮，再在视图中单击小矩形，将两个图形结合成一个整体。进入到"样条线"子对象层级，选择左侧大矩形，选择"并集"方式单击"布尔"按钮，在视图中选择小矩形，得到左侧墙体轮廓图如图7-1-3所示，并改名为"左侧墙体"。

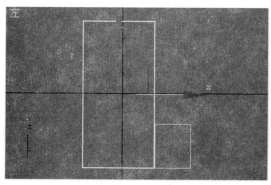

图7-1-2　左侧墙体

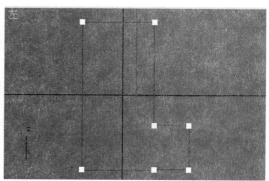

图7-1-3　布尔运算后的墙体轮廓

（3）在"修改"面板中，单击"挤出"命令，在参数面板中设置"数量"值为5000mm，如图7-1-4所示。

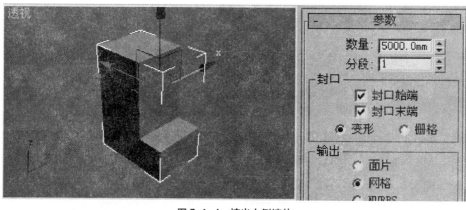

图7-1-4　挤出左侧墙体

（4）为左侧墙体顶部设计一个露台，四角的支柱做法如下：在顶视图中创建一个长度、宽度和高度分别为700mm、700mm和1500mm的长方体，长度、宽度和高度分段数分别为3、3和5。在"修改器列表"中选择"编辑网格"修改器，进入到"多边形"子对象层级，选择支柱的顶面，单击"倒角"命令制作出顶部造型。

（5）再选择支柱四周如图7-1-5所示的面，在"挤出"后面的数值框内填入 -2mm，并单击"挤出"命令，朝内挤出装饰面。复制出另外的3个支柱，并移动到合适的位置。

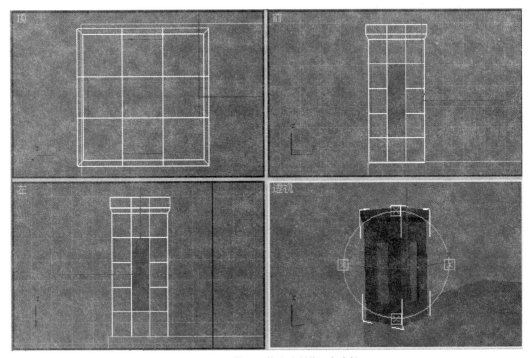

图 7-1-5　用编辑网格方法制作四角支柱

💬提问："倒角"和"挤出"有什么相同和不同呢？

💬回答：在多边形建模中，使用最多的两个工具是"挤出"和"倒角"，这两个工具都可以使多边形面沿法线方向生长，产生新的端面。区别在于，使用"挤出"工具生成新的面与起始面大小相同，"倒角"工具则可以对新生成的端面进行放大或缩小。

（6）单击"创建"面板中的"几何体"，在下拉菜单中选择"AEC扩展"的"栏杆"，在支柱中间创建如图7-1-6所示的栏杆。

（7）栏杆的具体参数如图7-1-7所示，并复制出另外3侧的栏杆。

（8）制作左侧墙体主窗户浮雕装饰。在前视图中单击"弧"按钮，在主窗户位置创建一段圆弧，参数如图7-1-8所示。

（9）为圆弧添加"编辑样条线"修改器，进入"样条线"子对象层级，使用"轮廓"工具将其转化为间距为 -200 的闭合双线。在"修改器列表"中添加"倒角"修改器，具体参数如图7-1-9所示。

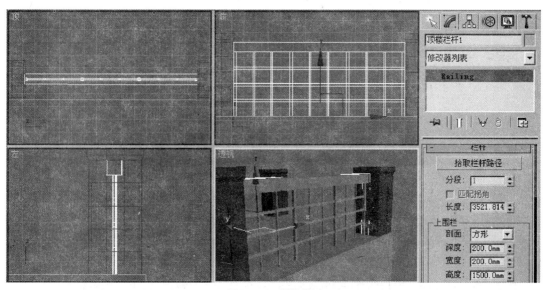

图 7-1-6　制作栏杆

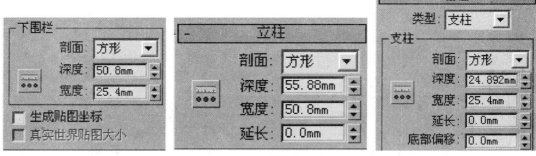

图 7-1-7　栏杆参数值

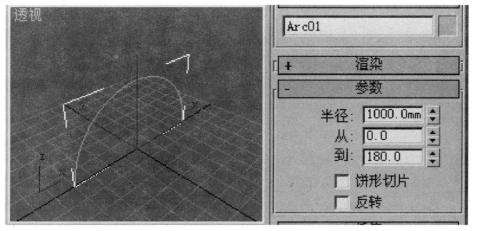

图 7-1-8　弧参数面板

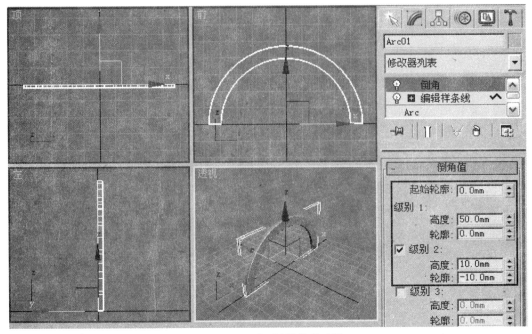

图 7-1-9　添加"倒角"修改器

（10）继续创建 4 条圆弧，其半径大小依次为 970、300、220 和 130。分别选择各条弧，添加"编辑样条线"修改器，使用"轮廓"工具将其转化为间距为 35 的闭合双线，再依次为各条弧添加"倒角"修改器，参数自行设置，最后效果如图 7-1-10 所示。

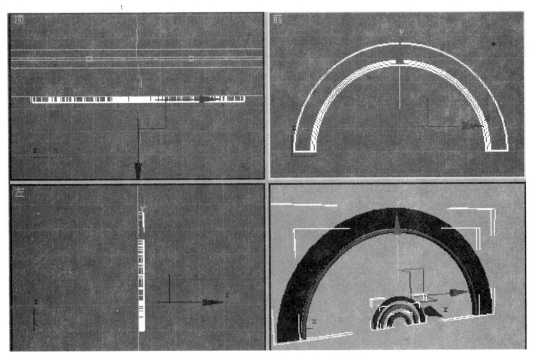

图 7-1-10　制作出其他 4 段弧形装饰物

提问：为什么我创建的多个弧的圆心不是在一点上呢？

回答：在这里创建弧的时候最好用在"键盘输入"卷展栏的方法创建，这样所有弧的圆心都是在世界坐标系的原点，如果采用在视图中拖拽出弧再在"参数"卷展栏中修改参数，那就需要用"对齐"工具对所有圆弧进行圆心对齐。

(11) 按【Shift】键时单击 Arc01，复制出另外一条弧，在修改器堆栈中删除"编辑样条线"命令，并在最初的弧参数中选择"饼形切片"，作为浮雕底板，如图 7-1-11 所示。

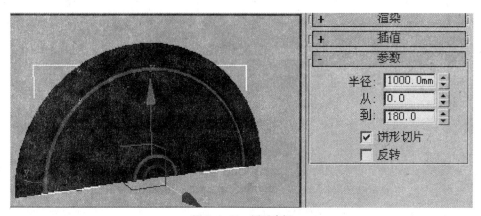

图 7-1-11　浮雕底板

(12) 创建如图 7-1-12 所示的长方体，参数自行设置。修改长方体的轴心位置，用"阵列"工具旋转复制，"旋转"增量参数为 -18，"数量"为 11，阵列得到 11 个矩形，并且成放射性排列，效果如图 7-1-12 所示。将第 (8) 步到第 (12) 步创建的对象组合起来，命名为"左侧主窗户浮雕修饰"。

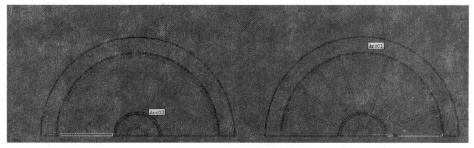

图 7-1-12　阵列扇形装饰物

(13) 在前视图创建 1 个立方体，设置参数如图 7-1-13 所示。在"修改器列表"中选择"晶格"命令，设置参数如图 7-1-14 所示，命名为"窗框"。按【Shift】键时单击窗框，复制出另外一个窗框，删除"晶格"命令，命名为"玻璃"，窗框和玻璃的效果如图 7-1-15 所示。

(14) 用上一步的方法依次在左侧建筑物前面和左侧制作出窗户，效果如图 7-1-16 所示。

2) 中间墙体模型

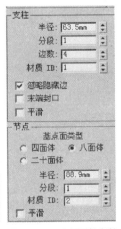

图 7-1-13　窗框参数

图 7-1-14　窗框晶格参数

图 7-1-15　窗框和玻璃

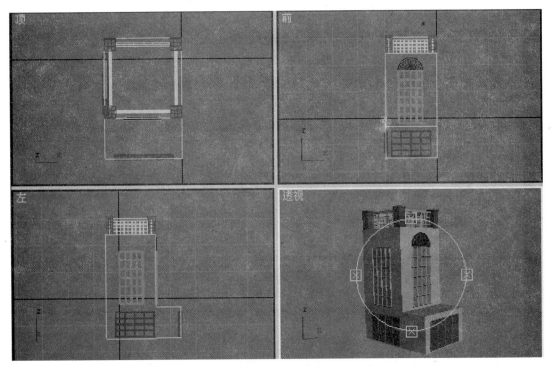

图 7-1-16　制作出其余窗户

提示：

①编辑样条线和挤出的方法制作中间墙体；②用长方体制作出中间墙体的窗户；③自带的栏杆模型创建阳台栏杆；④创建长方体作单元门；⑤用"挤出"和"扭曲"修改器制作出门柱。

（1）在左视图中用"线"创建如图 7-1-17 所示的中间墙体轮廓图，在"修改器列表"中选择"挤出"修改器，"数量"值为 4000mm。

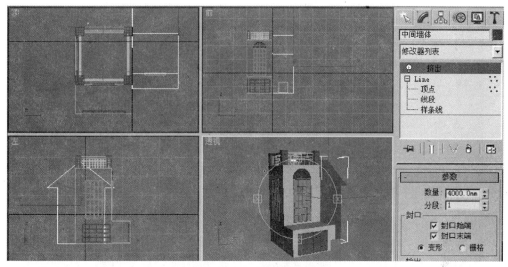

图 7-1-17 中间墙体模型

（2）使用二维图形"线"在左视图中创建一个封闭三角形线框。进入到修改器列表中，为封闭三角形添加"挤出"修改器，"数量"值为 350mm，命名为"阁楼外墙"。用移动复制的方法复制出另外一个外墙，如图 7-1-18 所示。

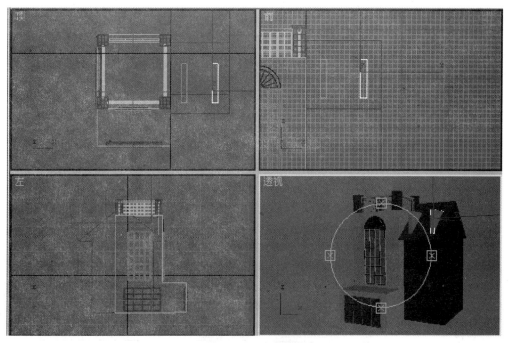

图 7-1-18 阁楼外墙

（3）用前面的方法制作出阁楼窗框、窗户和顶棚以及中间墙体上的主窗户，效果如图 7-1-19 所示。

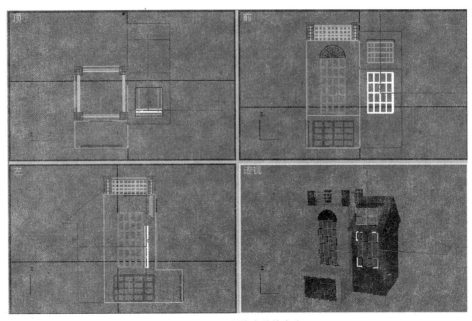

图 7-1-19　制作出其他窗户

（4）在顶视图创建一个长方体作为中间墙体的阳台，要注意和左侧墙体的平台保持水平。用前面步骤中的方法创建出阳台栏杆，具体参数自行设置，效果如图 7-1-20 所示。

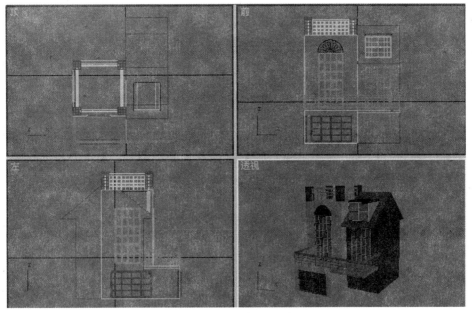

图 7-1-20　制作阳台栏杆

　　（5）在前视图中间墙体门的位置创建出一个长方体，命名为"门"（在第7.2节的任务二中用贴图的方式表现出门的样式，在这里也可以用前几个单元学过的方法制作门的模型）。在顶视图中创建一个星形，参数如图7-1-21所示。在"修改器列表"中选择"挤出"命令，"挤出"数量值为4900mm。再添加"Twist（扭曲）"命令，"角度"值为57，效果如图7-1-22所示。

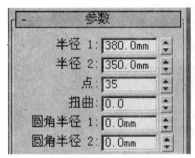

图7-1-21　星形参数

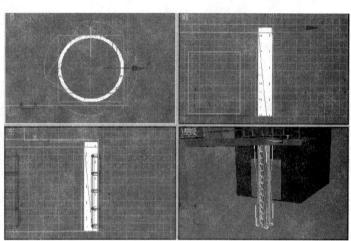

图7-1-22　"扭曲"后的门柱

3）右侧墙体模型

> **提示：**
> ①编辑样条线和挤出的方法制作右侧墙体和房顶；②用长方体以及晶格修改器制作出右侧墙体的玻璃和窗框。

　　（1）在前视图中创建如图所示的二维图形作为右侧墙体的轮廓图。在"修改器列表"中选择"挤出"命令，"挤出"数量值为150mm，命名为右侧墙体前部，效果如图7-1-23所示。

　　（2）移动复制法复制出右侧墙体后部，并移动到合适的位置，效果如图7-1-24所示。

　　（3）对右侧墙体前部进行复制，进入到"编辑样条线"的"样条线"子对象层级，删除右侧墙体轮廓中窗户的样条线，效果如图7-1-25所示。"挤出"修改器中的"数量"值改为-5800mm，效果如图7-1-26所示，命名为右侧墙体。

　　（4）再次对右侧墙体前部进行复制，进入到"编辑样条线"的"样条线"子对象层级，删除多余的线段，只留下房顶的线段，效果如图7-1-27所示。

　　（5）单击"轮廓"按钮，设置合适的间距创建出房顶线段的闭合双线，并进入"编辑样条线"的"顶点"子对象层级，对顶点进行调整，添加"挤出"修改器并设置其中的"数量"值改为-6600mm，效果如图7-1-28所示。

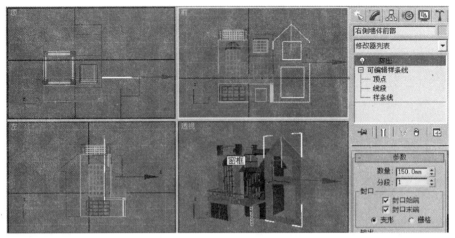

图 7-1-23 右侧墙体

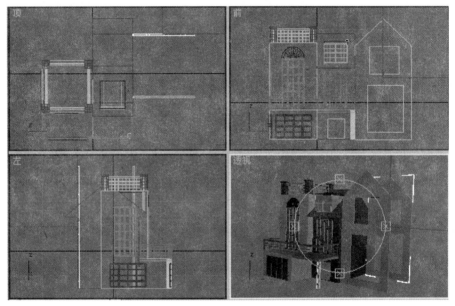

图 7-1-24 复制墙体

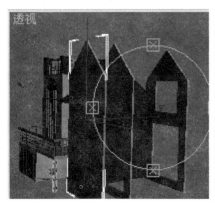

图 7-1-25 制作墙体

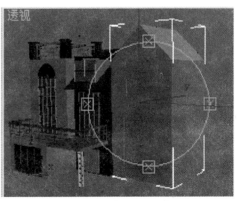

图 7-1-26 修改挤出值

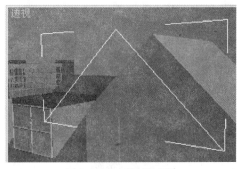

图 7-1-27　房顶样条线　　　　　　　图 7-1-28　修改挤出值

（6）用前面的方法制作出右侧墙体的窗户，在这里可以给上部的窗户做成飘窗的样式，效果如图 7-1-29 所示。

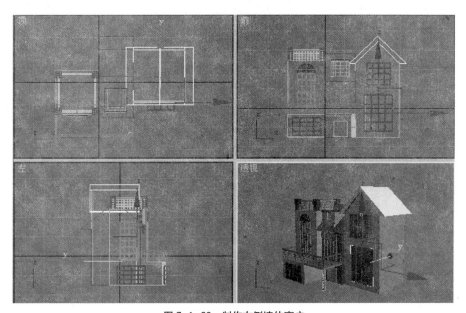

图 7-1-29　制作右侧墙体窗户

4）别墅底座

> **提示：**
> ①绘制墙体的轮廓线条；②挤出厚度；③设置合适参数制作出楼梯。

（1）切换到顶视图，打开三维捕捉工具沿墙体外边缘绘制墙体的轮廓线条，如图 7-1-30 所示。

（2）在"修改器列表"中选择"挤出"修改器，"挤出"数量值为 -2000mm。

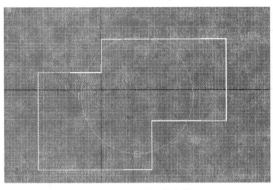
图 7-1-30 别墅轮廓线

图 7-1-31 楼梯参数

（3）在创建面板的下拉列表中选择"楼梯"，单击"直线楼梯"按钮，创建一个直线楼梯对象，并在修改命令面板中参照如图 7-1-31 所示设置其参数，命名为"楼梯"，并移动到合适的位置。

（4）别墅整体模型效果图如图 7-1-1 所示。

4. 相关知识与技能

制作建筑设计图的一般流程：制作建筑效果图，首先要根据建筑平面图和立面图在 3ds Max 中制作建筑的三维模型；然后，根据建筑材料的不同，制作相应的材质，接着设置摄像机以确定观察的角度，设置灯光以营造所需的光照效果，输出渲染效果图；最后使用 Photoshop 等图像处理软件对其进行后期处理。

1）建模

建立模型是初级阶段，是一件三维作品的起点，起点的好坏直接影响以后的加工过程，因而对作品的制作效率起着至关重要的作用。

制作建筑模型的基本思想是由整体到局部。逐步细化，将建筑划分为多个相对独立的部分，然后对每一部分进行进一步细化，设计者需要在动手之前做到胸有成竹。例如，在图 7-1-1 所示的别墅模型中，可以拆分成左面墙体、中间墙体、右面墙体、阳台、门窗模型等几个基本部分，对每一部分分别进行创建，最后组合成一个整体。

建模的方法有很多，最基本的建模方法一般是从简单的基本三维形体或二维图形开始，然后通过相关的命令逐步修改、变形或组合得到复杂的模型。基本形体的建立参数，用户可以在创建之前精确设置，也可在创建之后编辑。最常用的是使用"挤出"修改器，将绘制的二维线条拉伸成为三维模型。

总体来说，建模的工作难度并不是很大，主要有两个原则：第一是"精确"，不同于其他创作，建筑效果图的制作要求数据是准确的，不然就会违背客观事实；第二是"远粗近细"，近处的造型要做得尽量精细，而远处或者看不见的造型可以尽量地简化甚至省略。

2）材质

一幅成功的作品，材质占有相当大的比重，有时甚至比精确的建模更加重要。材质表现了一个物体是由什么样的物质构造而成的，它不仅仅包含有物体表面的纹理，还包括了物体对光的属性，如反光强度、反光方式、反光区域、透明度、折射率以及表面的凹痕和起伏等一系列属性。

贴图是材质中一个非常重要的部分，顾名思义，就是使用一幅或多幅图像"贴"到模型上，制作物体表面的纹理或表面特征。很显然，要使具体的图像以特定的大小、方式贴到特定的位置上，就需要对贴图方式进行控制，在三维软件使用贴图坐标对贴图方式进行控制。毫不夸张地说，材质和贴图是一件作品的灵魂，好的材质和贴图可以弥补建模的不足。

3）灯光和摄像机

各种各样的场景中往往都要配以各式各样的特色灯光，以达到渲染场景气氛的作用。灯光在不少场景中都是必不可少的，而灯光的应用几乎是建模中最重要也最难对付的问题，灯光没有处理好，再好的造型和材质也无法表现其应有的效果。

3ds Max 中的摄像机与现实生活中的相机十分接近，通过调整摄像机的镜头尺寸和视野来确定观察对象的透视关系，因而可以夸张地表现场景的景深或者进行局部特写。

5．拓展与技巧

墙体建模有两种基本方法，详见如下所述。

1）利用底面拉伸高度建模

导入 CAD 的平面图，先对 CAD 图进行一些必要的整理，删除一些对建模没有帮助的图形，精简图形加快导入速度，并且将各平面或立面图设置为一种颜色或一个图层，最后以块的方法保存，这样做的好处是可以有效地去除图中不需要的部分，以避免无关图形被导入至MAX 中。利用建筑各层平面图，对轴线用多线绘制墙线，再进行挤出（Extrude），进行绘制的时候注意每遇到墙体有门有窗的地方必须结束并以之为起点进行连续描绘。挤出后，选择并右击，选择转化为可编辑多边形，再按下键"4"，进入 polygon（多边形）层级，对门的位置移动（【W】键快速选择"移动"，【F12】键设置移动的距离），便可以掏空墙体形成门，而窗的制作则是在 CAD 中对窗再进行描绘、导入、移动、拉伸成物体并与墙体进行布尔运算（Boolean），就可以剪出窗体。此方法最大的优点是思路明显，建模速度比较快，墙可以一次建成，门窗也可以准确制作，并且渲染时基本无破面的可能。缺点是多次描绘 CAD 图，颇需耐心。

2）利用侧面拉伸深度建模

分别导入 CAD 图纸中建筑的底层平面图和 4 个侧立面图。在透视图中按照图纸设计的建筑样式对齐好 4 个立面与底层平面图相对位置。以便于快速在头脑中形成建筑的大体外形及便于模型的制作。便可以对立面进行大面描绘，过程中注意捕捉工具的配合使用，以便准确定位。描绘过程中，遇到门窗，勾勒之前点选"Start new shape"或者分别勾勒之后，再"附加"在一起，成为一些中间有空洞的片面，再通过拉伸墙体的厚度，便可以自己留出门和窗户的形状。建门窗的时候再在墙体上预留好的位置创建并与墙体准确对齐，避免渲染时出现因建模时的差错形成的裂纹。运用"编辑网格"与"FFD4×4×4"编辑器。边建模边贴图，边渲染边测试，及时纠正错误。建筑中由于相同的建筑单体比较多，可以大量使用 3 种复制模式中的"实例"，便于及时修正，亦可大量节省时间。

6．创新作业

（1）不用"晶格"修改器的方法制作窗框，改用其他的建模方法。

（2）直接绘制右侧墙体轮廓并挤出厚度，再用布尔运算的方法留出窗户的孔洞。

（3）根据实际情况在合适的位置为这个别墅再添加一个车库的模型。

7.2　任务二：材质、灯光与渲染

1．任务描述

图 7-2-1　最终效果图

在制作过程中会发现，在布光与材质调节的逐步深入下，效果也会变得越来越生动。通过不断的调节材质的各个参数，以获得更加细腻的效果。材质的制作万变不离其宗，调整上基本都是一样的。灯光是效果图中模拟自然光照效果最重要的方式，掌握正确的灯光参数，可以模拟出令人满意的照明效果。本任务（如图 7-2-1 所示）主要完成材质的制作、灯光的设置、摄像机的创建、效果图与通道图的渲染输出。

2．任务分析

别墅材质属于比较常用的材质，以在"漫反射"通道和"凹凸"通道使用位图贴图居多，对于别墅的灯光系统，主要使用"天光"模拟真实的自然阳光，同时辅以平行灯光，以加强正立面的光照效果。

3．方法与步骤

1）制作场景材质

> **提示：**
> ①制作墙体材质；②制作阳台材质；③制作屋顶材质；④制作底座材质；⑤制作柱子材质；⑥制作窗框材质；⑦制作玻璃材质；⑧制作栏杆材质；⑨制作台阶材质；⑩制作门材质。

（1）墙体材质。打开材质编辑器，选择第一个材质样本球，命名为"墙体材质"，单击"Blinn 基本参数"卷展栏下的"漫反射"后的空白按钮，弹出材质／贴图浏览窗口，选择"位图"贴图，选择"石材 001.bmp"，修改"高光级别"数值为 90，"光泽度"数值为 40。如图 7-2-2 所示。

（2）进入"石材 001"贴图中"坐标"卷展栏，设置平铺次数，如图 7-2-3 所示。单击主工具栏上"按名称选择"按钮，打开"选择对象"对话框，在里面选择"左侧墙体"、"中间墙体"、"右侧墙体"、"右侧墙体前部"和"右侧墙体后部"。单击材质编辑器中的"将材质指定给选定对象"按钮，再单击"在视口中显示贴图"按钮，观察透视图中墙体材质效果如图 7-2-4 所示。

（3）通过观察场景中墙体模型，发现只有右侧墙体的材质比较符合现实，左侧和中间墙体都出现贴图错误。选择左侧墙体，在"修改器列表"中选择"UVW 贴图"命令，在参数面板中选择"长方体"方式，再观察效果如图 7-2-5 所示。

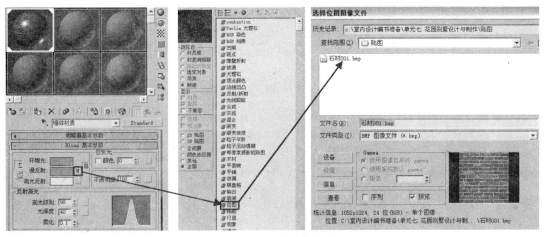

图 7-2-2 制作墙体材质

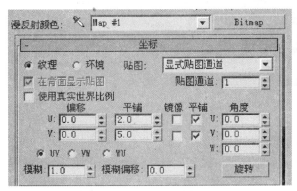

图 7-2-3 设置平铺参数

图 7-2-4 墙体材质

图 7-2-5 添加 UVW 贴图命令

（4）左侧墙体前面墙壁的砖纹虽然出现，但是细观察会发现，砖的方向是垂直向下，这不符合现实生活中的实际情况。继续进行调整，进入到"UVW 贴图"的 Gizmo 子对象层级，沿 Z 轴方向旋转"Gizmo（边界盒）"角度为 90°，得到左侧墙体正确贴图，效果如图 7-2-6 所示。

图 7-2-6　旋转 Gizmo

（5）再观察透视图，发现左侧墙体的小阳台也被贴上墙砖材质，根据生活中的经验，小阳台的材质一般是和墙体不同的。在修改器列表中再添加"编辑网格"修改器，选择"多边形"子对象，在视图中选择小阳台的多边形，单击"炸开"按钮，在弹出的"炸开"对话框中为对象命名为"左侧阳台"，如图 7-2-7 所示。

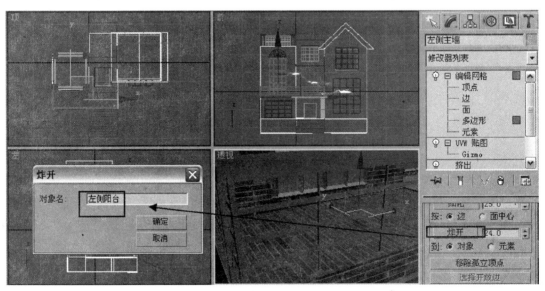

图 7-2-7　分离阳台对象

（6）选择第 2 个材质样本球，命名为"阳台材质"，单击"Blinn 基本参数"卷展栏下的"漫反射"后的空白按钮，弹出材质 / 贴图浏览窗口，选择"位图"贴图，选择"瓷砖 01.jpg"，修改"高光级别"数值为 90，"光泽度"数值为 40。进入"瓷砖 01"贴图中"坐标"卷展栏，设置平铺次数。同时将该材质赋予"中间阳台"和"左侧阳台"，效果如图 7-2-8 所示。

（7）选择中间墙体，在"修改器列表"中选择"UVW 贴图"命令，在参数面板中选择"长方体"方式。在修改器列表中添加"编辑网格"修改器，选择"多边形"子对象，在视图中选择屋顶的多边形，单击"炸开"按钮，在弹出的"炸开"对话框中为对象命名为"中间房顶 02"，将中间墙体的顶部进行分离，如图 7-2-9 所示。

图 7-2-8　设置阳台材质

图 7-2-9　调整中间墙体材质

（8）观察图 7-2-9 所示的中间墙体材质虽然纹理正确，但是与左右两边的墙体对比后发现，砖的宽度小于实际情况，因为中间墙体与左右两侧墙体的大小不同，但是在贴图"坐标"卷展栏中，设置平铺次数是相同的，就会造成这种错误。解决的方法就是用另外一个材质球单独赋予中间墙体的材质。在材质编辑器中，选择第 1 个材质球按下鼠标左键直接拖动到第 4 个材质球上，这一步完成了材质球的复制，进入到第 4 个材质球修改平铺次数，效果如图 7-2-10 所示。

（9）选择第 3 个材质样本球，命名为"屋顶"，单击"Blinn 基本参数"卷展栏下的"漫反射"后的空白按钮，弹出材质 / 贴图浏览窗口，选择"位图"贴图，选择"瓦顶.jpg"，修改"高光级别"数值为 90，"光泽度"数值为 40。进入"瓦顶"贴图中"坐标"卷展栏，设置平铺次数。同时将该材质赋予"右侧墙体顶部"、"中间房顶 02"和"阁楼顶棚"，效果如图 7-2-11 所示。

（10）选择第 5 个材质样本球，命名为"底座"，单击"Blinn 基本参数"卷展栏下的"漫反射"后的空白按钮，弹出材质 / 贴图浏览窗口，选择"位图"贴图，选择"外墙砖 .tif"，修改"高光级别"数值为 90，"光泽度"数值为 40。进入"外墙砖"贴图中"坐标"卷展栏，设置适合的平铺次数。同时将该材质赋予"底座"，效果如图 7-2-12 所示。

（11）选择第 6 个材质样本球，命名为"柱子"，单击"Blinn 基本参数"卷展栏下的"漫反射"后的空白按钮，弹出材质 / 贴图浏览窗口，选择"位图"贴图，选择"石材 002.jpg"，修改"高光级别"数值为 90，"光泽度"数值为 40。将该材质赋予"支柱 1"、"支柱 2"、"支柱 3"、"支

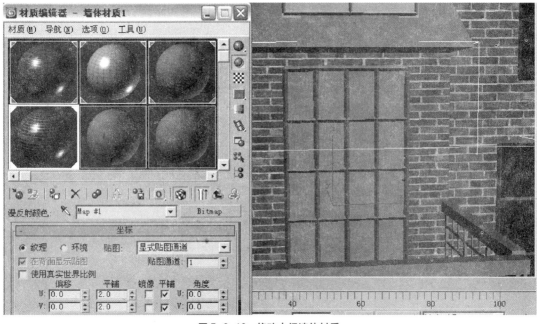

图 7-2-10　修改中间墙体材质

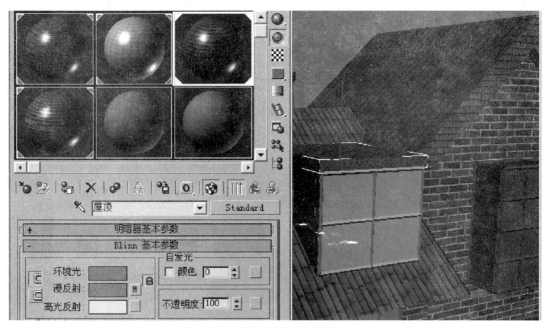

图 7-2-11　设置屋顶材质

柱 4"和"柱子",效果如图 7-2-13 所示。

　　（12）选择第 7 个材质样本球,命名为"窗框",单击"Blinn 基本参数"卷展栏下的"漫反射"的色彩值为纯白色（255、255、255）,"高光级别"数值为 68,"光泽度"数值为 55,将材质赋予所有的窗框。

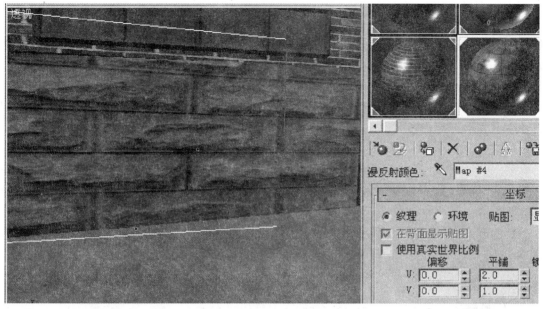

图 7-2-12 设置底座材质

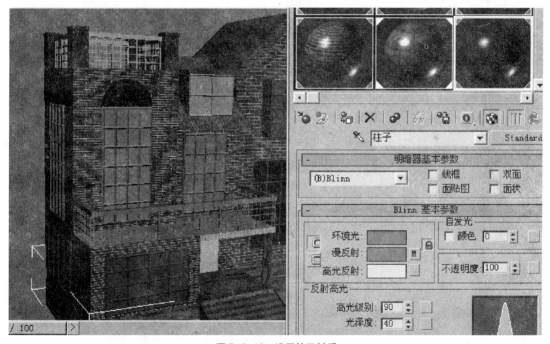

图 7-2-13 设置柱子材质

　　(13)在第7.3节的任务三中会用 Photoshop 对玻璃反射出树木等影子的方法进行具体讲解。在这里进行简单地设置,选择第 8 个材质样本球,命名为"玻璃",在"明暗器基本参数"中选择"各向异性",单击"各向异性基本参数"卷展栏下的"漫反射"的色彩值为红绿蓝 (74、87、88),"高光级别"数值为 185,"光泽度"数值为 70,"各向异性"数值为 65,"不透明度"为 65,将材质赋予所有的玻璃,玻璃材质编辑器如图 7-2-14 所示。

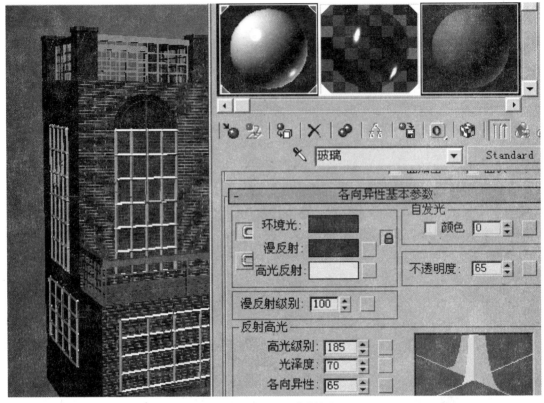

图7-2-14　设置玻璃材质

（14）选择第9个材质样本球，命名为"栏杆材质"，单击"Blinn基本参数"卷展栏下的"漫反射"后的空白按钮，弹出材质／贴图浏览窗口，选择"泼溅"贴图类型，"高光级别"数值为30，"光泽度"数值为30，在"泼溅参数"中设置"颜色#1"的色彩值为（255，255，255），"颜色#2"的色彩值为（226，238，228），参照如图7-2-15所示的设置。

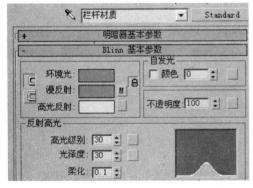

图7-2-15　设置栏杆材质

（15）返回到上层材质面板，为"凹凸"通道指定"噪波"贴图类型，参照如图7-2-16所示的设置噪波参数，并将"凹凸"通道的强度设为30。将设置好的材质赋予场景中所有的栏

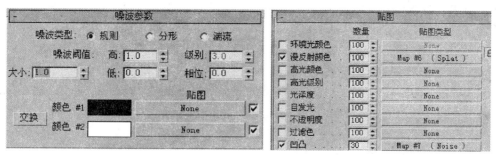

图7-2-16　设置噪波参数

杆以及左侧墙体主窗户的装饰物。

（16）选择第10个材质样本球，命名为"台阶"，单击"Blinn基本参数"卷展栏下的"漫反射"后的空白按钮，弹出材质/贴图浏览窗口，选择"位图"贴图，选择"石材003.jpg"，修改"高光级别"数值为90，"光泽度"数值为40。将设置好的材质赋予大门前面的台阶。

（17）选择第11个材质样本球，命名为"门"，单击"Blinn基本参数"卷展栏下的"漫反射"后的空白按钮，弹出材质/贴图浏览窗口，选择"位图"贴图，选择"单元门.jpg"，修改"高光级别"数值为20，"光泽度"数值为10。打开到"位图参数"卷展栏，单击"查看图像"按钮，弹出"指定裁剪/放置"对话框，只选择"单元门"图片中有用的部分，如图7-2-17所示，并勾选"应用"选项，将设置好的材质赋予场景中的门。

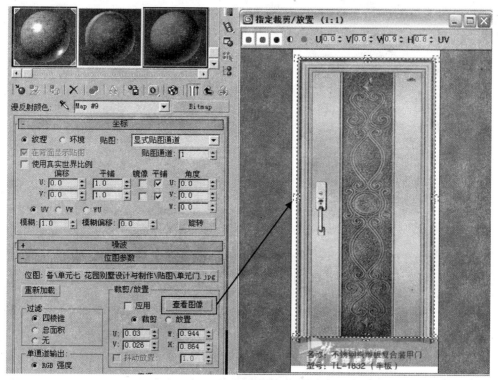

图7-2-17　设置单元门的材质

2）设置场景灯光和摄像机

提示：
①创建目标平行光作为场景中的主光源；②创建泛光灯作为辅助光源并调节参数；③创建一个天光照明系统；④建立摄像机并转换到摄像机视图。

（1）进入到"创建"命令面板，单击"灯光"按钮，进入到灯光创建面板。单击"目标平行光"按钮，在顶视图中创建一盏平行光源，使用移动工具调节其位置和角度，作为场景中的主光源，如图7-2-18所示。

（2）对灯光参数参照图7-2-19进行设置：勾选"阴影"栏下"启用"复选框，打开阴影选项，将"倍增"参数设置为0.6。

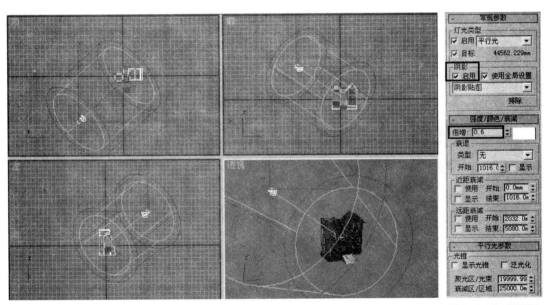

图 7-2-18　创建平行光

图 7-2-19　设置平行光参数

（3）快速渲染观察效果，别墅右侧光线较暗，所以需要接着创建辅助光源。单击"泛光灯"按钮，添加一盏泛光灯作为辅助光源，调整其位置如图7-2-20所示。

（4）单击"天光"按钮，创建一个天光照明系统，使用移动和旋转工具调节其位置和角度与目标平行光一致，如图7-2-21所示。

（5）在修改命令面板中参照图7-2-22修改其参数，其中参数"每采样光线数"将决定渲染的图像质量和渲染时间，如果设置的数值过大，将使得渲染过程极为缓慢。

（6）单击"摄像机"按钮，在面板中单击"目标"按钮，在视图中建立一架目标摄像机，

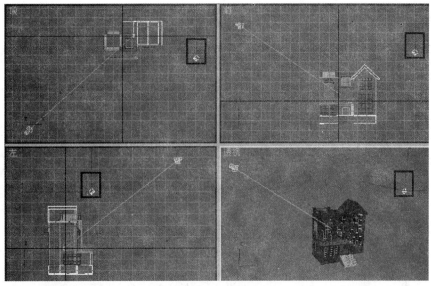

图 7-2-20　添加泛光灯

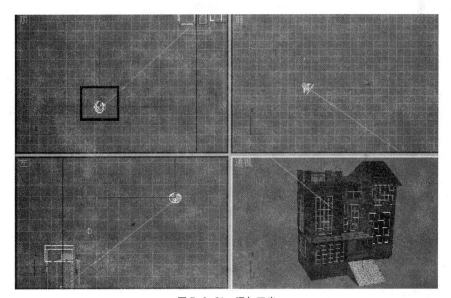

图 7-2-21　添加天光

使用移动工具调整摄像机位置和角度如图 7-2-23 所示，可以模拟人的视角来观察整个场景。

（7）在修改命令面板中修改摄像机的属性，将"镜头"焦距设为75mm，其余参数设置如图 7-2-24 所示。按【C】键将透视图转换到摄像机视图。

（8）按【F10】键打开"渲染场景"对话框，对输出参数进行设置，将"输出大小"的"宽度"设置为 2048，"高度"设置为 1536，其余参数设置如图 7-2-25 所示。

图 7-2-22　天光参数

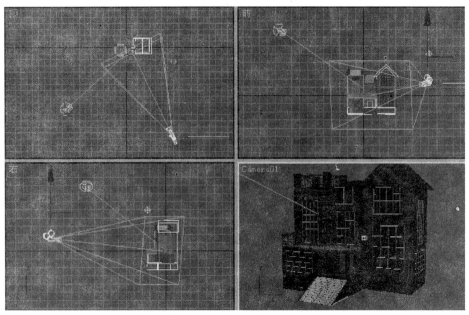

图 7-2-23　创建摄像机

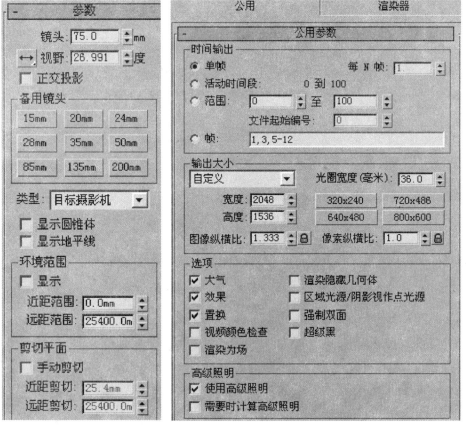

图 7-2-24　摄像机参数　　　　　图 7-2-25　设置渲染参数

（9）单击"渲染输出"卷展栏下的"文件"按钮，在弹出的"渲染输出文件"对话框中，设置渲染图像的路径、名称和文件类型，将其保存为一个 .tga 格式的图片，以便用 Photoshop 工具进行后期处理。

提问：.tga 格式的图片到底有什么不同？

回答：Targa 图像格式支持 Alpha 通道，它允许在合成渲染图像时使用透明效果。在 Photoshop 中黑色的背景很容易被去除，方便进行图像处理。

（10）单击"渲染"按钮进行渲染，得到的效果如图 7-2-1 所示。

4．相关知识与技能

布光原则：灯光的设置过程简称为"布光"。场景照明的基本光线有主体光、辅助光、背景光、轮廓光、装饰光等。要想使布光达到主次分明、真实的光照效果，布光的几个原则在作图时是应该遵守的。

（1）三点照明法。熟悉摄影的人都知道，在室内摄影时，都会遵循一个著名而经典的布光理论，就是"三点照明"。三点照明，又称区域照明，一般用于较小范围的场景照明。场景一般设置三盏灯光即可，分别为主体光、辅助光与背景光。对于较小的区域来说，可以采用所谓的"三点照明"的方式来解决照明问题。对于较大区域的效果图可以把大的场景分成一个个较小的区域，再利用"三点照明"的方法来解决照明问题。

①三点照明布光的顺序：要想使场景布光达到主次分明、相互补充的效果，应先按照一定的方法去设置各个灯光。确定主题光源的位置和强度；决定辅助光的强度与角度，通常辅光与主光的强度比为 1∶2；设置背景光和装饰光。

②布光注意事项：灯光宜精不宜多。过多的灯光会使工作过程变得杂乱无章，难以处理；场景变得平淡而无层次；显示与渲染速度也会受到严重影响。只保留必要的灯光。

灯光要体现场景的明暗分布，要有层次感。根据需要选用不同种类的灯光；根据需要决定灯光是否投影以及阴影的浓度；根据需要决定灯光的强度；根据需要设置灯光的衰减与排除。

布光应该遵循由整体到局部，由简入繁的过程。对于灯光效果的形成，应该先调整角度，确定主格调；再调节灯光的衰减灯特性，增强真实感；最后再调整灯光的颜色，进行细节修改。

③布光解析：下面以一只茶壶为例，学习三点照明补光的运用，场景中设置了三盏光源灯（主光源、辅助光源和背景光源），如图 7-2-26 所示。主光源强度为 1.2，启用阴影。辅助光源为主光源的一半左右，关闭阴影，并与主光源之间大约成 90°。适当调节主光源与辅助光源的光锥范围和背景光的远端衰减区。背景光的设置要能把对象从背景中分离出来，增加主题的深度感、立体感。

根据实际情况调节灯光参数、对光照效果进行修整。渲染效果如 7-2-27 所示。

（2）灯光阵列法。灯光阵列没有主光源，只需由外围光组成并按照一定形状排列。经常用到以下几种灯光阵列。

①钻石阵列：它由 7 个灯光组成，其中有 1 个主光源和 6 个辅助光（有的也将其称

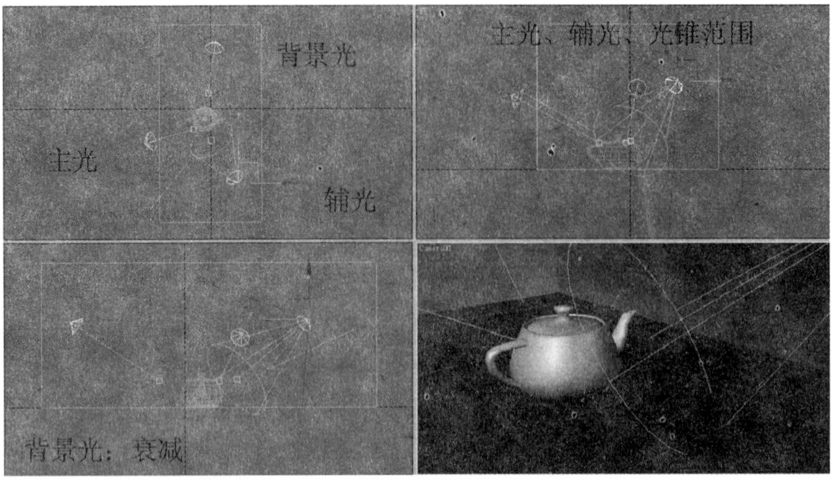

图 7-2-26   三点照明布光图

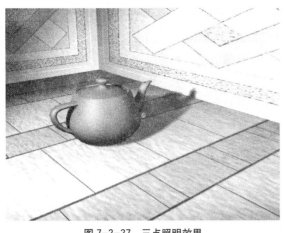

图 7-2-27   三点照明效果

之为"外围光")。主光源是所有灯光中最强的，它给出该 3ds Max 灯光阵列的主要颜色。6 个辅助光形成钻石排列，给出的是和主光源不同的颜色。外围灯光既可以是阴影投射灯光，也可以是无投影光。

②圆形顶灯光阵列：这个阵列在制作时比较麻烦，但却是最有用的阵列之一。它通过由 8~16 盏光源灯组成，呈半球形排列。这种类型是金字塔形阵列的一个变种，它也可以像金字塔形，在模拟天空极光时极为有用。

③环形阵列：这个阵列通常由 12~16 盏光源灯组成，它们围绕着主光源呈圆形排列。环形灯光阵列可以排成水平、垂直甚至是倾斜的。环形的每一半都有自己各自的颜色，它也是最为重要灯光阵列之一，3ds Max 中的光能传递模拟场景光可以采用环形阵列完成。

④方形阵列：这种阵列由 9 个灯光形成网状排列，具有最大强度的主光源位于网格中心，8 个辅助光占据各个角。

⑤管形阵列：这个阵列由 9~25 个灯光组成，主灯光位于圆柱的中心轴上，辅助光围绕着主灯光排列在两侧。

⑥综合型灯光阵列：这种灯光阵列就是将各个灯光阵列混合起来使用。实际上，它才是真正有实用价值的灯光方案，广泛应用于复杂场景照明中（如模拟照明级现场实景）。综合型灯光阵列没有主光源，只需由外围光组成并按照形状安排。

（3）天光照明法。天光可以从四面八方同时对物体投射光线，从而模拟日光的照射效果。天光的设置非常简单，在大多数表现室外照明的场景中，只使用一盏天光光源就可以获得理想

的照明效果，并且还可以得到类似于穹顶
灯一样的柔化阴影。图 7-2-28 所示为在场
景中加入一盏天光，对象就产生了柔和的
光影效果。

　　总之，布光的方法多种多样，要做到
因"地"制宜、灵活运用。设置灯光不要
有随意性和盲目性，随意设置灯光会使成
功率非常低。放置灯光要有目的性，并且
每盏灯光都要完成切实的效果，那些可有
可无、效果不明显的灯光都要删除。效果
良好的光照系统是在不断的修改、摸索中
建立起来的。

图 7-2-28　添加天光

5. 拓展与技巧

摄像机透视类型

　　根据摄像机与建筑主体的相对位置关系，可以产生三种不同的透视类型：一点透视、两点
透视和三点透视。一点透视指摄像机平行于地面且垂直建筑主体，可用来表示庄严、肃穆的纪
念碑等；两点透视指摄像机与地面平行但不与建筑的立面垂直，同时观察主立面和一个侧立
面，可以比较完整、细致地表现建筑结构，适合于表现单体建筑；三点透视指摄像机与地面也
不平行，三点透视中竖直的墙线会发生偏移，但通过增大摄像机与目标点的距离，同时增大镜
头焦距，可适度减少倾斜度，适合于制作高层建筑或鸟瞰图。

6. 创新作业

（1）为别墅设置多架摄像机，从不同角度观察别墅。

（2）为别墅设置不同的光源，制作出不同时间的光照效果。

7.3 任务三：Photoshop配景

1. 任务描述

　　一幅好的效果图与后期的处理制作是密不可分的，需要制作者具有较高的美术修养和丰富
的想像力。在调入各个配景的时候，都需要做适当调整，以使它的色调及明暗关系符合整个画
面的氛围与层次感的体现。

2. 任务分析

　　在本任务中主要运用 Photoshop 软件对制作完成的效果图进行后期加工、处理。在合理添
加配景素材、真实体现建筑环境的同时，使效果图体现足够的视觉冲击感。

　　Photoshop 作为功能强大的图像处理软件，在室外建筑效果图的后期处理中发挥着极其重
要的作用。因此，对图片环境氛围的准确把握是做好后期处理的关键。本任务最终效果如图7-3-1
所示。

3. 方法与步骤

1）添加天空、草坪和树木配景

提示：
①添加天空背景；②添加草地、树木、石头配景。

图7-3-1　效果图

（1）启动 Photoshop，打开本章任务二中输出的别墅图像文件，双击"图层"面板中的背景图层，将其转换为普通图层，并命名为"别墅"。单击"选择"——"载入选区"，在弹出的"载入选区"对话框，选择通道"Alpha 1"，单击"好"，完成 Alpha 通道选区的载入。这时可以看到图像的主体已经被选中，单击"选择"——"反选"，按【Delete】键删除别墅以外的区域，如图 7-3-2 所示。

提问：我知道用魔棒工具可以直接选取颜色相近的区域，在这里我用魔棒直接选择并删除别墅之外的黑色不就行了么？

回答：.tga 格式图片可以通过通道直接载入模型图，仔细观察左侧主楼上边的露台栏杆

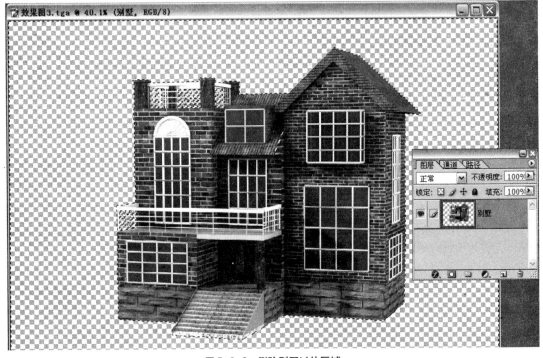

图7-3-2　删除别墅以外区域

缝隙处多余的部分也被删除,如果你用魔棒去选择栏杆缝隙处区域,工作量就比较大了。所以在渲染的时候,保存为 .tga 格式可以为后期效果处理节省很多时间。

(2) 打开"别墅配景 .psd"文件,将"草"图层拖动到"别墅效果图"文件中,将图层移动的"别墅"图层的下方,参照如图 7-3-3 所示调整"草"图层的位置。

图 7-3-3 添加草地图层

(3) 将"天空"图层拖动到"别墅效果图"文件中,将图层移动的"草"图层的下方,参照图 7-3-4 调整"天空"图层的位置。

(4) 将"树 2"的图层拖动到"别墅效果图"文件中,移动到图片的左下角,并将该图层移动到"别墅"图层上。将"树 4"的图层拖动到"别墅效果图"文件中,移动到图片的左边,并将该图层移动到"树 2"图层下,按【Ctrl+T】的快捷键缩放"树 4"的大小。两个图层重叠在一起,这样显得树比较茂盛,突出气氛。参照图 7-3-5 所示调整树的位置。

(5) 用同样的方法,添加上其他的树木、树丛和石头,参照图 7-3-6 调整各种树图层的上下关系及大小。

2) 添加人物和制作玻璃反射效果

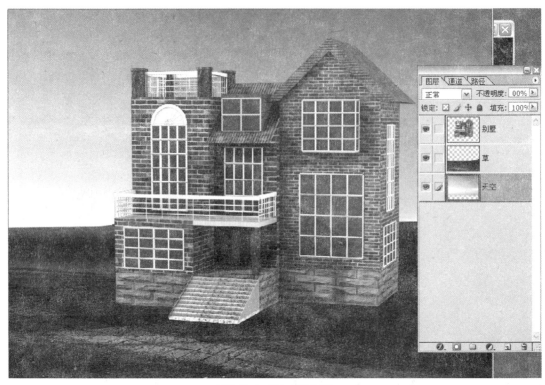

图 7-3-4　添加天空图层

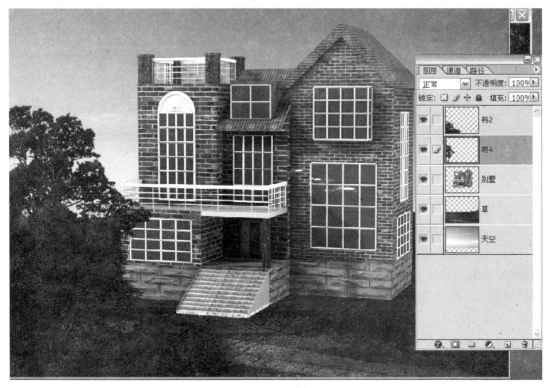

图 7-3-5　添加树图层

图 7-3-6　添加其他树木

（1）打开本书配套的素材"人.psd"文件，选择右边的 2 个女人，将其拖入到"别墅效果图"文件中，用自由变形工具对人物进行缩放及水平翻转，并移动到图中的小路上。拖动"人物"图层到"创建新的图层"按钮上，复制出新图层"人物副本"。将"人物副本"图层放在"人物"图层下方。执行"编辑"——"变换"——"扭曲"命令，对"人物副本"图层变换变形成人影。执行"图像"——"调整"——"亮度 / 对比度"，调节"亮度"为 -10，"对比度"为 -100。执行"滤镜"——"模糊"——"高斯模糊"命令，打开"高斯模糊"对话框，调整参数模糊人的阴影。选择"人物"图层，按【Ctrl + E】组合键向下合并图层，将人物与阴影图层合并到一起，放到合适位置。用同样的方法，加入其他树木和花草的阴影等，最终效果如图 7-3-7 所示。

图 7-3-7　添加人物及阴影

（2）选择"别墅"图层，用魔棒工具单击窗户玻璃，选中所有玻璃，如图 7-3-8 所示。打开素材文件"树木.jpg"，选择并复制图像，执行"编辑"——"粘贴入"命令，将图像粘贴到玻璃区域，如图 7-3-9 所示。

图 7-3-8　选择玻璃选区

图 7-3-9　粘贴入图片

（3）按【Ctrl + T】组合键对粘贴图像缩放，调节图层"不透明度"为 27%，如图 7-3-10 所示。

图 7-3-10　修改图层不透明度

3）调整局部细节

> 提示：
> ①用画笔描绘修改透明度的方法制作出背光面；②用加深工具制作细节阴影；③高斯模糊使别墅与背景巧妙融合在一起。

（1）观察图 7-3-10 中发现右侧墙体的右面过于明亮，不符合现实中的光照效果，需要将其调暗。在工具面板单击"多边形套索"工具，围绕房屋的右侧墙体边界建立一个选择区域，按【Ctrl+J】快捷键将选区复制到新的图层上。将前景色设为黑色，单击画笔工具进行描绘，将选择区域涂黑，如图 7-3-11 所示。在"图层"面板中将该层的"不透明度"设为 60，得到浅浅的背光效果，如图 7-3-12 所示。

图 7-3-11　创建选区　　　　　　　　　图 7-3-12　调整不透明度

（2）继续观察图片，单元门左边的墙体、底座区域等处不符合光线原理，用"加深"工具对这些明亮的区域进行涂抹，使之产生阴影的效果。

（3）别墅的边界过于清晰，与背景融合不是很好，选择"别墅"图层，将其拖拽到"图层"面板的新建按钮上释放进行复制,得到图层的拷贝。选择复制得到的图层,选择"滤镜"——→"模糊"——→"高斯模糊"命令,设置模糊半径为4,并将复制图层放置在"别墅"图层下面。

(4)最终效果如图7-3-1所示。

4.相关知识与技能

1)photoshop在效果图制作中的作用

通过3ds Max 9.0构建了室内、外场景模型,完成了材质、贴图以及灯光设置后,就可以渲染以位图形式输出。3ds Max 9.0在处理配景素材、环境氛围等方面效果不是很好,photoshop可以轻而易举地完成这些操作。不用建立复杂的模型,只需将配景素材与效果图融合起来,加以简单的处理即可。

2)后期制作步骤

Photoshop软件中最重要的是"层"的概念,在制作后期效果图中,一般添加顺序为天空、草地、人物、树木、汽车及其他。

(1)在Photoshop中打开.tga格式的渲染图,可以看到模型效果图的背景是透明的(.tga图片中的黑色部分即为透明像素),保存为.psd格式的文件。

(2)渲染图调整:使用色阶、曲线、色相/饱和度、减淡、加深等命令调整模型效果图,注意确定太阳光的光照方向,面向光的图像要稍亮一些。

(3)添加天空背景:打开合适的素材图片,并将其拖动到模型效果图图层下面,使用变换工具进行缩放,注意调整天空图像的色调,靠近太阳光的部分要稍亮些。

(4)添加草地:要注意地平线的位置,要使草地和模型效果图边界部分的融合更自然,可以在拐角、墙根等处添加花草、树木、石头等。

(5)添加人物:人物素材图片要符合整个图像的透视关系,例如在人物视图中不要使用鸟瞰视角的人物,同样在鸟瞰图中也不能使用人眼睛视角的人物;人物头顶的高度要一致,可以在别墅大门的下方拖动一根参考线,前后人物的头顶都要对齐该参考线,脚的位置根据人物所处前后位置的不同而不同;人物的服饰要统一,不能出现明显的夏装和冬装同时存在;人物不是多多益善,根据不同图的需要进行选择和摆放位置,例如商场效果图要尽量多放置购物类型的人物素材,财务大楼则要适量放置正装人物。

(6)添加树木花草等:要注意树木的种类、大小和形状要符合透视关系,还可以添加树影、飞鸟等使整幅图的细节更丰富。

5.拓展与技巧

(1)三维创作作为现代文明中出现的一种新的表现形式,具有很强烈的艺术特征,因此创作者艺术修养的高低将决定其作品的层次高低与结构差异。在不断进行三维创作的同时,也不要忘记学习基本的色彩构成原理、图像构成、光线传播反射等原理,从理论上提高自身水平。

(2)当你在创建一个复杂的场景模型的时候,一定不要在看不见的地方浪费精力,而是应该保证每一个可被看见的物体都有别于场景中的同类物体,如果雷同的树木造型则会大大降低场景的真实感,所以在平时也要注意对各类素材的搜集。

(3)在整体构图和色调上,数字化的控制远不如手绘来得方便,要注意追求真实并不是简单地再现真实，而是要创作，使得整体构图给人以平衡与优美的韵律感。如果作品中引人瞩目的地方很多，容易使人们分不清主次，此时就需要创作者调整各部分之间的关系，吸引观众的注意力，引导他们更加深入。

6.创新作业

（1）根据别墅效果图的实际情况添加"飞鸟"图层，并自行调整飞鸟的大小，比例要适合。

（2）继续在合适位置上添加"石头"图层，使用变换工具制作不同形态的石头，参照人物阴影的制作方法为其添加阴影。

（3）自己上网搜索关于池塘的图片，把别墅效果图左下角的树木改成一个家庭池塘，营造出宁静的氛围。

项目实训　住宅楼效果图的制作

1.项目背景

住宅楼是室外建筑中数量最多的一种建筑类型，其外形和构造受到地域和文化的差异，经济发展水平等多种因素的影响。住宅的形体是多样的，独立式、联排式低层住宅的体量特征是小巧、丰富；高层住宅则体量较大，体积相对简单，并富有较强烈的节奏感。此项目制作的是一个常规的低层住宅楼，效果如图 7-3-13 所示。

图 7-3-13　住宅楼效果图

2.项目要求

（1）正确制作出住宅楼模型。

（2）准确设置模型材质与布置灯光。

（3）运用 Photoshop 完成后期效果处理。

3.项目提示

（1）根据效果图制作出住宅其中一层的楼房模型,并用移动复制方法向上复制出其他楼层。

（2）修改最底层及顶楼，并添加住宅楼装饰性部分。

（3）参照效果图，制作场景材质，并制作出窗户玻璃反射天空的效果。

（4）添加天光和聚光灯为场景照明。

（5）添加摄像机并渲染。

（6）在 Photoshop 中完成汽车、人物和树木等配景的添加与处理。

4.项目评价

低层住宅楼是建筑效果图中经常要涉及的一类效果图，这类效果图在建模方面虽然繁琐但是难度不大，主要是要体现低层建筑的结构层次，线条结构布置合理。Photoshop 配景时要注意充分照顾到整体色调的搭配，远近对象的大小比例合理。

阅读材料

　　为了使建筑设计顺利进行，少出差错，取得良好的成果，在众多矛盾和问题中，先考虑什么，后考虑什么，大体上要有个程序。根据长期实践得到的经验，设计工作的着重点，常是从宏观到微观，从整体到局部，从大处到细节，从功能体型到具体构造，步步深入进行。

　　为此，设计工作的全过程分为以下几个工作阶段：搜集资料、初步方案、初步设计、技术设计施工图和详图等，循序进行。这就是基本的设计程序。这几个阶段因工程的难易而有增减。设计者在设计之前，首先要了解并掌握各种有关的外部条件和客观情况：自然条件，包括地形、气候、地质、自然环境等；城市规划对建筑物的要求，包括用地范围的建筑红线、建筑物高度和密度的控制等；城市的人为环境，包括交通、供水、排水、供电、燃气、通信等各种条件和情况；使用者对拟建建筑物的要求，特别是对建筑物所具备的各项使用内容的要求；对工程经济估算依据和所能提供的资金、材料施工技术和装备等；以及可能影响工程的其他客观因素。这个阶段，通常称为搜集资料阶段。

　　在搜集资料阶段，设计者也常协助建设者做一些应由咨询单位做的工作，诸如确定计划任务书，进行一些可行性研究，提出地形测量和工程勘查的要求，以及落实某些建设条件等。

　　设计者在对建筑物主要内容的安排有个大概的布局设想以后，首先要考虑和处理建筑物与城市规划的关系，其中包括建筑物和周围环境的关系，建筑物对城市交通或城市其他功能的关系等。这个工作阶段，通常称为初步方案阶段。

　　通过这一阶段的工作，建筑师可以同使用者和规划部门充分交换意见，最后使自己所设计的建筑物取得规划部门的同意，成为城市有机整体的组成部分。对于不太复杂的工程，这一阶段可以省略，把有关的工作并入初步设计阶段。

　　技术设计阶段是设计过程中的一个关键性阶段，也是整个设计构思基本成形的阶段。初步设计中首先要考虑建筑物内部各种使用功能的合理布置。要根据不同的性质和用途合理安排，各得其所。这不仅处于功能上的考虑，同时也要从艺术效果的角度来设计。

　　当考虑上述布局时，另一个重要的问题是建筑物各部分相互间的交通联系。交通贵在便捷，要尽可能缩短交通路线的长度，这不仅可以节省通道面积，收到经济效益，而且可使房屋内部使用者来往方便，省时、省力。

　　由于人们在建筑物内是循着交通路线往来的，建筑的艺术形象又是循着交通路线逐一展现的，所以交通路线的巧妙设计还影响人们对建筑物的艺术观感。

　　与使用功能布局同时考虑的，还有不同大小、不同高低空间的合理安排问题。这不只为了节省面积、节省体积，也为了内部空间取得良好的艺术效果。考虑艺术效果，通常不但要与使用相结合，而且还应该和结构的合理性相统一。

　　至于建筑物形式，常是上述许多内容安排的合乎逻辑的结果，虽然有它本身的美学法则，但应与建筑物内容形成一个有机的统一体。脱离内容的外形的美，是经不起时间考验的；而扎根建筑物内在因素的外形美，即内在美、内在哲理的自然表露，才是经得起时间考验的美。技术设计的内容包括整个建筑物和各个局部的具体做法，各部分确切的尺寸关系，内外装修的设计，结构方案的计算和具体内容，各种构造和用料的确定，各种设备系统的设计和计算，各技术工种之间各种矛盾的合理解决，设计预算的编制等。

　　这些工作都是在有关各技术工种共同商议之下进行的，并应相互认可。技术设计的着眼点，除体现初步设计的整体意图外，还要考虑施工的方便易行，以比较省时、省事、省钱的办法求取最好的使用效果和艺术效果。对于不太复杂的工程，技术设计阶段可以省略，把这个阶段的一部分工作纳入初步设计阶段，另一部分工作则留待施工图设计阶段进行。

　　施工图和详图主要是通过图纸，把设计者的意图和全部的设计结果表达出来，作为工人施工制作的依据。这个阶段是设计工作和施工工作的桥梁。施工图和详图不仅要解决各个细部的构造方式和具体做法，还要从艺术上处理细部与整体的相互关系，包括思路上、逻辑上的统一性，造型上、风格上、比例和尺度上的协调等，细部设计的水平常在很大程度上影响整个建筑的艺术水平。

　　对每一个具体建筑物来说，上述各种因素的组合和构成，又是各不相同的。如果设计者能够虚心体察客观实际，综合各种条件，善于利用其有利方面，避免其不利方面，那么所设计的每一个建筑物就不仅能取得最好的效果，而且会显示出各自的特点，每个地方也会形成各自特色的建筑风格。

复习思考题

（1）Photoshop 在效果图中起到什么作用？

（2）使用摄像机为效果图的制作提供了哪些便利？

（3）渲染效果图时将图片保存为什么格式最好，为什么？

（4）制作室外效果图时，该如何选择布光方法？

（5）如何用 Photoshop 给添加的人物制作阴影效果？